高等职业教育土建专业系列教材

工程造价案例分析

主　编　廖礼平
副主编　林荣辉　万　晶
　　　　龚　晓　薛　晨
参　编　于中萍　石　琴

南京大学出版社

内容简介

本书根据建设类专业人才培养方案和教学要求及特点编写。全书共六章,主要内容包括建设项目投资估算与财务评价、工程方案技术经济分析、工程计量与工程计价、建设工程招标与投标、工程合同与价款管理、工程结算与决算等方面的案例分析。

《工程造价案例分析》内容通俗、实用,紧扣工程造价理论与实践发展的实际,可作为高等职业技术学院、应用技术学院建筑工程管理、工程造价管理等专业的教材,也可作为成人高等教育、自学考试、注册考试的教材,还可作为从事工程造价工作的有关人员的学习参考书。

图书在版编目(CIP)数据

工程造价案例分析 / 廖礼平主编. —南京:南京大学出版社,2017.12(2022.8重印)
ISBN 978-7-305-19818-2

Ⅰ. ①工⋯ Ⅱ. ①廖⋯ Ⅲ. ①建筑造价管理—案例—高等职业教育—教材 Ⅳ. ①TU723.3

中国版本图书馆 CIP 数据核字(2017)第 328160 号

出版发行 南京大学出版社
社　　址 南京市汉口路 22 号　　邮　　编 210093
出 版 人 金鑫荣
书　　名 工程造价案例分析
主　　编 廖礼平
责任编辑 刘　灿　　　　编辑热线 025-83597482
照　　排 南京开卷文化传媒有限公司
印　　刷 南京人民印刷厂有限责任公司
开　　本 787×1092 1/16　印张 16.75　字数 417 千
版　　次 2022 年 8 月第 1 版第 4 次印刷
ISBN 978-7-305-19818-2
定　　价 42.00 元

网　　址:http://www.njupco.com
官方微博:http://weibo.com/njupco
官方微信号:njupress
销售咨询热线:(025)83594756

前　言

随着我国工程建设市场的快速发展,工程计价的相关法律法规也发生了较多的变化,为规范建设市场计价行为,维护建设市场秩序,促进建设市场有序竞争,控制建设项目投资,合理利用资源,从而进一步适应建设市场发展的需要,住房和城乡建设部标准定额司组织有关单位对《建设工程工程量计价清单规范》(GB 50500—2008)进行了修订,并于2012年12月25日正式颁布了《建设工程工程量计价清单规范》(GB 50500—2013)。"2013规范"的出台,对巩固工程量清单计价改革的成果,进一步规范工程量清单计价行为具有十分重要的意义。

"2013规范"的颁布,是我国工程造价计价方式适应社会主义市场经济发展的又一次重大改革,也是我国工程造价计价工作向实现"政府宏观调控,企业自主报价,市场形成价格"目标迈进的坚实一步。

本书是针对高职高专院校的教学特点,为工程造价与建筑经济类专业的工程造价管理课程而编写的专门案例教材。围绕"合理确定,有效控制"造价管理核心,突出了从项目建议书、可行性研究、勘察设计、招投标、施工到竣工验收使用全过程造价管理的思想。全书围绕建设项目投资估算与财务评价、工程方案技术经济分析、工程计量与工程计价、建设工程招标与投标、工程合同与价款管理、工程结算与决算等方面进行设计。

在编写过程中,本着够用、实用的高职高专院校人才培养原则,为求重点突出、语言精练,强调实践操作能力的培养;顺序合理,思路清晰,概念准确,章节结构紧凑,重点突出,信息量大,配套性好,前后呼应,融为一个完整的知识体系。

本书由江西经济管理干部学院廖礼平主编;江西经济管理干部学院林荣辉、万晶、龚晓,安康学院薛晨副主编;贵州工程职业学院于中萍、石琴参编。全书由廖礼平老师修改、补充和最后定稿。

在编写过程中,得到了很多高职院校、南京大学出版社领导和专家的支持和帮助,参考和引用了有关作者的研究和文献资料,在此一并向他们表示衷心的感谢。

由于编写水平有限,本书难免存在不足的地方,欢迎读者批评指正。

编　者

2017年12月

目　　录

第一章 建设项目投资估算与财务评价

扫码获取更多精彩内容

内容提示

1. 建设项目投资构成与估算方法；
2. 建设项目财务评价中基本报表的编制；
3. 建设项目财务评价指标体系的分类；
4. 建设项目财务评价的主要内容；
5. 建设项目的不确定性分析。

 知识要点

知识点一：建筑安装工程费用

1. 目标

掌握现行营改增后建筑安装工程费用项目的构成及计算。

2. 详解

（1）建安工程费按照费用构成要素划分为人工费、材料费、施工机具使用费、企业管理费、利润、规费和增值税。其中企业管理费中增加了城市维护建设税、教育费附加、地方教育附加。

（2）建安工程费按工程造价形成可划分为分部分项工程费、措施项目费、其他项目费、规费和增值税。其中，分部分项工程费、措施项目费、其他项目费中包括人工费、材料费、施工机具使用费、企业管理费、利润。

（3）增值税的计算方法。

1）当采用一般计税方法时，增值税＝税前造价×11％＝（人＋材＋机＋管＋利＋规）×11％，各费用项目均以不包含增值税可抵扣进项税额的价格计算。

2）当采用简易计税方法时，增值税＝税前造价×3％＝（人＋材＋机＋管＋利＋规）×3％，各费用项目均以包含增值税进项税额的含税价格计算。

（4）对于工期较长项目的建安工程费也可利用综合差异系数法进行估算。

$$综合差异系数 = \Sigma（某影响因素占造价比例×该因素的调整系数）$$
$$拟建项目建安工程费 = 已建类似项目建安工程费×综合差异系数$$

 知识点案例讲解

【案例一】

已知某项目为实训中心楼,甲施工单位拟投标此楼的土建工程。造价师根据该施工企业的定额和招标文件,分析得知此项目需人、材、机合计为 1 300 万元(不包括工程设备 300 万元),假定管理费按人、材、机之和的 18% 计,利润按人、材、机、管理费之和的 4.5% 计,规费按不含税的人、材、机、管理费、利润之和的 6.85% 计,增值税率按 11% 计,工期为 1 年,不考虑风险。

列式计算该项目的建筑工程费用(以万元为单位)。(计算过程及计算结果保留小数点后两位)

答案:

项目人、材、机(含工程设备)= 1 300 + 300 = 1 600 万元

管理费 = 1 600 × 18% = 288 万元

利润 = (1 600 + 288) × 4.5% = 84.96 万元

规费 = (1 600 + 288 + 84.96) × 6.85% = 135.15 万元

增值税 = (1 600 + 288 + 84.96 + 135.15) × 11% = 231.89 万元

建筑工程费用 = 1 600 + 288 + 84.96 + 135.15 + 231.89 = 2 340 万元

【案例二】

已知某高层综合办公楼建筑工程分部分项费用为 20 800 万元,其中人工费约占分部分项工程造价的 15%,措施项目费以分部分项工程费为计费基础,其中安全文明施工费费率为 1.5%,其他措施费费率为 1%。其他项目费合计 500 万元(不含增值税进项税额),规费为分部分项工程费中人工费的 40%,增值税税率为 11%,计算该建筑工程的工程造价。(列式计算,答案保留小数点后两位)

答案:

分部分项费用 = 20 800 万元

措施项目费用 = 20 800 × (1.5% + 1%) = 520 万元

其他项目费用 = 500 万元

规费 = 20 800 × 15% × 40% = 1 248 万元

增值税 = (20 800 + 520 + 500 + 1 248) × 11% = 2 537.48 万元

工程造价 = 20 800 + 520 + 500 + 1 248 + 2 537.48 = 25 605.48 万元

【案例三】

某项目拟建一条化工原料生产线,所需厂房的建筑面积为 6 800 m²,同行业已建类似项目厂房的建筑安装工程费用为 3 500 元/m²,类似工程建安工程费用所含的人工费、材料费、机械费和其他费用占建筑安装工程造价的比例分别为 18.26%、57.63%、9.98%、14.13%,因建设时间、地点、标准等不同,经过分析,拟建工程建筑安装工程费的人、材、机、其他费用与类似工程相比,预计价格相应综合上调 25%、32%、15%、20%。

列式计算该项目的建筑安装工程费用(以万元为单位)。(计算过程及计算结果保留小数点后两位)

答案：

思路1：

6 800×3 500×(1+18.26％×0.25+57.63％×0.32+9.98％×0.15+14.13％×0.2)=6 800×3 500×1.27=3 022.6万元

思路2：

对于该项目，建筑工程造价综合差异系数：

18.26％×1.25+57.63％×1.32+9.98％×1.15+14.13％×1.2=1.27

拟建项目的建筑安装工程费用为：

6 800×3 500×1.27=3 022.6万元

思路3：

可运用动态调值公式的思路：(但严格讲动态调值公式一般用在施工阶段的结算)

$$P = P_0 \left(a_0 + a_1 \frac{A}{A_0} + a_2 \frac{B}{B_0} + a_3 \frac{C}{C_0} + a_4 \frac{D}{D_0} + \cdots \right)$$

项目的建筑安装工程费用为：$P = 6\ 800 \times 3\ 500 \times (0 + 18.26％ \times 125/100 + 57.63％ \times 132/100 + 9.98％ \times 115/100 + 14.13％ \times 120/100) = 6\ 800 \times 3\ 500 \times 1.27 = 3\ 022.6$万元

知识点二：基本预备费与价差预备费

1. 目标

重点掌握基本预备费和价差预备费的计算。

2. 详解

(1) 预备费＝基本预备费＋价差预备费

(2) 基本预备费＝(设备及工器具购置费＋建安工程费＋工程建设其他费)×基本预备费率＝(工程费＋工程建设其他费)×基本预备费率

(3) 价差预备费 $PF = \sum_{i=1}^{n} I_t \left[(1+f)^m (1+f)^{0.5} (1+f)^{t-1} - 1 \right]$

式中：I_t——建设期第 t 年的静态投资计划额(工程费用＋工程建设其他费用＋基本预备费)；

　　　n——建设期年份数；

　　　f——建设期年均投资上涨率；

　　　m——建设前期年限(从编制估算到开工建设，单位：年)。

该公式考虑了建设前期的涨价因素，式中$(1+f)^{0.5}$是按第 t 年投资分期均匀投入考虑的涨价幅度。

知识点案例讲解

【案例一】

　　某建设项目在建设期初的建安工程费和设备工器具购置费为45 000万元。该项目建设期为三年，投资分年使用比例为：第一年25％，第二年55％，第三年20％，建设期内预计年平均价格总水平上涨率为5％。建设期贷款利息为1 395万元，建设工程其他费用为3 860万元,基本预备费率为10%。建设前期年限按1年计。

计算该项目的基本预备费、建设期的价差预备费及该项目预备费。

答案:

(1) 基本预备费 = (45 000 + 3 860) × 10% = 4 886 万元

(2) 价差预备费:

第一年价差预备费 = (45 000 + 4 886 + 3 860) × 25% × [(1 + 5%)^1(1 + 5%)$^{0.5}$(1 + 5%)$^{1-1}$ − 1] = 1 020.23 万元

第二年价差预备费 = (45 000 + 4 886 + 3 860) × 55% × [(1 + 5%)^1(1 + 5%)$^{0.5}$(1 + 5%)$^{2-1}$ − 1] = 3 834.75 万元

第三年价差预备费 = (45 000 + 4 886 + 3 860) × 20% × [(1 + 5%)^1(1 + 5%)$^{0.5}$(1 + 5%)$^{3-1}$ − 1] = 2 001.64 万元

价差预备费 = 1 020.23 + 3 834.75 + 2 001.64 = 6 856.62 万元

(3) 预备费 = 4 886 + 6 856.62 = 11 742.62 万元

知识点三:建设期贷款利息

1. 目标

熟练掌握建设期贷款利息的计算及不同还款方式下的还款本金、利息计算,填写还本付息表。

2. 详解

(1) 比较建设期、运营期、计算期、还款期、建设前期年限的不同。

(2) 建设期利息的计算:一般情况下,建设期采用均衡贷款,建设期只计息不还,运营期按合同约定还。

特点:逐年计算。

建设期年贷款利息 = (年初累计借款 + 本年新增借款 ÷ 2) × 实际年贷款利率

(3) 名义利率与实际利率之间的换算

$$i = (1 + r/m)^m - 1$$

式中:i——实际利率;

r——名义利率;

m——名义利率所标明的计息周期内实际上复利计息的次数。

结论:从公式可知,当$m = 1$时,实际利率等于名义利率;当$m > 1$时,实际利率大于名义利率,而且m越大,两者的差异越大。

(4) 还款方式的界定

① 运营期内某几年等额还本,利息照付(等额本金还法):

每年应还等额的本金 = 建设期内本利和/还款年限

② 运营期内某几年等额还本付息(等额本息还法):

每年应还的等额本息　$A = P × (A/P, i, n) = P × [(1 + i)^n × i][(1 + i)^n - 1]$

（5）还本付息表的编制

表1-1　某项目借款还本付息表　　　　　　　单位:万元

项目 ＼ 年份	1	2	3	4	5	6
期初借款余额						
当期还本付息						
其中还本:						
其中付息:						
期末借款余额						

（6）当年收益能否满足还款要求的判断

方法一:计算当年可用于还款的最大值＝营业收入－营业税金及其他－经营成本－所得税如可用于还款的最大值≥当年应还的本利和,则能满足还款要求,反之不行。

方法二:计算当年偿债备付率＝可用于还本付息的资金/当期应还本付息的金额×100％,如偿债备付率≥1,即能满足还款要求,反之不行。

 知识点案例讲解

【案例一】

某新建项目,建设期为3年,拟从银行均衡贷款900万元,其中第1年贷300万元、第2年贷600万元。若年利率为6％,按年计息,列式计算该项目建设期利息。要求:计算结果以万元为单位,保留小数点后两位。

答案:

第1年贷款利息＝300/2×6％＝9万元

第2年贷款利息＝[(300＋9)＋600/2]×6％＝36.54万元

第3年贷款利息＝[(300＋9)＋(600＋36.54)]×6％＝56.73万元

建设期借款利息＝9＋36.54＋56.73＝102.27万元

【案例二】

某新建项目,建设期为2年,拟从银行均衡贷款900万元,其中第1年300万元、第2年600万元。若年利率为6％,按季计息,列式计算该项目建设期第1年的利息。要求:计算结果以万元为单位,保留小数点后两位。

答案:

实际利率＝$(1＋6\%/4)^4－1＝6.14\%$

第1年贷款利息＝300/2×6.14％＝9.21万元

知识点四:总成本费用

1. 目标

熟练掌握总成本费用的构成及计算,制作并填写总成本费用表。

2. 详解

（1）总成本费用的构成与计算

总成本费用一般指的是年总成本费用，它发生在项目的运营期。

总成本费用＝经营成本＋折旧＋摊销＋利息（十年维持运营投资）

或 年总成本费用＝年固定成本＋年可变成本

其中：

1）经营成本：一般已知

2）折旧的计算（平均年限法）

年折旧费＝（固定资产原值－残值）/折旧年限

重要提示：融资前，固定资产原值不含建设期利息；融资后，固定资产原值应包含建设期利息。

固定资产原值＝形成固定资产的费用－可抵扣固定资产进项税额

即：可抵扣的固定资产进项税额不形成固定资产。

3）残值的计算

残值＝固定资产原值×残值率

提示：残值与余值的区别

余值＝残值＋（折旧年限－运营年限）×年折旧费

4）摊销的计算（平均年限法）

年摊销费＝（无形资产＋其他资产）/摊销年限

注意：建设期、运营期、计算期、还款期、折旧年限、摊销年限的区别。

5）年利息，包括建设期贷款利息、流动资金贷款利息、临时借款利息（详见知识点三）

即运营期某年的利息和＝建设期贷款利息＋流动资金贷款利息＋临时借款利息。

6）维持运营投资

对维持运营投资，根据实际情况有两种处理方式，一种是予以资本化，即计入固定资产原值，一种是费用化，列入年度总成本。维持运营投资是否能予资本化，取决于其是否能够使可能流入企业的经济利益增加，且该固定资产的成本是否能够可靠地计量。如果该投资投入后延长了固定资产的使用寿命，或者使产品质量实质性提高，或者成本实质性降低等，那么应予以资本化并计提折旧。否则该投资职能费用化，列入年度总成本。教材案例计入总成本。

7）固定成本及可变成本

题干背景一般会说明成本的比例及计算基数，其中可变成本通常与产品可变单价及数量有关。

（2）总成本费用表

表1-2 某项目总成本费用估算表 单位：万元

序号	年份\项目	3	4	5	6	7	8
1	经营成本						
2	折旧费						
3	摊销费						

续表

序号	年份 项目		3	4	5	6	7	8
4	利息	建设期贷款利息						
		流动资金贷款利息						
		临时借款利息						
5	维持运营投资							
6	总成本费用 (1+2+3+4+5+6.1+6.2)							
6.1	固定成本							
6.2	可变成本							

 知识点案例讲解

【案例一】

（融资前）某项目计算期为 10 年,其中建设期 2 年,生产运营期 8 年。计算期第 3 年投产,第 4 年开始达到设计生产能力。项目建设投资估算 1 000 万元,预计全部形成固定资产(包含可抵扣固定资产进项税额 100 万),固定资产在运营期内按直线法折旧,残值(残值率为 10%)在项目计算期末一次性收回。

问题:

列式计算固定资产原值、残值、年折旧费。

答案:

固定资产原值＝1 000－100＝900 万元

残值＝900×10%＝90 万元

年折旧费＝(900－90)/8＝101.25 万元

【案例二】

（融资后）某项目计算期为 10 年,其中建设期 2 年,生产运营期 8 年。计算期第 3 年投产,第 4 年开始达到设计生产能力。建设期第 1 年贷款 2 000 万元,自有资金 4 000 万元,建设期第 2 年贷款 3 000 万元,自有资金 1 000 万元,贷款年利率为 6%,按年计息。其中 1 000 万元形成无形资产;300 万元形成其他资产;其余投资形成固定资产。固定资产在运营期内按直线法折旧,残值(残值率为 10%)在项目计算期末一次性收回。无形资产、其他资产在运营期内,均匀摊入成本。

问题:

(1) 计算建设期利息。

(2) 计算固定资产原值、残值、余值。

(3) 计算年折旧费。

(4) 计算年摊销费。

答案：

（1）建设期利息：

第 1 年利息 = 2 000/2×6% = 60 万元

第 2 年利息 = (2 000 + 60 + 3 000/2)×6% = 213.6 万元

建设期利息 = 60 + 213.6 = 273.6 万元

（2）固定资产原值 = (2 000 + 4 000 + 3 000 + 1 000) + 273.6 − (1 000 + 300) = 8 973.60 万元

残值 = 8 973.60×10% = 897.36 万元

余值 = 897.36 万元

（3）年折旧费 = (10 000 − 1 000 − 300 + 273.6 − 897.36)/8 = 1 009.53 万元

（4）年摊销费 = (1 000 + 300)/8 = 162.5 万元

知识点五：盈亏平衡分析

1. 目标

掌握盈亏平衡分析的概念及盈亏平衡点的计算。

2. 详解

（1）基本原理

盈亏平衡分析是研究建设项目特别是工业项目产品生产成本、产销量与盈利的平衡关系的方法。

对于一个建设项目而言，随着产销量的变化，盈利与亏损之间一般至少有一个转折点，我们称这个转折点为盈亏平衡点，在这点上，销售收入与成本费用相等，既不亏损也不盈利。

盈亏平衡分析就是要找出项目方案的盈亏平衡点。一般来说，对项目的生产能力而言，盈亏平衡点越低，项目的盈利可能性就越大，对不确定性因素变化带来的风险的承受能力就越强。

鉴于增值税实行价外税，由最终消费者负担，增值税对企业利润的影响表现在增值税会影响城市维护建设税、教育费附加、地方教育费附加的大小，故盈亏平衡分析需要考虑增值税附加税对成本的影响。

（2）基本公式（营改增后）

一般站在运营期按年度讨论，利润 = 总收入 − 总成本

即盈亏平衡点：利润 = 0，总收入 = 总支出

总收入 = 年销售量×单价 − 年销售量×单位产品附加税

单位产品附加税 = 单位产品增值税×附加税税率 = (单位产品销项税额 − 单位产品进项税额)×附加税税率

总成本 = 年固定成本 + 年可变成本 − 年可抵扣进项税额 = 年固定成本 + 年销售量×(单位可变成本 − 单位可抵扣进项税额)

即：盈亏平衡时，总收入 = 总成本

年销售量×单价 − 年销售量×(单位产品销项税额 − 单位产品进项税额)×附加税税率 = 年固定成本 + 年销售量×(单位可变成本 − 单位可抵扣进项税)

可推导出：

产量盈亏平衡点 = 年固定成本/(产品单价 − 单位产品可变成本 − 单位产品增值税×增值税附加税率)

单价盈亏平衡点＝（年固定成本＋设计生产能力×单位产品可变成本－设计生产能力×单位产品进项税额×增值税附加税率）/[设计生产能力×（1－增值税率×增值税附加税率）]

 **知识点案例讲解**

【案例一】

某新建项目正常年份的设计生产能力为 100 万件某产品，年固定成本为 580 万元，每件产品不含税销售价预计为 56 元，增值税税率为 17%，增值税附加税率为 12%，单位产品可变成本估算额为 46 元（含可抵扣进项税 6 元）。

问题：

1. 对项目进行盈亏平衡分析，计算项目的产量盈亏平衡点和单价盈亏平衡点。

2. 在市场销售良好情况下，正常生产年份的最大可能盈利额多少？

3. 在市场销售不良情况下，企业欲保证年利润 120 万元的年产量应为多少？

4. 在市场销售不良情况下，企业将产品的市场价格由 56 元降低 10% 销售，则欲保证年利润 60 万元的年产量应为多少？

5. 从盈亏平衡分析角度，判断该项目的可行性。

答案：

问题 1：

思路 1：

直接利用项目产量盈亏平衡点和单价盈亏平衡点计算公式：

产量盈亏平衡点 $= 580/[56-40-(56×17\%-6)×12\%] = 37.23$ 万件

单价盈亏平衡点 $= (580+100×40-100×6×12\%)[100×(1-17\%×12\%)] = 46.02$ 元/件

思路 2：总收入＝总支出

年销售量×单价－年销售量×（单位产品销项税额－单位产品进项税额）×附加税率＝年固定成本＋年销售量×（单位可变成本－单位可抵扣进项税）

推导出：盈亏平衡量×56－盈亏平衡量×（56×17%－6）×12%＝580＋盈亏平衡量×（46－40）

盈亏平衡量 $= 37.23$ 万件

100×盈亏平衡单价－100×（盈亏平衡单价×17%－6）×12%＝580＋100×（46－40）

盈亏平衡单价 $= 46.02$ 元/件

问题 2：

思路 1：在市场销售良好情况下，即生产量为销售量，原定单价为市场价，正常年份最大可能盈利额为：

最大可能盈利额 $R=$ 正常年份总收益额－正常年份总成本

$R=$ 设计生产能力×单价－年固定成本－设计生产能力×（单位产品可变成本＋单位产品增值税×增值税附加税率）

$= 100×56-580-100×[40+(56×17\%-6)×12\%] = 977.76$ 万元

思路 2：利润＝总收入－总成本

总收入 = 年销售量 × 单价 - 年销售量 × (单位产品销项税额 - 单位产品进项税额) × 附加税率 = $100 \times 56 - 100 \times (56 \times 17\% - 6) \times 12\%$

总成本 = 年固定成本 + 年销售量 × (单位可变成本 - 单位可抵扣进项税) = $580 + 100 \times (46 - 6)$

利润 = $100 \times 56 - 100 \times (56 \times 17\% - 6) \times 12\% - 580 - 100 \times (46 - 6) = 977.76$ 万元

问题3:

思路1:在市场销售不良情况下,每年欲获120万元利润的最低年产量为:

最低产量 = $(120 + 580)/[56 - 40 - (56 \times 17\% - 6) \times 12\%] = 44.94$ 万件

思路2:利润 = 总收入 - 总成本 = 120

总收入 = 年销售量 × 单价 - 年销售量 × (单位产品销项税额 - 单位产品进项税额) × 附加税率 = 年销售量 × 56 - 年销售量 × (56 × 17% - 6) × 12%

总成本 = 年固定成本 + 年销售量 × (单位可变成本 - 单位可抵扣进项税) = 580 + 年销售量 × (46 - 6)

$120 = $ 年销售量 × 56 - 年销售量 × (56 × 17% - 6) × 12% - 580 - 年销售量 × (46 - 6)

年销售量 = 44.94 万件

问题4:

思路1:在市场销售不良情况下,为了促销,产品的市场价格由56元降低10%时,还要维持每年60万元利润额的年产量应为:

年产量 = $(60 + 580)/[50.4 - 40 - (50.4 \times 17\% - 6) \times 12\%] = 63.42$ 万件

思路2:利润 = 总收入 - 总成本 = 60

总收入 = 年销售量 × 单价 - 年销售量 × (单位产品销项税额 - 单位产品进项税额) × 附加税率 = 年销售量 × 50.4 - 年销售量 × (50.4 × 17% - 6) × 12%

总成本 = 年固定成本 + 年销售量 × (单位可变成本 - 单位可抵扣进项税) = 580 + 年销售量 × (46 - 6)

$60 = $ 年销售量 × 50.4 - 年销售量 × (50.4 × 17% - 6) × 12% - 580 - 年销售量 × (46 - 6)

年销售量 = 63.42 万件

问题5:

根据上述计算结果分析如下:

1. 本项目产量盈亏平衡点37.23万件,而项目的设计生产能力为100万件,远大于盈亏平衡产量,可见,项目盈亏平衡产量仅为设计生产能力37.23%,所以,该项目盈利能力和抗风险能力较强。

2. 本项目单价盈亏平衡点46.02元/件,而项目预测单价为56元/件,高于盈亏平衡的单价。在市场销售不良情况下,为了促销,产品价格降低在17.82%以内,仍可保本。

3. 在不利的情况下,单位产品价格即使压低10%,只要年产量和年销售量达到设计能力的63.42%,每年仍能盈利60万元。所以,该项目获利的机会大。

综上所述,从盈亏平衡分析角度判断该项目可行。

知识点六:总投资构成

(1) 我国现行建设项目总投资构成

建设项目总投资	固定资产投资（工程造价）	建设投资	工程费用
			设备及工器具购置费
			建筑安装工程费(44号文)
		工程建设其他费	建设用地费
			与项目建设有关的其他费用
			与未来生产经营有关的其他费用
		预备费	基本预备费:工程建设不可预见费
			价差预备费:价格变动不可预见费
	建设期利息:均衡贷款;建设期只计息不还		
	固定资产投资方向调节税(目前已停收)		
	流动资产投资（流动资金）	扩大指标估算法;详细估算法	

(2) 投资估算的方法有:生产能力指数估算法、比例估算法、系数估算法、混合法、构成法等。

其中考生需要重点掌握的是运用生产能力指数估算法、系数估算法及细项构成组合法进行建设项目总投资的估算。其相关公式如下:

① 生产能力指数法

$C_2 = C_1(Q_2 / Q_1)^n \times f$

式中:C_2—拟建项目总投资;

$\quad\quad C_1$—类似项目总投资;

$\quad\quad Q_2$—拟建项目生产能力;

$\quad\quad Q_1$—类似项目生产能力;

$\quad\quad n$—生产能力指数,若已建类似项目的生产规模与拟建项目生产规模相差不大,Q_1与 Q_2 的比值为 $0.5\sim2$,可取 $n=1$(掌握此系数);

$\quad\quad f$—综合调整系数。

② 细项构成法

总投资 = 建设投资 + 建设期利息 + 流动资金

建设投资 = 设备及工器具购置费 + 建安工程费 + 工程建设其他费 + 预备费 = 工程费 + 工程建设其他费 + 预备费

a.设备及工器具购置费

设备及工器具购置费 = 国产设备购置费 + 进口设备购置费

国产设备购置费 = 国产设备原价 + 运杂费

进口设备购置费 = 进口设备原价(抵岸价) + 国内运杂费(注意计算基数)

进口设备抵岸价(原价)(装运港船上交货方式) = 离岸价格(FOB) + 国际运费 + 国际运输保险费 + 关税 + 外贸手续费 + 银行财务费 +

增值税 + 消费税 + 车辆购置税

其中:

国际运费 = FOB × 运费率

国际运输保险费 = [(FOB + 国际运费)/(1 - 保险费率)] × 保险费率

到岸价(CIF) = FOB + 国际运费 + 运输保险费

银行财务费 = FOB × 银行财务费率

外贸手续费 = CIF × 外贸手续费率

关税 = CIF × 进口关税税率

消费税 = (CIF + 关税) × 消费税税率 / (1 - 消费税税率)

车辆购置税 = (CIF + 关税 + 消费税) × 车辆购置税税率

增值税 = (CIF + 关税 + 消费税) × 增值税率

说明:建设项目进口设备购置费中一般不包括消费税、车辆购置税。

b. 建筑安装工程费(营改增)

建筑安装工程费 = 人工费 + 材料费 + 施工机具使用费 + 企业管理费 + 利润 + 规费 + 税金

建筑安装工程费 = 分部分项工程费 + 措施项目费 + 其他项目费 + 规费 + 税金

其中:

措施费 = 安全文明施工费 + 夜间施工增加费 + 非夜间施工照明费 + 二次搬运费 + 冬雨季施工增加费 + 大型机械进出场及安拆费 + 施工排水降水费 + 地上地下设施、建筑物的临时保护设施费 + 已完工程及设备保护费 + 混凝土、钢筋混凝土模板及支架费 + 脚手架费 + 垂直运输费 + 超高施工增加费 + ……

其他项目费 = 暂列金额 + 总承包服务费 + 计日工

规费 = 养老保险费 + 失业保险费 + 医疗保险费 + 工伤保险费 + 生育保险费 + 住房公积金 + 工程排污费

税金 = 增值税

c. 建设期贷款利息

建设期某年贷款利息 = $\sum$(年初累计借款 + 本年新增借款 ÷ 2) × 贷款利率

d. 流动资金

流动资金的计算方法主要分为两种:

第一种方法是用扩大指标估算法估算流动资金。

项目的流动资金 = 拟建项目年产量 × 单位产量占用流动资金的数额

项目的流动资金 = 拟建项目固定资产总投资 × 固定资产投资流动资金率

第二种方法是用分项详细估算法估算流动资金。

即:流动资金 = 流动资产 - 流动负债

式中:流动资产 = 应收账款 + 预付账款 + 现金 + 存货;

流动负债 = 应付账款 + 预收账款。

估算的基本步骤:先计算各类流动资产和流动负债的年周转次数,然后再分项估算占用资金额。

年周转次数＝360天/最低周转天数

其中:应收账款＝年经营成本/年周转次数;

应付账款＝年外购原材料、燃料、动力费或服务年费用金额/年周转次数;

现金＝(年工资福利费＋年其他费)/年周转次数;

存货＝外购原材料、燃料＋其他材料＋在产品＋产成品;

外购原材料、燃料＝年外购原材料、燃料动力费/年周转次数;

在产品＝(年工资及福利费＋年其他制造费＋年外购原材料燃料费＋年修理费)/年周转次数;

产成品＝年经营成本/年周转次数(案例教材)。

说明:产成品＝(年经营成本－年其他营业费用)/年周转次数。

【案例一】

某建设项目建筑工程费2 000万,安装工程费700万,设备购置费1 100万元,工程建设其他费450万元,预备费180万元,建设期贷款利息120万元,流动资金500万元,该项目的工程造价为多少万元?

答案:

流动资金即流动资产投资,属于建设项目总投资的内容,但不属于固定资产投资(即工程造价)的内容,所以:

工程造价＝2 000＋700＋1 100＋450＋180＋120＝4 550万元。

【案例一】

某项目建设期2年,运营期6年。建设期内,每年均衡投入自有资金和贷款各500万元,贷款年利率为6%。项目贷款在运营期间按照等额还本、利息照付的方法偿还。

问题:

1. 列式计算建设期贷款利息。

2. 列式计算各年应还本金与利息额。

3. 填写还本付息表。

答案:

1. 建设期借款利息:

第1年贷款利息＝500/2×6%＝15.00万元

第2年贷款利息＝[(500＋15)＋500/2]×6%＝45.90万元

建设期借款利息＝15＋45.90＝60.90万元

2. 运营期各年应还本金与利息:

建设期借款本利和＝500＋500＋60.90＝1 060.90万元

运营期每年应还本金＝1 060.90/6＝176.82万元

运营期第 1 年应还利息 = 1 060.90×6% = 63.65 万元

运营期第 2 年应还利息 = (1 060.90 - 176.82)×6% = 884.08×6% = 53.04 万元

运营期第 3 年应还利息 = (1 060.90 - 176.82×2)×6% = 707.26×6% = 42.44 万元

运营期第 4 年应还利息 = (1 060.90 - 176.82×3)×6% = 530.44×6% = 31.83 万元

运营期第 5 年应还利息 = (1 060.90 - 176.82×4)×6% = 353.62×6% = 21.22 万元

运营期第 6 年应还利息 = (1 060.90 - 176.82×5)×6% = 176.80×6% = 10.61 万元

3. 填写还本付息表。

表 1-1　还本付息表　　　　　　　　　　　　单位:万元

项目 ＼ 年份	1	2	3	4	5	6	7	8
期初借款余额		515.00	1 060.90	884.08	707.26	530.44	353.62	176.80
当期还本付息			240.47	229.86	219.26	208.65	198.04	187.43
其中还本			176.82	176.82	176.82	176.82	176.82	176.80 (176.82)
其中付息			63.65	53.04	42.44	31.83	21.22	10.61
期末借款余额	515.00	1 060.90	884.08	707.264	530.44	353.62	176.80	

【案例二】

(融资后,计算总成本并填表)

某拟建项目计算期为 10 年,其中建设期 2 年,生产运营期 8 年。第 3 年投产,第 4 年开始达到设计生产能力。

项目建设投资估算 10 000 万元(不含贷款利息)。其中 1 000 万元为无形资产;300 万元为其他资产;其余投资形成固定资产。

固定资产在运营期内按直线法折旧,残值(残值率为 10%)在项目计算期末一次性收回。

无形资产在运营期内,均匀摊入成本;其他资产在运营期的前 3 年内,均匀摊入成本。

项目的设计生产能力为年产量 1.5 万 t 某产品,预计每吨销售价为 6 000 元,年销售税金及附加按销售收入的 6% 计取,所得税税率为 25%。

项目的资金投入、收益、成本等基础数据见表 1-2。

表 1-2　拟建项目资金投入、收益及成本数据表　　　　　　单位:万元

序号	项目 ＼ 年份		1	2	3	4	5~10
1	建设投资	自有资本金部分	4 000	1 000			
		贷款(不含贷款利息)	2 000	3 000			
2	流动资金	自有资本金部分			600	100	
		贷款			100	200	
3	年生产、销售量/万 t				1.0	1.5	1.5
4	年经营成本				3 500	5 000	5 000

还款方式:建设投资贷款在项目生产运营期内等额本金偿还、利息照付,贷款年利率为6%;流动资金贷款年利率为5%,贷款本金在项目计算期末一次偿还。

在项目计算期的第5、7、9年每年需维持运营投资20万元,其资金来源为自有资金,该费用计入年度总成本。

经营成本中的70%为可变成本,其他均为固定成本。

说明:所有计算结果均保留小数点后两位。

问题:

1. 计算运营期各年折旧费。
2. 计算运营期各年的摊销费。
3. 计算运营期各年应还的利息额。
4. 计算运营期第1年、第8年的总成本费用。
5. 计算运营期第1年、第8年的固定成本、可变成本。
6. 按表1-3格式编制该项目总成本费用估算表。

表1-3　总成本费用估算表　　　　　单位:万元

序号	年份\项目	3	4	5	6	7	8	9	10
1	经营成本								
2	固定资产折旧费								
3	无形资产摊销费								
4	其他资产摊销费								
5	维持运营投资								
6	利息支出								
6.1	建设投资贷款利息								
6.2	流动资金贷款利息								
7	总成本费用								
7.1	固定成本								
7.2	可变成本								

答案:

1. 建设期贷款利息:

建设期第1年利息=2 000/2×6%=60万元

建设期第2年利息=(2 000+60+3 000/2)×6%=213.6万元

建设期利息=60+213.6=273.6万元

固定资产原值=(10 000-1 000-300)+273.6=8 973.6万元

残值=8 973.6×10%=897.36万元

年折旧费=(8 973.6-897.36)/8=1 009.53万元

2. 摊销包括无形资产摊销及其他资产摊销。

无形资产在运营期内每年的摊销费=1 000/8=125万元

其他资产在运营期前3年中的年摊销费=300/3=100万元

3. 运营期应还利息包括还建设期贷款利息及流动资金贷款利息。

（1）运营期应还建设期贷款利息的计算思路

建设期贷款本利和＝2 000＋3 000＋273.6＝5 273.60 万元

运营期内每年应还本金＝5 273.6/8＝659.2 万元

运营期第 1 年应还建设期贷款利息＝5 273.6×6％＝316.42 万元

运营期第 2 年应还建设期贷款利息＝（5 273.6－659.2）×6％＝276.86 万元

运营期第 3 年应还建设期贷款利息＝（5 273.6－659.2×2）×6％＝237.31 万元

运营期第 4 年应还建设期贷款利息＝（5 273.6－659.2×3）×6％＝197.76 万元

运营期第 5 年应还建设期贷款利息＝（5 273.6－659.2×4）×6％＝158.21 万元

运营期第 6 年应还建设期贷款利息＝（5 273.6－659.2×5）×6％＝118.66 万元

运营期第 7 年应还建设期贷款利息＝（5 273.6－659.2×6）×6％＝79.10 万元

运营期第 8 年应还建设期贷款利息＝（5 273.6－659.2×7）×6％＝39.55 万元

（2）运营期应还流动资金贷款利息的计算思路

运营期第 1 年应还利息＝100×5％＝5 万元

运营期第 2 年～第 8 年应还利息＝（100＋200）×5％＝15 万元

4. 运营期第 1 年的总成本费用＝3 500＋1 009.53＋125＋100＋316.42＋5＝5 055.95 万元

运营期第 8 年的总成本费用＝5 000＋1 009.53＋125＋39.55＋15＝6 189.08 万元

5. 运营期第 1 年的可变成本＝3 500×70％＝2 450 万元

运营期第 1 年的固定成本＝5 055.95－2 450＝2 605.95 万元

运营期第 8 年的可变成本＝5 000×70％＝3 500 万元

运营期第 8 年的固定成本＝6 189.08－3 500＝2 689.08 万元

6. 总成本费用估算见表 1-3。

表 1-3　总成本费用估算表　　　　　　　　　　　　　单位：万元

序号	年份\项目	3	4	5	6	7	8	9	10
1	经营成本	3 500	5 000	5 000	5 000	5 000	5 000	5 000	5 000
2	固定资产折旧费	1 009.53	1 009.53	1 009.53	1 009.53	1 009.53	1 009.53	1 009.53	1 009.53
3	无形资产摊销费	125	125	125	125	125	125	125	125
4	其他资产摊销费	100	100	100					
5	维持运营投资			20		20		20	
6	利息支出	321.42	291.86	252.31	212.76	173.21	133.66	94.10	54.55
6.1	建设投资贷款利息	316.42	276.86	237.31	197.76	158.21	118.66	79.10	39.55
6.2	流动资金贷款利息	5	15	15	15	15	15	15	15
7	总成本费用	5 055.95	6 526.39	6 506.84	6 347.29	6 327.74	6 268.19	6 248.63	6 189.08
7.1	固定成本	2 605.95	3 026.39	3 006.84	2 847.29	2 827.74	2 768.19	2 748.63	2 689.08
7.2	可变成本	2 450＝3 500×70％	3 500	3 500	3 500	3 500	3 500	3 500	3 500

【案例三】

某集团公司拟建设 A、B 两个工业项目,A 项目为拟建年产 30 万 t 的铸钢厂,根据调查统计资料提供的当地已建年产 25 万 t 铸钢厂的主厂房工艺设备投资约 2 400 万元。A 项目的生产能力指数为 1。已建类似项目资料:主厂房其他各专业工程投资占工艺设备投资的比例见表 1-4,项目其他各系统工程及工程建设其他费用占主厂房投资的比例见表 1-5。

表 1-4　主厂房其他各专业工程投资占工艺设备投资的比例表

加热炉	汽化冷却	余热锅炉	自动化仪表	起重设备	供电与传动	建安工程
0.12	0.01	0.04	0.02	0.09	0.18	0.40

表 1-5　项目其他各系统工程及工程建设其他费用占主厂房投资的比例表

动力系统	机修系统	总图运输系统	行政及生活福利设施工程	工程建设其他费
0.30	0.12	0.20	0.30	0.20

A 项目建设资金来源为自有资金和贷款,贷款本金为 8 000 万元,分年度按投资比例发放,贷款利率 8%(按年计息)。建设期 3 年,第 1 年投入 30%,第 2 年投入 50%,第 3 年投入 20%。预计建设期物价年平均上涨率 3%,投资估算到开工的时间按一年考虑,基本预备费率 10%。

B 项目为拟建一条化工原料生产线,厂房的建筑面积为 5 000 m²,同行业已建类似项目的建筑工程费用为 3 000 元/m²,设备全部从国外引进,经询价,设备的货价(离岸价)为 800 万美元。

问题:

1. 对于 A 项目,已知拟建项目与类似项目的综合调整系数为 1.25,试用生产能力指数估算法估算 A 项目主厂房的工艺设备投资;用系数估算法估算 A 项目主厂房投资和项目的工程费与工程建设其他费用。

2. 估算 A 项目的建设投资。

3. 对于 A 项目,若单位产量占用流动资金额为 33.67 元/t,试用扩大指标估算法估算该项目的流动资金。确定 A 项目的建设总投资。

4. 对于 B 项目,类似项目建筑工程费用所含的人工费、材料费、机械费和综合税费占建筑工程造价的比例分别为 18.26%、57.63%、9.98%、14.13%。因建设时间、地点、标准等不同,相应地综合调整系数分别为 1.25、1.32、1.15、1.2。其他内容不变。计算 B 项目的建筑工程费用。

5. 对于 B 项目,海洋运输公司的现行海运费率为 6%,海运保险费率为 3.5‰,外贸手续费率、银行手续费率、关税税率和增值税率分别按 1.5%、5‰、17%、17% 计取。国内供销手续费率为 0.4%,运输、装卸和包装费率为 0.1%,采购保管费率为 1%。美元兑换人民币的汇率均按 1 美元=6.2 元人民币计算,设备的安装费率为设备原价的 10%。估算进口设备购置费和安装工程费。

答案:

问题 1:

1. 用生产能力指数估算法估算 A 项目主厂房工艺设备投资:

A 项目主厂房工艺设备投资 = 2 400 × (30/25)1 × 1.25 = 3 600 万元

2. 用系数估算法估算 A 项目主厂房投资：

A 项目主厂房投资 $= 3\,600 \times (1 + 12\% + 1\% + 4\% + 2\% + 9\% + 18\% + 40\%)$

$= 3\,600 \times (1 + 0.86) = 6\,696$ 万元

其中：

设备购置投资 $= 3\,600 \times (1 + 0.12 + 0.01 + 0.04 + 0.02 + 0.09 + 0.18) = 5\,256$ 万元

建安工程投资 $= 3\,600 \times 0.4 = 1\,440$ 万元

3. A 项目工程费用与工程建设其他费 $= 6\,696 \times (1 + 0.3 + 0.12 + 0.2 + 0.3 + 0.2)$

$= 6\,696 \times 1.12 = 14\,195.52$ 万元

问题2：

1. 基本预备费计算：

基本预备费 $= 14\,195.52 \times 10\% = 1\,419.55$ 万元

静态投资 $= 14\,195.52 + 1\,419.55 = 15\,615.07$ 万元

建设期各年的静态投资额如下：

第 1 年 $15\,615.07 \times 30\% = 4\,684.52$ 万元

第 2 年 $15\,615.07 \times 50\% = 7\,807.54$ 万元

第 3 年 $15\,615.07 \times 20\% = 3\,123.01$ 万元

2. 价差预备费计算：

价差预备费 $= 4\,684.52 \times [(1 + 3\%)^1 (1 + 3\%)^{0.5} (1 + 3\%)^{1-1} - 1] + 7\,807.54 \times [(1 + 3\%)^1 (1 + 3\%)^{0.5} (1 + 3\%)^{2-1} - 1] + 3\,123.01 \times [(1 + 3\%)^1 (1 + 3\%)^{0.5} (1 + 3\%)^{3-1} - 1] = 212.38 + 598.81 + 340.40 = 1\,151.59$ 万元

预备费 $= 1\,419.55 + 1\,151.59 = 2\,571.14$ 万元

3. A 项目的建设投资 $= 14\,195.52 + 2\,571.14 = 16\,766.66$ 万元

问题3：估算 A 项目的总投资

1. 流动资金 $= 30 \times 33.67 = 1\,010.10$ 万元

2. 建设期贷款利息计算：

第 1 年贷款利息 $= (0 + 8\,000 \times 30\% \div 2) \times 8\% = 96$ 万元

第 2 年贷款利息 $= [(8\,000 \times 30\% + 96) + (8\,000 \times 50\% \div 2)] \times 8\% = (2\,400 + 96 + 4\,000 \div 2) \times 8\% = 359.68$ 万元

第 3 年贷款利息 $= [(2\,400 + 96 + 4\,000 + 359.68) + (8\,000 \times 20\% \div 2)] \times 8\% = (6\,855.68 + 1\,600 \div 2) \times 8\% = 612.45$ 万元

建设期贷款利息 $= 96 + 359.68 + 612.45 = 1\,068.13$ 万元

3. 拟建项目总投资 = 建设投资 + 建设期贷款利息 + 流动资金

$= 16\,766.66 + 1\,068.13 + 1\,010.10 = 18\,844.89$ 万元

问题4：对于 B 项目，建筑工程造价综合差异系数：

$18.26\% \times 1.25 + 57.63\% \times 1.32 + 9.98\% \times 1.15 + 14.13\% \times 1.2 = 1.27$

B 项目的建筑工程费用为：$3\,000 \times 5\,000 / 10\,000 \times 1.27 = 1\,905.00$ 万元

问题5：

B 项目进口设备的购置费 = 设备原价 + 设备国内运杂费，如表 1-6 所示。

表 1-6　进口设备原价计算表

费用名称	计算公式	费用
1. 货价	货价 = 800×6.2 = 4 960.00	4 960.00
2. 国外运输费	国外运输费 = 4 960×6% = 297.60	297.60
3. 国外运输保险费	国外运输保险费 = (4 960 + 27.6)×3.5‰/(1 - 3.5‰) = 18.47	18.47
4. 关税	关税 = (4 960 + 297. + 18.47)×17% = 5 267.07(CIF 价)×17% = 896.93	896.93
5. 增值税	增值税 = (4 960 + 297.6. + 18.47 + 896.93)×17% = 1 049.41	1 049.41
6. 银行财务费	银行财务费 = 4 960×5‰ = 24.80	24.80
7. 外贸手续费	外贸手续费 = (4 960 + 297.6 + 18.47)×1.5% = 79.14	79.14
进口设备原价	以上七项合计	7 326.35

由表 1-6 可知,进口设备原价为:7 326.35 万元

国内供销、运输、装卸和包装费 = 进口设备原价×费率 = 7 326.35×(0.4% + 0.1%) = 36.63 万元

设备采保费 = (进口设备原价 + 国内供销、运输、装卸和包装费)×采保费率 = (7 326.35 + 36.63)×1% = 73.63 万元

进口设备国内运杂费 = 36.63 + 73.63 = 110.26 万元

进口设备购置费 = 7 326.35 + 110.26 = 7 436.61 万元

设备的安装费 = 设备原价×安装费率 = 7 326.35×10% = 732.64 万元

【案例四】

某企业拟投资建设一个生产市场急需产品的工业项目。该项目建设期 1 年,运营期 6 年。项目投产第一年可获得当地政府扶持该产品生产的补贴收入 100 万元,项目建设的其他基本数据如下:

1. 项目建设投资估算 1 000 万元。预计全部形成固定资产(包括可抵扣固定资产进项税额 100 万元),固定资产使用年限 10 年,按直线法折旧,期末净残值率 4%,固定资产余值在项目运营期末收回。投产当年需要投入运营期流动资金 200 万元。

2. 正常年份年营业收入为 702 万元(其中销项税额为 102 万),经营成本 380 万元(其中进项税额为 50 万),税金附加按应纳增值税的 10%计算,所得税率为 25%,行业所得税后基准收益率为 10%;基准投资回收期为 6 年,企业投资者期望的最低可接受所得税后收益为 15%。

3. 投产第一年仅达到设计生产能力的 80%,预计这一年的营业收入及其所含销项税额、经营成本及其所含进项税额均为正常年份的 80%。以后各年均达到设计生产能力。

4. 运营第 4 年,需要花费 50 万元(无可抵扣进项税额)更新新型自动控制设备配件,维持以后的正常运营需要,该维持运营投资按当期费用计入年度总成本。

问题:

1. 编制拟建项目投资现金流量表。

2. 计算项目的静态投资回收期、财务净现值和财务内部收益率。

3. 评价项目的财务可行性。

答案：

问题1：编制拟建项目投资现金流量表

编制现金流量表之前需要计算以下数据，并将计算结果填入表1-7中。

（1）计算固定资产折旧费（融资前，固定资产原值不含建设期利息）

固定资产原值＝形成固定资产的费用－可抵扣固定资产进项税额

固定资产折旧费＝（1 000－100）×（1－4％）÷10＝86.40万元

（2）计算固定资产余值

固定资产使用年限10年，运营期末只用了6年还有4年未折旧。所以，运营期末固定资产余值为：

固定资产余值＝年固定资产折旧费×4＋残值＝86.40×4＋（1 000－100）×4％＝381.60万元

（3）计算调整所得税

增值税应纳税额＝当期销项税额－当期进项税额－可抵扣固定资产进项税额

故：

第2年的当期销项税额－当期进项税额－可抵扣固定资产进项税额＝102×0.8－50×0.8－100＝－58.4万元＜0，故第2年应纳增值税额为0。

第3年的当期销项税额－当期进项税额－可抵扣固定资产进项税额＝102－50－58.4＝－6.4万元＜0，故第2年应纳增值税额为0。

第4年的应纳增值税＝102－50－6.4＝45.60万元

第5年、第6年、第7年的应纳增值税＝102－50＝52万元

调整所得税＝［营业收入－当期销项税额－（经营成本－当期进项税额）－折旧费－维持运营投资＋补贴收入－增值税附加］×25％

故：

第2年调整所得税＝［（702－102）×80％－（380－50）×80％－86.4－0＋100－0］×25％＝57.40万元

第3年调整所得税＝（600－330－86.4－0＋0－0）×25％＝45.90万元

第4年调整所得税＝（600－330－86.4－0＋0－45.60×10％）×25％＝44.76万元

第5年调整所得税＝（600－330－86.4－50＋0－52×10％）×25％＝32.10万元

第6/7年调整所得税＝（600－330－86.4－0＋0－52×10％）×25％＝44.60万元

表1-7　项目投资现金流量表　　　　　　　　单位：万元

序号	项　目	建设期	运营期					
		1	2	3	4	5	6	7
1	现金流入	0	661.6	702	702	702	702	1283.6
1.1	营业收入（不含销项税额）		480	600	600	600	600	600
1.2	销项税额		81.6	102	102	102	102	102
1.3	补贴收入		100					

续表

序号	项 目	建设期	运营期					
		1	2	3	4	5	6	7
1.4	回收固定资产余值							381.6
1.5	回收流动资金							200
2	现金流出	1 000	561.4	425.9	474.92	519.3	481.8	481.8
2.1	建设投资	1 000						
2.2	流动资金投资		200					
2.3	经营成本(不含进项税额)		264	330	330	330	330	330
2.4	进项税额		40	50	50	50	50	50
2.5	应纳增值税		0	0	45.6	52	52	52
2.6	增值税附加				4.56	5.2	5.2	5.2
2.7	维持运营投资					50		
2.8	调整所得税		57.4	45.9	44.76	32.1	44.6	44.6
3	所得税后净现金流量	-1 000	100.2	276.1	227.08	182.7	220.2	801.8
4	累计税后净现金流量	-1 000	-899.8	-623.7	-396.62	-213.92	6.28	808.08
5	基准收益率10%	0.909 1	0.826 4	0.751 3	0.683	0.620 9	0.564 5	0.513 2
6	折现后净现金流	-909.1	82.81	207.43	155.1	113.44	124.3	411.48
7	累计折现净现金流	-909.1	-826.29	-618.86	-463.77	-350.33	-226.02	185.46

问题2:

(1)计算项目的静态投资回收期

静态投资回收期=(累计净现金流量出现正值的年份-1)+(|出现正值年份上年累计净现金流量|/出现正值年份当年净现金流量)

$$=(6-1)+|-213.92|/220.20=5+0.97=5.97 \text{ 年}$$

项目静态投资回收期为:5.97年。

(2)计算项目财务净现值

项目财务净现值是把项目计算期内各年的净现金流量,按照基准收益率折算到建设期初的现值之和。也就是计算期末累计折现后净现金流量185.46万元。见表1-7。

(3)计算项目的财务内部收益率

编制财务内部收益率试算表见表1-8。

首先设定 $i_1=15\%$,以 i_1 作为设定的折现率,计算出各年的折现系数。利用财务内部收益率试算表,计算出各年的折现净现金流量和累计折现净现金流量,从而得到财务净现值 FNPV1=4.97万元,见表1-8。

再设定 $i_2=17\%$,以 i_2 作为设定的折现率,计算出各年的折现系数。同样,利用财务内部收益率试算表,计算出各年的折现净现金流量和累计折现净现金流量,从而得到财务净现值

$FNPV_2 = -51.97$ 万元,见表 1-8。

试算结果满足:FNPV1 > 0,FNPV2 < 0,且满足精度要求,可采用插值法计算出拟建项目的财务内部收益率 FIRR。

表 1-8　财务内部收益率试算表　　　　　　　单位:万元

序号	项目	建设期	运营期					
		1	2	3	4	5	6	7
1	现金流入	0	661.6	702	702	702	702	1 283.6
2	现金流出	1 000	561.4	425.9	474.92	519.3	481.8	481.8
3	净现金流量	-1 000	100.2	276.1	227.08	182.7	220.2	801.8
4	折现系数 $i = 15\%$	0.869 6	0.756 1	0.657 5	0.571 8	0.497 2	0.432 3	0.375 9
5	折现后净现金流量	-869.6	75.76	181.54	129.84	90.84	95.19	301.4
6	累计折现净现金流量	-869.6	-793.84	-612.3	-482.46	-391.62	-296.43	4.97
7	折现系数 $i = 17\%$	0.854 7	0.730 5	0.624 4	0.533 7	0.456 1	0.389 8	0.333 2
8	折现后净现金流量	-854.7	73.2	172.4	121.19	83.33	85.83	267.16
9	累计折现净现金流量	-854.7	-781.5	-609.11	-487.91	-404.58	-318.75	-51.59

由表 1-8 可知:

$i_1 = 15\%$ 时,$FNPV_1 = 4.97$

$i_2 = 17\%$ 时,$FNPV_2 = -51.59$

用插值法计算拟建项目的内部收益率 FIRR,即:

$$FIRR = i_1 + (i_2 - i_1) \times FNPV_1 / (\mid FNPV_1 \mid + \mid FNPV_2 \mid)$$
$$= 15\% + (17\% - 15\%) \times 4.97 / (4.97 + \mid -51.59 \mid)$$
$$= 15\% + 0.18\% = 15.18\%$$

问题 3:评价项目的财务可行性

本项目的静态投资回收期为 5.97 年小于基准投资回收期 6 年;累计财务净现值为 185.46 万元 > 0;财务内部收益率 FIRR = 15.18% > 行业基准收益率 10%,所以,从财务角度分析,该项目可行。

【案例五】

某企业拟投资建设一个生产市场急需产品的工业项目。该项目建设期 1 年,运营期 6 年。项目投产第一年可获得当地政府扶持该产品生产的补贴收入 100 万元,项目建设的其他基本数据如下:

1. 项目建设投资估算 1 000 万元。预计全部形成固定资产(包括可抵扣固定资产进项税额 100 万元),固定资产使用年限 10 年,按直线法折旧,期末净残值率 4%,固定资产余值在项目运营期末收回。投产当年需要投入运营期流动资金 200 万元。

2. 正常年份年营业收入为 702 万元(其中销项税额为 102 万),经营成本 380 万元(其中进项税额为 50 万元),税金附加按应纳增值税的 10% 计算,所得税率为 25%,行业所得税后基准收益率为 10%;基准投资回收期为 6 年,企业投资者期望的最低可接受所得税后收益率为 15%。

3. 投产第一年仅达到设计生产能力的 80%,预计这一年的营业收入及其所含销项税额、经营成本及其所含进项税额均为正常年份的 80%。以后各年均达到设计生产能力。

4. 运营第 4 年,需要花费 50 万元(无可抵扣进项税额)更新新型自动控制设备配件,维持以后的正常运营需要,该维持运营投资按当期费用计入年度总成本。

问题:

若该项目的初步融资方案为:贷款 400 万元用于建设投资,贷款年利率为 10%(按年计息),还款方式为运营期前 3 年等额还本,利息照付。剩余建设投资及流动资金来源于项目资本金。试编制拟建项目的资本金现金流量表,并根据该表计算项目的资本金财务内部收益率,评价项目资本金的盈利能力和融资方案下的财务可行性。

答案:

1. 编制拟建项目资本金现金流量表

编制资本金现金流量表之前需要计算以下数据,并将计算结果填入表 1-9 中。

(1) 项目建设期贷款利息

项目建设期贷款利息为:$400 \times 0.5 \times 10\% = 20$ 万元

(2) 固定资产年折旧费与固定资产余值

固定资产年折旧费 $= (1\,000 - 100 + 20) \times (1 - 4\%) \div 10 = 88.32$ 万元

固定资产余值 $=$ 年固定资产折旧费 $\times 4 +$ 残值 $= 88.32 \times 4 + (1\,000 - 100 + 20) \times 4\% = 390.08$ 万元

(3) 计算各年应偿还的本金和利息

项目第 2 年期初累计借款为 420 万元,运营期前 3 年等额还本,利息照付,则运营期第 2 年至第 4 年等额偿还的本金 $=$ 第 2 年年初累计结款 $\div$ 还款期 $= 420 \div 3 = 140$ 万元;运营期第 2 年至第 4 年应偿还的利息为:

第 2 年:$420 \times 10\% = 42.00$ 万元

第 3 年:$(420 - 140) \times 10\% = 28.00$ 万元

第 4 年:$(420 - 140 - 140) \times 10\% = 14.00$ 万元

(4) 计算所得税

第 2 年的所得税 $= [(702 - 102) \times 80\% - (380 - 50) \times 80\% - 88.32 - 42 + 100] \times 25\% = 46.42$ 万元

第 3 年的所得税 $= (600 - 330 - 88.32 - 28) \times 25\% = 38.42$ 万元

第 4 年的所得税 $= (600 - 330 - 88.32 - 14 - 4.56) \times 25\% = 40.78$ 万元

第 5 年的所得税 $= (600 - 330 - 88.32 - 50 - 5.2) \times 25\% = 31.62$ 万元

第 6 年、第 7 年的所得税 $= (600 - 330 - 88.32 - 5.2) \times 25\% = 44.12$ 万元

表 1-9　项目资本金现金流量表　　　　　　　单位:万元

序号	项目	建设期	运营期					
		1	2	3	4	5	6	7
1	现金流入	0	661.6	702	702	702	702	1 292.08
1.1	营业收入(不含销项税额)		480	600	600	600	600	600
1.2	销项税额		81.6	102	102	102	102	102
1.3	补贴收入		100					
1.4	回收固定资产余值							390.08
1.5	回收流动资金							200
2	现金流出	600	732.42	586.42	624.94	518.82	481.32	481.32
2.1	项目资本金	600						
2.2	借款本金偿还		140	140	140			
2.3	借款利息支付		42	28	14			
2.4	流动资金投资		200					
2.5	经营成本(不含进项税额)		264	330	330	330	330	330
2.6	进项税额		40	50	50	50	50	50
2.7	应纳增值税		0	0	45.6	52	52	52
2.8	增值税附加		0	0	4.56	5.2	5.2	5.2
2.9	维持运营投资					50		
2.1	所得税		46.42	38.42	40.78	31.62	44.12	44.12
3	所得税后净现金流量	-600	-70.82	115.58	77.06	183.18	220.68	810.76
4	累计税后净现金流量	-600	-670.82	-555.24	-478.18	-295	-74.32	736.44
5	基准收益率10%	0.909 1	0.826 4	0.751 3	0.683	0.620 9	0.564 5	0.513 2
6	折现后净现金流	-545.46	-58.53	86.84	52.63	113.74	124.57	416.08
7	累计折现净现金流量	-545.46	-603.99	-517.15	-464.52	-350.78	-226.21	189.87

2. 计算项目的资本金财务内部收益率

编制项目资本金财务内部收益率试算表见表 1-10。

表 1-10　项目资本金财务内部收益率试算表　　　　　　　　单位:万元

序号	项目	建设期	运营期					
		1	2	3	4	5	6	7
1	现金流入	0	661.6	702	702	702	702	1 292.08
2	现金流出	600	732.42	586.42	624.94	518.82	481.32	481.32
3	净现金流量	-600	-70.82	115.58	77.06	183.18	220.68	810.76
4	折现系数 $i=15\%$	0.869 6	0.756 1	0.657 5	0.571 8	0.497 2	0.432 3	0.375 9
5	折现后净现金流量	-521.76	-53.55	75.99	44.06	91.08	95.4	304.76
6	累计折现净现金流量	-521.76	-575.31	-499.31	-455.25	-364.17	-268.77	35.99
7	折现系数 $i=17\%$	0.854 7	0.730 1	0.624 4	0.533 7	0.456 1	0.389 8	0.333 2
8	折现后净现金流量	-512.82	-51.73	72.17	41.13	83.55	86.02	270.15
9	累计折现净现金流量	-512.82	-564.55	-492.39	-451.26	-367.71	-281.69	-11.54

由表 1-10 可知:

$i_1=15\%$ 时,$FNPV_1=35.99$

$i_2=17\%$ 时,$FNPV_2=-11.54$

用插值法计算拟建项目的资本金财务内部收益率 FIRR,即:

3. 评价项目资本金的盈利能力和融资方案下财务可行性

该项目的资本金财务内部收益率为 16.51%,大于企业投资者期望的最低可接受收益率 15%,说明项目资本金的获利水平超过了要求,从项目权益投资者整体角度看,在该融资方案下项目的财务效益是可以接受的。

【案例六】

某新建建设项目的基础数据如下:

1. 项目建设期 2 年,运营期 10 年,建设投资 3 600 万元,预计全部形成固定资产。

2. 项目建设投资来源为自有资金和贷款,贷款总额为 2 000 万元,贷款年利率 6%(按年计息),贷款合同约定运营期第 1 年按项目最大偿还能力还款,运营期第 2~5 年将未偿还款项等额本息偿还。自有资金和贷款在建设期内均衡投入。

3. 项目固定资产使用年限 10 年,残值率 5%,直线法折旧。

4. 项目生产所必需的流动资金 250 万元由项目自有资金在运营期第 1 年投入。

5. 运营期间正常年份的营业收入为 850 万元,经营成本为 280 万元,增值税附加税率按照营业收入的为 0.8% 估算,所得税率为 25%。

6. 运营期第 1 年达到设计产能的 80%,该年的营业收入、经营成本均为正常年份的 80%,以后均达到设计产能。

7. 在建设期贷款偿还完成之前,不计提盈余公积金,不分配投资者股利。

8. 假定建设投资中无可抵扣固定资产进项税额,上述其他各项费用及收入均为不含增值税价格。

问题:

1. 列式计算项目建设期的贷款利息。

2. 列式计算项目运营期第 1 年偿还的贷款本金和利息。

3. 列式计算项目运营期第 2 年应偿还的贷款本息额,并通过计算说明项目能否满足还款要求。

4. 项目资本金现金流量表运营期第 1 年、第 2 年和最后 1 年的净现金流量分别是多少?

(计算结果保留 2 位小数)

答案:

1. 建设期利息的计算:

第一年利息 = 1 000×6%/2 = 30 万元

第二年利息 = (1 000 + 30 + 1 000/2)×6% = 91.80 万元

建设期贷款利息 = 30 + 91.80 = 121.80 万元

建设期末的贷款本利和 = 2 000 + 121.80 = 2 121.80 万元

2. 就项目自身收益而言,可用于偿还建设期贷款本金(包含已经本金化的建设期贷款利息)的资金来源包括回收的折旧、摊销和未分配利润。按照项目最大偿还能力还款,也就是将项目回收的所有折旧和摊销资金,以及税后利润均优先用于还款。

需要注意的是,由于运营期各年产生的贷款利息已经计入相应年份的总成本费用,也就是说通过计入总成本费用,偿还运营期各年贷款利息所需资金已经得到了落实,因此回收的折旧、摊销和未分配利润只需要考虑对建设期期末借款余额的偿还。

运营期第 1 年应偿还利息 = 2 121.80×6% = 127.31 万元

固定资产原值 = 建设投资 + 建设期贷款利息 = 3 600 + 121.8 = 3 721.80 万元

年折旧 = 固定资产原值×(1 - 残值率)/使用年限 = 3 721.8×(1 - 5%)/10 = 353.57 万元

年摊销 = 0

运营期第 1 年的税前利润 = 营业收入 - 总成本费用 - 增值税附加 + 补贴

其中:营业收入 = 850×80% = 680 万元

总成本费用 = 折旧 + 摊销 + 利息 + 经营成本 = 353.57 + 0 + 127.31 + 280×80% = 704.88 万元

增值税附加 = 850×80%×0.8% = 5.44 万元

运营期第 1 年的税前利润 = 680 - 704.88 - 5.44 + 0 = - 30.32 万元,不需缴纳所得税

运营期第 1 年可偿还的本金 = 折旧 + 摊销 + 未分配利润(税后利润) = 353.57 + 0 - 30.32 = 323.25 万元

运营期第 1 年可偿还利息 = 2 121.80×6% = 127.31 万元

3. **思路一:**

运营期第 1 年末借款本利和 = 项目运营期第 2 年的贷款余额 = 2 000 + 121.80 - 323.25 = 1 798.55万元

运营期第 2～5 年每年等额本息偿还额为 A

$A = P×i×(1+i)n/[(1+i)n-1] = 1 798.55×6%×(1+6%)×4/[(1+6%)×4-1] = 519.05$ 万元

运营期第 2 年应偿还的利息 = 1 798.55×6% = 107.91 万元

运营期第 2 年应偿还的贷款本金 = 519.05 - 107.91 = 411.14 万元

运营期第 2 年总成本 = 280 + 353.57 + 107.91 = 741.48 万元

运营期第 2 年的税前利润 = 营业收入 - 增值税附加 - 总成本 = 850×（1 - 0.8%）- 741.48 = 101.72 万元

运营期第 2 年应纳所得税 = [101.72 - 30.32]×25% = 17.85 万元

运营期第 2 年的税后利润 = 101.72 - 17.85 = 83.87 万元，运营期第 2 年可供还款的资金为 353.57 + 83.87 = 437.44 万元，大于 411.14 万元，所以能满足还款要求。

思路二：

偿债备付率思路：

计算运营期第 2 年的偿债备付率，如大于 1，则可满足还款要求。

偿债备付率 = 当年可用于还本付息的资金/当年应还本付息的金额 =（折旧 + 摊销 + 可用于还款的未分配利润 + 利息）/当期应还本付息的金额 =（353.57 + 0 + 83.87 + 107.91）/519.05 = 545.35/519.05 = 1.05，大于 1，所以能满足还款要求。

4. 基于资本金现金流量表中的：

净现金流量 = 现金流入 - 现金流出

现金流入 = 营业收入（不含销项税额）+ 销项税额 + 补贴 + 回收固定资产余值 + 回收流动资金

现金流出 = 项目资本金流出 + 本金偿还 + 利息支付流动资本金流出 + 经营成本（不含进项税额）+ 进项税额 + 增值税 + 增值税附加 + 维运费 + 所得税

净现金流量 =（营业收入 + 补贴 + 回收固定资产余值 + 回收流动资金）-（项目资本金流出 + 本金偿还 + 利息支付 + 流动资本金流出 + 经营成本 + 增值税附加 + 维运费 + 所得税）

运营期第 1 年的净现金流量 = 850×80% -（0 + 323.25 + 127.31 + 250 + 280×80% + 850×80%×0.8% + 0 + 0）= - 250 万元

说明：因运营期第 1 年是按照最大偿还能力还款，因此这年的净现金流量一定是流出的流动资金，其他流入和流出的现金流量必定相互抵消。

运营期第 2 年年末的现金流出为：借款本金偿还 411.14 万元、借款利息支付 107.91 万元、增值税附加税 6.8 万元、经营成本 280 万元、所得税 17.85 万元。

项目资本金现金流量表运营期第 2 年年末的净现金流量为：850 - 411.14 - 107.91 - 6.8 - 280 - 17.85 = 26.30 万元。

项目资本金现金流量表运营期最后 1 年：

固定资产余值 = 残值 =（3 600 + 121.8）×5% = 186.09 万元

总成本 = 280 + 353.57 + 0 + 0 = 633.57 万元

所得税 =（营业收入 - 总成本 - 增值税附加）×所得税率 =（850 - 633.57 - 850×0.8%）×25% = 52.41 万元；

即项目资本金现金流量表运营期最后 1 年末：

现金流入为：营业收入 850 万元、回收固定资产余值 186.09 万元、回收流动资金 250 万元；

现金流出为：增值税附加税 6.8 万元，经营成本 280 万元，所得税 52.41 万元；

净现金流量为：（850 + 186.09 + 250）-（6.8 + 280 + 52.41）= 946.88 万元。

表 1 - 11 某项目利润与利润分配表构成及评价指标 单位:万元

序号	项 目	计算方法
1	营业收入(不含销项税)	年营业收入＝设计生产能力×产品单价×年生产负荷
2	增值税附加税	增值税附加税＝增值税应纳税额×增值税附加税率
3	总成本费用(不含进项税)	总成本费用＝经营成本＋折旧费＋摊销费＋利息支出 年摊销费＝无形资产(或其他资产)/摊销年限 利息支出＝长期借款利息＋流动资金借款利息＋临时借款利息
4	补贴收入	一般已知
5	利润总额(1－2－3＋4)	利润总额＝(1－2－3＋4)
6	弥补以前年度亏损	利润总额中用于弥补以前年度亏损的部分
7	应纳税所得额(5－6)	应纳税所得额＝(5－6)
8	所得税＝7×100%	所得税＝(7)×所得税率
9	净利润(5－8)	净利润＝(5－8)＝利润总额－所得税
10	期初未分配利润	上一年度末的未分配利润
11	可供分配的利润(9＋10)	可供分配的利润＝(9＋10)
12	提取法定盈余公积金＝9×100%	按净利润提取＝9×100%
13	可供投资者分配的利润(11－12)	可供投资者分配的利润＝(11－12)
14	应付投资者各方股利	按约定比例计算(13×100%) 亏损年份不计取

【案例七】

某拟建工业项目的基础数据如下:

1. 固定资产投资估算总额为 5 263.90 万元(其中包括无形资产 600 万元)。建设期 2 年,运营期 8 年;

2. 本项目固定资产投资来源为自有资金和贷款。自有资金在建设期内均衡投入;贷款本金为 2 000 万元,在建设期内每年贷入 1 000 万元。贷款年利率 10%(按年计息)。贷款合同规定的还款方式为:运营期的前 4 年等额还本付息。无形资产在运营期 8 年中均匀摊入成本。固定资产残值 300 万元,按直线法折旧,折旧年限 12 年;

3. 企业适用的增值税税率为 17%,增值税附加税税率为 12%,企业所得税税率为 25%;

4. 项目流动资金全部为自有资金;

5. 股东会约定正常年份按可供投资者分配利润 50% 比例,提取应付投资者各方的股利。营运期的头两年,按正常年份的 70% 和 90% 比例计算;

6. 项目的资金投入、收益、成本,见表 1 - 12;

7. 假定建设投资中无可抵扣固定资产进项税额。

表 1-12　建设项目资金投入、收益、成本费用表　　单位:万元

序号	项目	1	2	3	4	5	6	7	8~10
1	建设投资								
	其中:资本金	1 529.45	1 529.45						
	贷款本金	1 000	1 000						
2	营业收入(不含销项税)			3 300	4 250	4 700	4 700	4 700	4 700
3	经营成本(不含进项税)			2 490.84	3 202.51	3 558.34	3 558.34	3 558.34	3 558.34
4	经营成本中的进项税			350	430	500	500	500	500
5	流动资产(现金＋应收账款＋预付账款＋存货)			532	684	760	760	760	760
6	流动负债(应付账款＋预收账款)			89.83	115.5	128.33	128.33	128.33	128.33
7	流动资金[(5)-(6)]			442.17	568.5	631.67	631.67	631.67	631.67

问题:

1. 计算建设期贷款利息和运营期年固定资产折旧费、年无形资产摊销费;

2. 编制项目的借款还本付息计划表、总成本费用估算表和利润与利润分配表;

3. 编制项目的财务计划现金流量表;

4. 编制项目的资产负债表;

5. 从清偿能力角度,分析项目的可行性。

分析要点:

本案例重点考核融资后投资项目财务分析中,还款方式为:等额还本付息情况下,借款还本付息表、总成本费用估算表和利润与利润分配表的编制方法。为了考察拟建项目计算期内各年的财务状况和清偿能力,还必须掌握项目财务计划现金流量表以及资产负债表的编制方法。

1. 根据所给贷款利率计算建设期与运营期贷款利息,编制借款还本付息计划表。

运营期各年利息＝该年期初借款余额×贷款利率

运营期各年期初借款余额＝(上年期初借款余额－上年偿还本金)

运营期每年等额还本付息金额按以下公式计算:

$$A = P\frac{(1+i)^n \times i}{(1+i)^n - 1} = P \times (A/P, i, n)$$

2. 根据背景材料所给数据,按以下公式计算利润与利润分配表的各项费用:

增值税应纳税额＝当期销项税额－当期进项税额＝营业收入×增值税率－当期进项税额

增值税附加税＝增值税应纳税额×增值税附加税税率

利润总额＝营业收入－总成本费用－增值税附加税额

所得税＝（利润总额－弥补以前年度亏损）×所得税率

在未分配利润＋折旧费＋摊销费＞该年应还本金的条件下：

用于还款的未分配利润＝应还本金－折旧费－摊销费

3. 编制财务计划现金流量表应掌握净现金流量的计算方法：

该表的净现金流量等于经营活动、投资活动和筹资活动三个方面的净现金流量之和。

（1）经营活动的净现金流量＝经营活动的现金流入－经营活动的现金流出

式中：经营活动的现金流入包括营业收入、增值税销项税额、补贴收入以及与经营活动有关的其他流入。

经营活动的现金流出包括经营成本、增值税进项税额、增值税及附加、所得税以及与经营活动有关的其他流出。

（2）投资活动的净现金流量＝投资活动的现金流入－投资活动的现金流出

式中：对于新设法人项目，投资活动的现金流入为 0。

投资活动的现金流出包括建设投资、维持运营投资、流动资金以及与投资活动有关的其他流出。

（3）筹资活动的净现金流量＝筹资活动的现金流入－筹资活动的现金流出

式中：筹资活动的现金流入包括项目资本金投入、建设投资借款、流动资金借款、债券、短期借款以及与筹资活动有关的其他流入。

筹资活动的现金流出包括各种利息支出、偿还债务本金、应付利润（股利分配）以及与筹资活动有关的其他流出。

4. 累计盈余资金 ＝ $\sum$ 净现金流量（即各年净现金流量之和）

5. 编制资产负债表应掌握以下各项费用的计算方法：

资产：流动资产总额（货币资金、应收账款、预付账款、存货、其他之和）、在建工程、固定资产净值、无形及其他资产净值；其中货币资金包括现金和累计盈余资金。

负债：流动负债、建设投资借款和流动资金借款。

所有者权益：资本金、资本公积金、累计盈余公积金和累计未分配利润。以上费用大都可直接从利润与利润分配表和财务计划现金流量表中取得。

6. 清偿能力分析：包括资产负债率和财务比率。

（1）资产负债率＝$\dfrac{\text{负债总额}}{\text{资产总额}}\times100\%$

（2）流动比率＝$\dfrac{\text{流动资产总额}}{\text{流动负债总额}}\times100\%$

答案：

问题 1：

1. 建设期贷款利息计算：

第 1 年贷款利息＝（0＋1 000÷2）×10%＝50 万元

第 2 年贷款利息＝[（1 000＋50）＋1 000÷2]×10%＝155 万元

建设期贷款利息总计 = 50 + 155 = 205 万元

2. 年固定资产折旧费 = (5 263.9 - 600 - 300) ÷ 12 = 363.66 万元

3. 年无形资产摊销费 = 600 ÷ 8 = 75 万元

问题2:

1. 根据贷款利息公式列出借款还本付息表中的各项费用,并填入建设期两年的贷款利息。见表1-13。第3年年初累计借款额为2 205万元,则运营期的前4年应偿还的等额本息:

$$A = P \times \left[\frac{(1+i)^n \times i}{(1+i)^n - 1} \right] = 2\,205 \times \left[\frac{(1+10\%)^n \times i}{(1+10\%)^n - 1} \right]$$

$$= 2\,205 \times 0.315\,47 = 695.6 \text{ 万元}$$

表1-13 借款还本付息计划表 单位:万元

项 目	计算期					
	1	2	3	4	5	6
借款(建设投资借款)						
期初借款余额		1 050	2 205	1 729.89	1 207.27	632.39
当期还本付息			695.61	695.61	695.61	695.63
其中:还本			475.11	522.62	574.88	632.39
付息	50	155	220.5	172.99	120.73	63.24
期末借款余额	1 050	2 205	1 729.89	1 207.27	632.39	

2. 根据总成本费用的组成,列出总成本费用中的各项费用。并将借款还本付息表中第3年应计利息 = 2 205 × 10% = 220.50万元和年经营成本、年折旧费、摊销费一并填入总成本费用表中,汇总得出第3年的总成本费用为3 150万元,见表1-14。

表1-14 总成本费用估算表 单位:万元

序号	费用名称	3	4	5	6	7	8	9	10
1	经营成本(不含进项税)	2 490.84	3 202.51	3 558.34	3 558.34	3 558.34	3 558.34	3 558.34	3 558.34
2	折旧费	363.66	363.66	363.66	363.66	363.66	363.66	363.66	363.66
3	摊销费	75	75	75	75	75	75	75	75
4	利息支出	220.5	172.99	120.73	63.24				
5	总成本费用(不含进项税)	3 150	3 814.16	4 117.73	4 060.24	3 997	3 997	3 997	3 997

3. 计算各年的增值税附加税。

增值税应纳税额等于当期销项税额减去当期进项税额,当期销项税额等于不含销项税额的营业收入乘以增值税率,故:

项目第3年的增值税应纳税额 = 3 300 × 17% - 350 = 211 万元

项目第 3 年的增值税附加税 = 211×12% = 25.32 万元

项目其他各年的增值税应纳税额、增值税附加税计算结果见表 1-15。

表 1-15　增值税及其附加税计算表　　　　　　　　　单位:万元

序号	项　目	3	4	5	6	7	8~10
1	营业收入(不含销项税)	3 300	4 250	4 700	4 700	4 700	4 700
2	销项税额(1×17%)	561	722.5	799	799	799	799
3	进项税额	350	430	500	500	500	500
4	增值税应纳税额 (2-3)	211	292.5	299	299	299	299
5	增值税附加税 (4×12%)	25.32	35.1	35.88	35.88	35.88	35.88

4. 将各年的营业收入、增值税附加税和第 3 年的总成本费用 3 150 万元一并填入利润与利润分配表 1-16 的该年份内,并按以下公式计算出该年利润总额、所得税及净利润。

(1) 第 3 年利润总额 = 3 300 - 3 150 - 25.32 = 124.68 万元

第 3 年应交纳所得税 = 124.68×25% = 31.17 万元

第 3 年净利润 = 124.68 - 31.17 = 93.51 万元

期初未分配利润和弥补以前年度亏损为 0,本年净利润 = 可供分配利润,

第 3 年提取法定盈余公积金 = 93.51×10% = 9.35 万元

第 3 年可供投资者分配利润 = 93.51 - 9.35 = 84.16 万元

第 3 年应付投资者各方股利 = 84.16×50%×70% = 29.46 万元

第 3 年未分配利润 = 84.16 - 29.46 = 54.70 万元

第 3 年用于还款的未分配利润 = 475.11 - 363.66 - 75 = 36.45 万元

第 3 年剩余未分配利润 = 54.70 - 36.45 = 18.25 万元(为下年度期初未分配利润)

(2) 第 4 年初尚欠贷款本金 = 2 205 - 475.11 = 1 729.89 万元,应计利息 172.99 万元,填入总成本费用表 1-14 中,汇总得出第 4 年的总成本费用为:3 814.16 万元。

将总成本带入利润与利润分配表 1-16 中,计算出净利润 300.56 万元。

第 4 年可供分配利润 = 300.56 + 18.25 = 318.81 万元

第 4 年提取法定盈余公积金 = 300.56×10% = 30.06 万元

第 4 年可供投资者分配利润 = 318.81 - 30.06 = 288.75 万元

第 4 年应付投资者各方股利 = 288.75×50%×90% = 129.94 万元

第 4 年未分配利润 = 288.75 - 129.94 = 158.81 万元

第 4 年用于还款的未分配利润 = 522.62 - 363.66 - 75 = 83.96 万元

第 4 年剩余未分配利润 = 158.81 - 83.96 = 74.85 万元

(为下年度期初未分配利润)

(3) 第 5 年初尚欠贷款本金 = 1 729.89 - 522.62 = 1 207.27 万元,应计利息 120.73 万元。填入总成本费用表 1-14 中,汇总得出第 5 年的总成本费用为 4 117.73 万元。将总成本带入利润与利润分配表 1-16 中,计算出净利润 409.79 万元。

第 5 年可供分配利润 = 409.79 + 74.85 = 484.64 万元

第 5 年提取法定盈余公积金 = 409.79 × 10% = 40.98 万元

第 5 年可供投资者分配利润 = 484.64 - 40.98 = 443.66 万元

第 5 年应付投资者各方股利 = 443.66 × 50% = 221.83 万元

第 5 年未分配利润 = 443.66 - 221.83 = 221.83 万元

第 5 年用于还款的未分配利润 = 574.88 - 363.66 - 75 = 136.22 万元

第 5 年剩余未分配利润 = 221.83 - 136.22 = 85.61 万元(为下年度期初未分配利润)

(4) 第 6 年初尚欠贷款本金 = 1 207.27 - 574.88 = 632.39 万元,应计利息 63.24 万元,填入总成本费用表 1 - 14 中,汇总得出第 6 年的总成本费用为:4 060.24 万元。将总成本带入利润与利润分配表 1 - 16 中,计算出净利润 452.91 万元。

本年的可供分配利润、提取法定盈余公积金、可供投资者分配利润、用于还款的未分配利润、剩余未分配利润的计算均与第 5 年相同。

(5) 第 7、8、9 年和第 10 年已还清贷款。所以,总成本费用表中,不再有固定资产贷款利息,总成本均为 3 997 万元;利润与利润分配表中用于还款的未分配利润也均为 0;净利润只用于提取盈余公积金 10% 和应付投资者各方股利 50%,剩余的未分配利润转下年期初未分配利润。

表 1 - 16　利润与利润分配表　　　　　单位:万元

序号	费用名称	3	4	5	6	7	8	9	10
1	营业收入(不含销项税)	3 300	4 250	4 700	4 700	4 700	4 700	4 700	4 700
2	增值税附加税	25.32	35.1	35.88	35.88	35.88	35.88	35.88	35.88
3	总成本费用(不含进项税)	3 150	3 814.16	4 117.73	4 060.24	3 997	3 997	3 997	3 997
4	补贴收入								
5	利润总额(1-2-3+4)	124.68	400.74	546.39	603.88	667.12	667.12	667.12	667.12
6	弥补以前年度亏损								
7	应纳税所得额(5-6)	124.68	400.74	546.39	603.88	667.12	667.12	667.12	667.12
8	所得税(7)×25%	31.17	100.19	136.6	150.97	166.78	166.78	166.78	166.78
9	净利润(5-8)	93.51	300.56	409.79	452.91	500.34	500.34	500.34	500.34
10	期初未分配利润		18.25	74.85	85.61	52.89	251.6	350.95	400.63
11	可供分配利润(9+10)	93.51	318.81	484.65	538.52	553.23	751.94	851.29	900.97

续表

序号	费用名称	3	4	5	6	7	8	9	10
12	提取法定盈余公积金(9)×10%	9.35	30.06	40.98	45.29	50.03	50.03	50.03	50.03
13	可供投资者分配的利润(11-12)	84.16	288.75	443.67	493.23	503.19	701.9	801.26	850.93
14	应付投资者各方股利	29.46	129.94	221.83	246.62	251.6	350.95	400.63	425.47
15	未分配利润(13-14)	54.7	158.81	221.83	246.62	251.6	350.95	400.63	425.47
15.1	用于还款利润	36.45	83.96	136.22	193.73				
15.2	剩余利润转下年期初未分配利润	18.25	74.85	85.61	52.89	251.6	350.95	400.63	425.47
16	息税前利润(5+利息支出)	345.18	573.73	667.12	667.12	667.12	667.12	667.12	667.12

问题3:

编制项目财务计划现金流量表。见表1-17。表中各项数据均取自于借款还本付息表、总成本费用估算表和利润与利润分配表。

表1-17　项目财务计划现金流量表　　　　　　　　单位:万元

序号	项目	1	2	3	4	5	6	7	8	9	10
1	经营活动净现金流量			752.67	912.21	969.18	954.81	939	939	939	939
1.1	现金流入			3 861	4 972.5	5 499	5 499	5 499	5 499	5 499	5 499
1.1.1	营业收入			3 300	4 250	4 700	4 700	4 700	4 700	4 700	4 700
1.1.2	增值税销项税额			561	722.5	799	799	799	799	799	799
1.2	现金流出			3 108.33	4 060.3	4 529.82	4 544.19	4 560	4 560	4 560	4 560
1.2.1	经营成本			2 490.84	3 202.51	3 558.34	3 558.34	3 558.34	3 558.34	3 558.34	3 558.34
1.2.2	增值税进项税额			350	430	500	500	500	500	500	500
1.2.3	增值税			211	292.5	299	299	299	299	299	299
1.2.4	增值税附加税			25.32	35.1	35.88	35.88	35.88	35.88	35.88	35.88
1.2.5	所得税			31.17	100.19	136.6	150.97	166.78	166.78	166.78	166.78

续表

序号	项目	1	2	3	4	5	6	7	8	9	10
2	投资活动净现金流量	-2 529.45	-2 529.45	-442.17	-126.33	-63.17					
2.1	现金流入										
2.2	现金流出	2 529.45	2 529.45	442.17	126.33	63.17					
2.2.1	建设投资	2 529.45	2 529.45								
2.2.2	流动资金			442.17	126.33	63.17					
3	筹资活动净现金流量	2 529.45	2 529.45	-282.9	-699.22	-854.28	-942.24	-251.6	-350.95	-400.63	-425.47
3.1.1	项目资本金投入	1 529.45	1 529.45	442.17	126.33	63.17					
3.1.2	建设投资借款	1 000	1 000								
3.1.3	流动资金借款										
3.2	现金流出			725.07	825.55	917.45	942.24	251.6	350.95	400.63	425.47
3.2.1	各种利息支出			220.5	172.99	120.73	63.24				
3.2.2	偿还债务本金			475.11	522.62	574.89	632.38				
3.2.3	应付利润			29.46	129.94	221.83	246.62	251.6	350.95	400.63	425.47
4	净现金流量(1+2+3)	0	0	27.6	86.66	51.73	12.57	687.4	588.05	538.37	513.53
5	累计盈余资金	0	0	27.6	114.26	165.99	178.56	865.97	1 454.02	1 992.39	2 505.92

问题4：

编制项目的资产负债表见表1-18。表中各项数据均取自背景资料、财务计划现金流量表、借款还本付息计划表和利润与利润分配表。

表1-18 资产负债表 单位:万元

序号	费用名称	1	2	3	4	5	6	7	8	9	10
1	资产	2 579.45	5 263.9	5 384.84	5 203.09	4 967.02	4 626.54	4 928.17	5 329.16	5 779.82	6 255.32
1.1	流动资产总额			559.6	816.51	1 019.1	1 117.28	1 857.57	2 697.22	3 586.54	4 500.7
1.1.1	流动资产			532	684	760	760	760	760	760	760

续表

序号	费用名称	1	2	3	4	5	6	7	8	9	10
1.1.2	累计盈余资金	0	0	27.6	114.26	165.99	178.56	865.97	1 454.02	1 992.39	2 505.92
1.1.3	累计期初未分配利润			0	18.25	93.11	178.72	231.61	483.2	834.15	1 234.78
1.2	在建工程	2 579.45	5 263.9	0	0						
1.3	固定资产净值			4 300.24	3 936.58	3 572.92	3 209.26	2 845.6	2 481.94	2 118.28	1 754.62
1.4	无形资产净值			525	450	375	300	225	150	75	0
2	负债及所有者权益	2 579.45	5 263.9	5 384.84	5 203.09	4 967.03	4 626.54	4 928.17	5 329.16	5 779.82	6 255.32
2.1	负债	1 050	2 205	1 819.72	1 322.77	760.72	128.33	128.33	128.33	128.33	128.33
2.1.1	流动负债			89.83	115.5	128.33	128.33	128.33	128.33	128.33	128.33
2.1.2	贷款负债	1 050	2 205	1 729.89	1 207.27	632.39					
2.2	所有者权益	1 529.45	3 058.9	3 565.12	3 880.32	4 206.31	4 498.21	4 799.84	5 200.83	5 651.49	6 126.99
2.2.1	资本金	1 529.45	3 058.9	3 501.07	3 627.4	3 690.57	3 690.57	3 690.57	3 690.57	3 690.57	3 690.57
2.2.2	累计盈余公积金	0	0	9.35	39.41	80.39	125.68	175.71	225.74	275.78	325.81
2.2.3	累计未分配利润	0	0	54.7	213.52	435.35	681.97	933.56	1 284.51	1 685.14	2 110.61
计算	资产负债率(%)	40.71	41.89	33.79	25.42	15.32	2.77	2.6	2.41	2.22	2.05
	流动比率(%)			622.96	706.94	794.12	870.63	1 447.5	2 101.78	2 794.78	3 507.13

问题 5：

资产负债表中：

1. 资产

（1）流动资产总额：流动资产、累计盈余资金额以及期初未分配利润之和。流动资产取自背景材料中表 1-12；期初未分配利润取自利润与利润分配表 1-16 中数据的累计值。累计盈余资金取自财务计划现金流量表 1-17。

（2）在建工程：建设期各年的固定资产投资额。取自背景材料中表 1-12。

（3）固定资产净值：投产期逐年从固定资产投资中扣除折旧费后的固定资产余值。

（4）无形资产净值：投产期逐年从无形资产中扣除摊销费后的无形资产余值。

2. 负债

（1）流动资金负债：取自背景材料表 1-12 中的应付账款。

（2）投资贷款负债:取自借款还本付息计划表1-13。

3. 所有者权益

（1）资本金:取自背景材料表1-12。

（2）累计盈余公积金:根据利润与利润分配表1-16中盈余公积金的累计计算。

（3）累计未分配利润:根据利润与利润分配表1-16中未分配利润的累计计算。

表中,各年的资产与各年的负债和所有者权益之间应满足以下条件:

资产=负债+所有者权益

评价:根据利润与利润分配表计算出该项目的借款能按合同规定在运营期前4年内等额还本付息还清贷款。并自投产年份开始就为盈余年份。还清贷款后,每年的资产负债率,均在3%以内,流动比率大,说明偿债能力强。该项目可行。

【案例八】

某投资项目的设计生产能力为年产10万台某种设备,主要经济参数的估算值为:初始投资额为1 200万元,预计产品价格为40元/台,年经营成本170万元,运营年限10年,运营期末残值为100万元,基准收益率12%,现值系数见表1-19。

表1-19　现值系数表

n	1	3	7	10
$(P/A,12\%,n)$	0.892 9	2.401 8	4.563 8	5.650 2
$(P/F,12\%,n)$	0.892 9	0.711 8	0.452 3	0.322

问题:

1. 以财务净现值为分析对象,就项目的投资额、产品价格和年经营成本等因素进行敏感性分析。

2. 绘制财务净现值随投资、产品价格和年经营成本等因素的敏感性曲线图。

3. 保证项目可行的前提下,计算该产品价格下浮临界百分比。

答案:

问题1:

分析思路:先确定评价指标,然后明确影响因素,再计算单因素敏感度,最后给出结论。

本题的评价指标:净现值

本题的影响因素:投资;产品价格;年经营成本

1. 计算初始条件下项目的净现值:

$$NPV_0 = -1\ 200 + (40 \times 10 - 170)(P/A,12\%,10) + 100 \times (P/F,12\%,10)$$
$$= -1\ 200 + 230 \times 5.650\ 2 + 100 \times 0.322\ 0 = 131.75\ \text{万元}$$

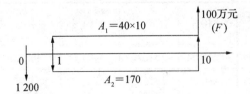

$$FNPV = -1\ 200 + 40 \times 10 \times (P/A,12\%,10)$$

$$-170(P/A,12\%,10)+100\times(P/F,12\%,10)$$

2. 分别对投资额、单位产品价格和年经营成本,在初始值的基础上按照±10%、±20%的幅度变动,逐一计算出相应的净现值。

(1) 投资额在±10%、±20%范围内变动:

$$\mathrm{NPV}_{10\%}=-1\,200(1+10\%)+(40\times10-170)(P/A,12\%,10)+100\times(P/F,12\%,10)$$

$$=-1\,320+230\times5.650\,2+100\times0.322\,0=11.75\ \text{万元}$$

$$\mathrm{NPV}_{20\%}=-1\,200(1+20\%)+230\times5.650\,2+100\times0.322\,0=-108.25\ \text{万元}$$

$$\mathrm{NPV}_{-10\%}=-1\,200(1-10\%)+230\times5.650\,2+100\times0.322\,0=251.75\ \text{万元}$$

$$\mathrm{NPV}_{-20\%}=-1\,200(1-20\%)+230\times5.650\,2+100\times0.322\,0=371.75\ \text{万元}$$

(2) 单位产品价格±10%、±20%范围内变动:

$$\mathrm{NPV}_{10\%}=-1\,200+[40(1+10\%)\times10-170](P/A,12\%,10)+100\times(P/F,12\%,10)$$

$$=-1\,200+270\times5.650\,2+100\times0.322\,0=357.75\ \text{万元}$$

$$\mathrm{NPV}_{20\%}=-1\,200+[40(1+20\%)\times10-170](P/A,12\%,10)+100\times(P/F,12\%,10)$$

$$=-1\,200+310\times5.650\,2+100\times0.322\,0=583.76\ \text{万元}$$

$$\mathrm{NPV}_{-10\%}=-1\,200+[40(1-10\%)\times10-170](P/A,12\%,10)+100\times(P/F,12\%,10)$$

$$=-1200+190\times5.650\,2+100\times0.322\,0=-94.26\ \text{万元}$$

$$\overline{\mathrm{NPV}}_{-20\%}=-1\,200+[40(1-20\%)\times10-170](P/A,12\%,10)+100\times(P/F,12\%,10)$$

$$=-1\,200+150\times5.650\,2+100\times0.322\,0=-320.27\ \text{万元}$$

(3) 年经营成本±10%、±20%变动:

$$\mathrm{NPV}_{10\%}=-1\,200+[40\times10-170(1+10\%)](P/A,12\%,10)+100\times(P/F,12\%,10)$$

$$=-1\,200+213\times5.650\,2+100\times0.322\,0=35.69\ \text{万元}$$

$$\mathrm{NPV}_{20\%}=-1\,200+[40\times10-170(1+20\%)](P/A,12\%,10)+100\times(P/F,12\%,10)$$

$$=-1\,200+196\times5.650\,2+100\times0.322\,0=-60.36\ \text{万元}$$

$$\mathrm{NPV}_{-10\%}=-1\,200+[40\times10-170(1-10\%)](P/A,12\%,10)+100\times(P/F,12\%,10)$$

$$=-1\,200+247\times5.650\,2+100\times0.322\,0=227.80\ \text{万元}$$

$$\mathrm{NPV}_{-20\%}=-1\,200+[40\times10-170(1-20\%)](P/A,12\%,10)+100\times(P/F,12\%,10)$$

$$=-1\,200+264\times5.650\,2+100\times0.322\,0=323.85\ \text{万元}$$

将计算结果列于表1-20中。

表1-20　单因素敏感性分析表

因素＼变化幅度	-20%	-10%	0	+10%	+20%	平均 +1%	平均 -1%
投资额	371.75	251.75	131.75	11.75	-108.25	-9.11%	9.11%
单位产品价格	-320.27	-94.26	131.75	357.75	583.76	17.15%	-17.15%
年经营成本	323.85	227.8	131.75	35.69	-60.36	-7.29%	7.29%

由表 1 - 20 可以看出：

（1）在变化率相同的情况下，单位产品价格的变动对净现值的影响为最大。当其他因素均不发生变化时，单位产品价格每下降 1%，净现值下降 17.15%；

（2）对净现值影响次大的因素是投资额。当其他因素均不发生变化时，投资额每上升 1%，净现值将下降 9.11%；

（3）对净现值影响最小的因素是年经营成本。当其他因素均不发生变化时，年经营成本每增加 1%，净现值将下降 7.29%。

由此可见，净现值对各个因素敏感程度的排序是：单位产品价格、投资额、年经营成本，最敏感的因素是产品价格。

问题 2：

财务净现值对各因素的敏感曲线见图 1 - 1。

由图 1 - 1 可知财务净现值对单位产品价格最敏感，其次是投资和年经营成本。

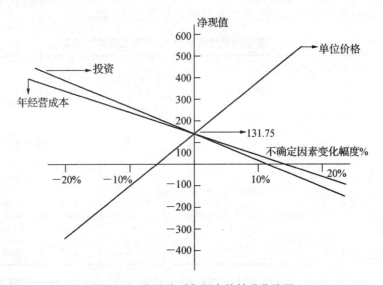

图 1 - 1 净现值对各因素的敏感曲线图

问题 3：

学习提示：要想项目可行，则净现值应大于等于 0。

如图 1 - 1 所示，重点要计算出净现值为 0 时所对应的单位产品价格的变化率。

方法一：$357.75 : 131.75 = (X + 10\%) : X$

$X = 5.83\%$

即：该产品价格的临界值为 - 5.83%，即最多下浮 5.83%。

方法二：当价格降低幅度为多少时，$FNPV = 0$，

即：$0 = -1\,200 + 40(1 - X) \times 10 \times (P/A, 12\%, 10) - 170(P/A, 12\%, 10) + 100 \times (P/F, 12\%, 10)$

$X = 5.83\%$

结论：

1）当价格变动大于 - 5.83% 时，财务净现值就小于 0，方案不可行。

2）当价格变动小于－5.83％时，财务净现值就大于 0，方案则可行。

3）即当净现值等于 0 时所对应的点为临界点。

【案例九】

某拟建项目财务评价数据如下：

1. 建设期 2 年，生产运营期 8 年。第 3 年投产，第 4 年开始达到设计生产能力。

2. 建设投资 10 000 元（包含可抵扣固定资产进项税额 800 万元），其中 1 000 万元为无形资产；其余形成固定资产。

3. 固定资产按直线法折旧，折旧年限 12 年，残值率为 5％。

4. 无形资产在运营期内，均匀摊入成本。

5. 项目的设计生产能力为年产量 1.5 万 t 某产品，预计每吨不含税销售价为 5 000 元，增值税销项税率为不含税销售收入的 17％，增值税附加为应纳增值税额的 12％计取，所得税税率为 25％。

6. 项目各年的资金投入、收益、成本等基础数据见表 1－21。

表 1－21　某建设项目资金投入、收益及成本数据表　　　　　单位：万元

序号	项目 年份		1	2	3	4	5~10
1	建设投资	自有资本金部分	4 000	1 000			
		贷款	2 000	3 000			
2	流动资金	自有资本金部分			700	300	
3	年生产、销售量/万 t				1.0	1.5	1.5
4	年经营成本				3 500	5 000	5 000
5	可抵扣进项税额				390	560	560

7. 还款方式：建设投资贷款在项目运营期前 5 年等额本息偿还，贷款年利率为 6％。

问题：

1. 列式计算固定资产折旧费、无形资产摊销费。

2. 列式计算运营期各年应纳增值税、增值税附加。

3. 列式计算运营期第 1 年应偿还的本金、利息。

4. 列式计算运营期第 1 年的总成本费用、利润总额、净利润。（计算结果保留两位小数）

答案：

问题 1：

（1）建设期贷款利息：

第 1 年贷款利息 = 2 000/2×6％ = 60 万元

第 2 年贷款利息 = （2 000 + 60 + 3 000/2）×6％ = 213.6 万元

建设期贷款利息合计：60 + 213.6 = 273.6 万元

（2）每年固定资产折旧费

（10 000 + 273.6 － 800 － 1 000）×（1 － 5％）÷12 = 670.83 万元

（3）每年无形资产摊销费＝1 000÷8＝125 万元

问题2：增值税、增值税附加

第3年：

增值税＝5 000×1×17％－390－800＝－340＜0 不纳增值税

增值税附加＝0

第4年：

增值税＝5 000×1.5×17％－560－340＝375，应纳增值税 375 万元

增值税附加＝375×12％＝45 万元

第5～10年：

增值税＝5 000×1.5×17％－560＝715，应纳增值税 715 万元

增值税附加＝715×12％＝85.8 万元

问题3：

本息额＝（5 000＋273.6）×（A/P,6％,5）＝5 273.6×0.237 4＝1 251.95 万元

利息＝5 273.6×6％＝316.42 万元

本金＝1 251.95－316.42＝935.53 万元

问题4：

总成本费用＝3 110＋670.83＋125＋316.42＝4 222.25 万元

利润总额＝5 000－4 222.25＝777.75

净利润＝777.75×（1－25％）＝583.31 万元

【案例十】

某业主拟建一年产 50 万 t 产品的工业项目。已建类似年产 25 万 t 产品项目的工程费用为 2 500 万元，生产能力指数为 0.8，由于时间、地点因素引起的综合调整系数为 1.3。工程建设其他费用 300 万元。基本预备费率 10％。拟建项目有关数据资料如下：

1. 项目建设期为 1 年，运营期为 6 年，项目建设投资包含 500 万可抵扣进项税。残值率为 4％，折旧年限 10 年，固定资产余值在项目运营期末收回。

2. 运营期第 1 年投入流动资金 500 万元，全部为自有资金，流动资金在计算期末全部收回。

3. 产品不含税价格 60 元/t，增值税率 17％。在运营期间，正常年份每年的经营成本（不含进项税额）为 800 万元，单位产品进项税额为 4 元/t，增值税附加税率为 10％，所得税率为 25％。

4. 投产第 1 年生产能力达到设计生产能力的 60％，经营成本为正常年份的 75％，以后各年均达到设计生产能力。

问题：

1. 试计算拟建项目的建设投资。

2. 列式计算每年固定资产折旧费。

3. 列式计算每年应交纳的增值税和增值税附加。

4. 列式计算计算期第 2 年的调整所得税。

5. 列式计算计算期第 2 年的净现金流量。（计算结果保留两位小数）

答案:

问题1:

工程费用 $= 2\,500 \times (50/25)^{0.8} \times 1.3 = 5\,658.58$ 万元

建设投资 $= (5\,658.58 + 300) \times 1.1 = 6\,554.44$ 万元

问题2:

每年固定资产折旧费 $(6\,554.44 - 1\,000) \times (1 - 4\%) \div 10 = 533.23$ 万元

问题3:增值税、增值税附加

第2年:

增值税 $= 50 \times 60 \times 60\% \times 17\% - 50 \times 60\% \times 4 - 500 = -314 < 0$ 不纳增值税

增值税附加 $= 0$

第3年:

增值税 $= 50 \times 60 \times 17\% - 50 \times 4 - 314 = -4 < 0$ 不纳增值税

增值税附加 $= 0$

第4年:

增值税 $= 50 \times 60 \times 17\% - 50 \times 4 - 4 = 306$

增值税附加 $= 306 \times 10\% = 30.6$

第5~7年:

增值税 $= 50 \times 60 \times 17\% - 50 \times 4 = 310$

增值税附加 $= 310 \times 10\% = 31$

问题4:

调整所得税 $= [50 \times 60 \times 60\% - (800 \times 75\% + 533.23)] \times 25\% = 166.69$ 万元

问题5:

现金流入 $= 50 \times 60 \times 60\% = 1\,800$ 万元

第二章 工程方案技术经济分析

扫码获取更多精彩内容

内 容 提 示

1. 设计方案的评价；
2. 投资方案经济效果评价；
3. 工程寿命周期成本；
4. 运用价值工程进行设计、施工方案的评价；
5. 工程进度网络计划及工期优化；
6. 实际进度与计划进度的比较。

知识要点

知识点一：投资方案经济效果评价指标

根据是否考虑资金时间价值，可分为静态评价指标和动态评价指标，如图 2-1 所示。

投资方案评价指标

静态评价指标
- 投资收益率
  - 总投资收益率
  - 资本金净利润
- 静态投资回收期
- 偿债能力
  - 借款偿还期
  - 利息备付率
  - 偿债备付率

动态评价指标
- 内部收益率
- 动态投资回收
- 净现值
- 净现值率
- 净年值

图 2-1 投资方案经济评价指标体系

资金等值换算联立：

$$F = P \times (1+i)^n = A \frac{(1+i)^n - 1}{i}$$

式中:F 为终值;

    P 为现值;

    A 为年值;

    i 为折现率。

 知识点案例讲解

【案例一】

某项目的现金流量见表 2-1,计算静态投资回收期,若该项目的基准投资回收期是 4 年,则该项目是否可以接受?

表 2-1   现金流量   单位:万元

t	0	1	2	3	4	5	6	7	8
T 年的净现金流量	-5 000	-2 500	3 000	3 000	6 000	6 000	6 000	6 000	6 000
T 年的累积净现金流量	-5 000	-7 500	-4 500	-1 500	4 500	10 500	16 500	22 500	28 500

答案:

根据静态投资回收期计算公式可得

$$P_t = 4 - 1 + \frac{1\ 500}{6\ 000} = 3.25 \text{ 年}$$

因 $P_t \leqslant P_c = 4$ 年,所以项目是可以接受的。

【案例二】

某企业拟购买一台设备,其购置费用为 35 000 元,使用寿命为 4 年,第四年末的残值为 3 000 元;在使用期内,每年的收入为 19 000 元,经营成本为 6 500 元,若给出标准折现率为 10%,试计算该设备购置方案的净现值率。

答案:

购买设备这项投资的现金流量情况如图 2-2 所示。

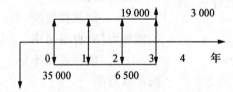

图 2-2   设备购置方案的现金流量图(元)

根据公式可计算出其净现值为:

$$
\begin{aligned}
\text{NPV} &= \sum_{t=0}^{n} (CI - CO)_t (1 + i_c)^{-t} \\
&= -35\ 000 + (19\ 000 - 6\ 500) \times (P/A, 10\%, 3) \\
&\quad + (19\ 000 + 3\ 000 - 6\ 500) \times (P/F, 10\%, 4) \\
&= -35\ 000 + 12\ 500 \times 2.486\ 9 + 15\ 500 \times 0.683 \\
&= 6\ 672.75 \text{ 元}
\end{aligned}
$$

根据公式可得净现值率为：

$$NPVR = \frac{6\,672.75}{35\,000} = 0.190\,7$$

知识点二：投资方案经济效果评价方法

评价方案的类型分类如图 2-3 所示。

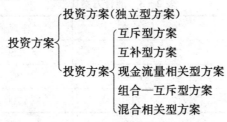

图 2-3　评价方案的类型分类

【案例一】

有三个互斥型的投资方案，寿命期均为 10 年，各方案的初始投资和年净收益如表 5-7 所示。试在折现率为 10% 的条件下选择最佳方案。

表 2-2　互斥方案 A、B、C 初始投资和年净收益　　　　　　单位：万元

方案	初始投资	年净收益
A	-170	44
B	-260	59
C	-300	68
B-A	-90	15
C-B	-40	9

答案：

投资顺序按大小排列顺序是 A、B、C。首先检验 A 方案的绝对效果，可看作是 A 方案与不投资进行比较。

$$NPV_{A-0} = -170 + 44(P/A,10\%,10) = 100.34\ 万元$$

由于 NPV_{A-0} 大于零，说明 A 方案的绝对效果是好的。

$$NPV_{B-A} = -90 + 15(P/A,10\%,10) = 2.17\ 万元$$

NPV_{B-A} 大于零，即方案 B 优于方案 A，淘汰方案 A。

$$NPV_{C-B} = -40 + 9(P/A,10\%,10) = 15.30\ 万元$$

NPV_{C-B} 大于零,表明投资大的 C 方案优于投资小的 B 方案。三个方案的优劣顺序是 C 最优,B 次之,A 最差。

【案例二】

某投资项目有六个可供选择的方案,其中两个互斥型方案,其余为独立型方案。基准收益率为 10%,其投资、净现值等指标如表 2-3 所示,试进行方案选择。分别假设:① 该项目投资额为 1 000 万元;② 该项目投资额为 2 000 万元。

表 2-3　混合方案比选　　　　　　　　　　　　单位:万元

投资方案		投资	净现值	净现值率
互斥型	A	500	250	0.500
	B	1 000	300	0.300
独立型	C	500	200	0.400
	D	1 000	275	0.275
	E	500	175	0.350
	F	500	150	0.300

答案:

六个方案的净现值都是正值,表明方案都是可取的。

① 在 1 000 万元资金限额下,以净现值率来判断,选择 A、C 两个方案。A、C 方案的组合效益

$$NPV = 250 + 200 = 450 \text{ 万元}$$

② 在 2 000 万元资金限额下,选择 A、C、E、F 四个方案。A、C、E、F 四个方案的组合效益

$$NPV = 250 + 200 + 175 + 150 = 775 \text{ 万元}$$

知识点三:工程寿命周期成本分析的内容和方法

工程寿命周期成本分析的方法有费用效率(CE)法、固定效率法和固定费用法、权衡分析法等。

1. 费用效率(CE)法

费用效率(CE)是指工程系统效率(SE)与工程寿命周期成本(LCC)的比值。其计算公式如下:

$$CE = SE/LCC = SE/(IC + SC)$$

即,费用效率 = 工程系统效率/工程寿命周期成本

　　　　　　 = 工程系统效率/(设置费 + 维持费)

CE 值愈大愈好。如果 CE 公式的分子为一定值,则可认为寿命周期成本少者为好。

2. 固定效率法和固定费用法

(1) 所谓固定费用法,是将费用值固定下来,然后选出能得到最佳效率的方案。

(2) 固定效率法是将效率值固定下来,然后选取能达到这个效率而费用最低的方案。

各种方案都可用这两种评价法进行比较。

3. 权衡分析法

寿命周期成本评价法的重要特点是进行有效的权衡分析。

在寿命周期成本评价法中,权衡分析的对象包括以下五种情况:

① 设置费与维持费的权衡分析;

② 设置费中各项费用之间的权衡分析;

③ 维持费中各项费用之间的权衡分析;

④ 系统效率和寿命周期成本的权衡分析;

⑤ 从开发到系统设置完成这段时间与设置费的权衡分析。

知识点案例讲解

【案例一】

某机加工产品生产线有关数据资料如表 2-4。

表 2-4　某机加工产品生产线有关数据资料　　　　　　　　　　单位:万元

规划方案	系统效率 SE	设置费 IC	维持费 SC
原规划方案 1	6 000	1 000	2 000
新规划方案 2	6 000	1 500	1 200
新规划方案 3	7 200	1 200	2 100

(1) 设置费与维持费的权衡分析:

原规划方案 1 的费用效率为 CE_1;新规划方案 2 的费用效率为 CE_2。

通过上述设置费与维持费的权衡分析可知:方案 2 的设置费虽比原规划方案增加了 500 万元,但使维持费减少了 800 万元,从而使寿命周期成本 LCC_2 比 LCC_1 减少了 300 万元,其结果是费用效率由 2.00 提高到 2.22。这表明设置费的增加带来维持费的下降是可行的,即新规划方案 2 在费用效率上比原规划方案 1 好。

为了提高费用效率,该机加工产品生产线还可以采用以下各种有效的手段:

1) 改善原设计材质,降低维修频度;

2) 支出适当的后勤支援费,改善作业环境,减少维修作业;

3) 制定防震、防尘、冷却等对策,提高可靠性;

4) 进行维修性设计;

5) 置备备用的配套件、部件和整机,设置迂回的工艺路线,提高可维修性;

6) 进行节省劳力的设计,减少操作人员的费用;

7) 进行节能设计,节省运行所需的动力费用;

8) 进行防止操作和维修失误的设计。

(2) 设置费中各项费用之间的权衡分析:

1) 进行充分的研制,降低制造费;

2）将预知维修系统装入机内，减少备件的购置量；

3）购买专利的使用权，从而减少设计、试制、制造、试验费用；

4）采用整体结构，减少安装费。

（3）维持费中各项费用之间的权衡分析：

1）采用计划预修，减少停机损失；

2）对操作人员进行充分培训，由于操作人员能自己进行维修，可减少维修人员的劳务费；

3）反复地完成具有相同功能的行为，其产生效果的体现形式便是缩短时间，减少用料，最终表现为费用减少。而且，重复的次数愈多，这种效果就愈显著，这就是熟练曲线。计算寿命周期成本时，对系统效率中的作业时间和准备时间，以及定期维修作业时间等，都可能适用熟练曲线，必须予以注意。

知识点四：运用价值工程进行设计、施工方案的评价

（一）对象选择的方法

1. ABC分析法

ABC分析法是由经济学家帕累托提出，其基本原理为"关键的少数和次要的多数"，抓住关键的少数可以解决问题的大部分。在价值工程中，这种方法的基本思路是：首先把一个产品的各种部件（或企业各种产品）按成本的大小由高到低排列起来，然后绘成费用累积分配图。然后将占总成本70%～80%而占零部件总数10%～20%的零部件划分为A类部件；将占总成本5%～10%而占零部件总数60%～80%的零部件划分为C类；其余为B类。其中A类零部件是价值工程的主要研究对象，如图2-4所示。

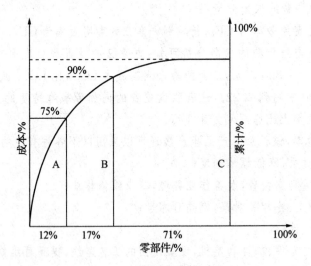

图2-4 ABC分析原理图

2. 强制确定法

强制确定法是以功能重要程度作为选择价值工程对象的一种分析方法。具体做法是：先求出分析对象的成本系数、功能系数，然后得出价值系数，以揭示出分析对象的功能与成本之间是否相符。如果不相符，价值低的则被选为价值工程的研究对象。这种方法在功能评价和

方案评价中也有应用。例如：0-1法；0-4法。

3. 百分比分析法

百分比分析法是一种通过分析某种费用或资源对企业的某个技术经济指标的影响程度的大小（百分比），来选择价值工程对象的方法。

4. 因素分析法

因素分析法是凭借分析人员的经验集体研究确定选择对象的一种方法。

5. 价值指数法

价值指数法是通过比较各个对象（或零部件）之间的功能水平位次和成本位次，寻找价值较低对象（零部件），并将其作为价值工程研究对象的一种方法。

（二）功能系统分析

1. 功能分类

（1）按功能的重要程度分类。产品的功能一般可分为基本功能和辅助功能两类。

（2）按功能的性质分类。产品的功能可分为使用功能和美学功能。

（3）按用户的需求分类。功能可分为必要功能和不必要功能。

（4）按功能的量化标准分类。产品的功能可分为过剩功能与不足功能。

2. 功能定义

功能定义就是以简洁的语言对产品的功能加以描述。

3. 功能整理

功能整理是用系统的观点将已经定义了的功能加以系统化，找出各局部功能相互之间的逻辑关系，并用图表形式表达，以明确产品的功能系统，从而为功能评价和方案构思提供依据。

4. 功能计量

揭示出各级功能领域中有无功能不足或功能过剩，从而为保证必要功能、剔除过剩功能、补足不足功能的后续活动（功能评价、方案创新等）提供定性与定量相结合的依据。

（三）功能评价

功能评价，即评定功能的价值，是指找出实现功能的最低费用作为功能的目标成本（又称功能评价值），以功能目标成本为基准，通过与功能现实成本的比较，求出两者的比值（功能价值）和两者的差异值（改善期望值），然后选择功能价值低、改善期望值大的功能作为价值工程活动的重点对象。如图2-5所示。

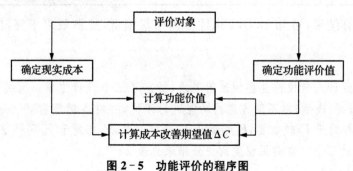

图2-5　功能评价的程序图

1. 功能现实成本 C 的计算

（1）功能现实成本的计算。以功能为核心统计和分配实现这一功能的成本。

（2）成本指数的计算。成本指数是指评价对象的现实成本在全部成本中所占的比率。其计算式如下：

某评价对象成本系数＝该评价对象显示成本（造价）/各个评价对象成本（造价）之和（即全部成本）

2. 功能评价值 F

对象的功能评价值 F（目标成本），是指可靠地实现用户要求功能的最低成本，可以看成是企业预期的、理想的成本目标值。功能评价值一般以货币价值形式表达。

功能重要性系数评价法是一种根据功能重要性系数确定功能评价值的方法。然后将产品的目标成本按功能重要性系数分配给各功能区作为该功能区的目标成本，即功能评价值。

知识点案例讲解

【案例一】

某城市平交路口拟改建成直通式立交。已提出一个直通式立交设计方案，各结构组成部分投资估算如表 2-5 所示，试选择立交设计方案作为 VE 对象的构件。

表 2-5　结构组成部分投资估算表

立交结构编号/单位	A	B	C	D	E	F	G	H	I	
功能/交通量	1 299	395	1 852	955	1 465	1 600	438	1 156	616	15 127
成本 C/万元	80	100	200	100	200	100	200	100	200	400

答案：

根据价值计算如表 2-6 所示。

表 2-6　选择价值工程研究对象分析表

立交结构编号/单位	A	B	C	D	E	F	G	H	I	
功能/交通量	1 299	395	1 852	955	1 465	1 600	438	1 156	616	15 127
成本 C/万元	80	100	200	100	200	100	200	100	200	400
价值 $V=F/C$	16.24	3.95	9.26	9.55	7.33	16	2.19	11.56	3.08	37.82

根据价值计算结果，可知 B，G，I 构件价值明显偏低，经济效果不好，应选为 VE 研究对象。

【案例二】

某工程项目设计人员根据业主的使用要求，提出了三个设计方案。有关专家决定从五个方面（分别以 $F_1 \sim F_5$ 表示）对不同方案的功能进行评价，并对各功能重要性分析如下：F_3 相对于 F_4 很重要，F_3 相对于 F_1 较重要，F_2 相对于 F_5 同样重要，F_4 相对于 F_5 同样重要。各方案单位面积造价及专家对三个方案满足程度的评分结果见表 2-7。

表2-7　某个工程功能评价表

功能＼得分＼方案	A	B	C
F_1	9	8	9
F_2	8	7	8
F_3	8	10	10
F_4	7	6	8
F_5	10	9	8
单位面积造价(元/m²)	1 680	1 720	1 590

问题：

1. 试用0—4评分法计算各功能的权重。

2. 用功能指数法选择最佳设计方案(要列出计算式)。

3. 在确定某一设计方案后，设计人员按限额设计要求，确定建安工程目标成本额为14 000万元。然后以主要分部工程为对象进一步开展价值工程分析。各部分工程评分值及目前成本见表2-8，试分析各功能项目的功能指数、目标成本(要求分别列出计算式)及应降低额，并确定功能改进顺序。

注：计算结果保留小数点后面3位。

表2-8　某工程功能评分及目前成本

功能项目	功能得分	目前成本(万元)
A. ±0.000以下工程	21	3 854
B. 主体结构工程	35	4 633
C. 装饰工程	28	4 364
D. 水电安装工程	32	3 219

答案：

本案例中内容是以方案评价为目的的价值工程0—4分析法的应用，主要知识点为功能指数、成本指数、价值指数的确定与计算。

本题中的功能权重计算的前提是正确填写计算表。根据案例中背景材料 F_3 相对于 F_4 很重要。表中第3行每4列为4，第4行第3列分值为0。F_2 和 F_5 同等重要，则表2-9中第二行每5列与第5行第2列分值均为2。解题中应注意改进成本应为目标成本按功能系数的分配值与目前成本之差。

问题1：

表 2 - 9　功能权重计算表

项目	F_1	F_2	F_3	F_4	F_5	得分	权重
F_1	×	3	1	3	3	10	0.250
F_2	1	×	0	2	2	5	0.125
F_3	3	4	×	4	4	15	0.375
F_4	1	2	0	×	2	5	0.125
F_5	1	2	0	2	×	5	0.125
合　　计						40	1.000

问题2：

各方案功能加权得分：

$W_A = 9 \times 0.250 + 8 \times 0.125 + 8 \times 0.375 + 7 \times 0.125 + 10 \times 0.125 = 8.375$

$W_B = 8 \times 0.250 + 7 \times 0.125 + 10 \times 0.375 + 6 \times 0.125 + 9 \times 0.125 = 8.500$

$W_C = 9 \times 0.250 + 8 \times 0.125 + 10 \times 0.375 + 8 \times 0.125 + 8 \times 0.125 = 9.000$

$W = W_A + W_B + W_C = 8.375 + 8.500 + 9.000 = 25.875$

F_A、F_B、F_C 为 A、B、C 三方案的功能系数：

$F_A = 8.375 \div 25.875 = 0.324$

$F_B = 8.5000 \div 25.875 = 0.329$

$F_C = 9.000 \div 25.875 = 0.348$

C_A、C_B、C_C 为 A、B、C 三方案的成本系数：

$C_A = 1\,680/(1\,680 + 1\,720 + 1\,590) = 1\,680/4\,990 = 0.337$

$C_B = 1\,720/4\,990 = 0.345$

$C_C = 1\,590/4\,990 = 1.091$

V_A、V_B、V_C 为 A、B、C 三方案的价值系数：

$V_A = 0.324/0.337 = 0.961$

$V_B = 0.329/0.337 = 0.954$

$V_C = 0.348/0.337 = 1.091$

问题3：

(1) 功能指数：$F_A = 21/(21 + 35 + 28 + 32) = 21/116 = 0.181$

$\qquad\qquad F_B = 35/116 = 0.302$

$\qquad\qquad F_C = 28/116 = 0.241$

$\qquad\qquad F_D = 32/116 = 0.276$

(2) 目标成本：$C_A = 1\,400 \times 0.181 = 2\,534$ 万元

$\qquad\qquad C_B = 1\,400 \times 0.302 = 4\,228$ 万元

$\qquad\qquad C_C = 1\,400 \times 0.241 = 3\,374$ 万元

$\qquad\qquad C_D = 1\,400 \times 0.276 = 3\,864$ 万元

表 2-10　某工程成本改进计算表

功 能 项 目	功能指数	目前成本（万元）	目标成本（万元）	应降低额（万元）	功能改进顺序
A. ±0.000 以下工程	0.181	3 854	2 534	1 320	(1)
B. 主体结构工程	0.302	4 633	4 228	405	(3)
C. 装饰工程	0.241	4 364	3 374	990	(2)
D. 水电安装工程	0.276	3 219	3 864	-645	(4)

知识点五：工程进度网络计划及工期优化

（一）双代号网络图

1. 双代号网络图组成

双代号网络图由节点、工作和虚工作组成。

2. 双代号网络图六个时间参数及关键工作和关键路线确定

（1）计算最早时间参数 ES_{i-j} 和 EF_{i-j} 。

计算顺序：由起始节点开始顺着箭线方向算至终点节点用加法。$EF_{i-j} = ES_{i-j} + D_{i-j}$

（2）确定计算工期：$T_c = \max\{EF_{i-n}\}$ ，其中，n 为终点节点。

（3）计算最迟时间参数：LF_{i-j} 和 LS_{i-j}

计算顺序：由终点节点开始逆着箭线方向算至起始节点用减法，即 $LS_{i-j} = LF_{i-j} - D_{i-j}$ 。

（4）计算总时差：TF_{i-j} 。

（5）计算自由时差：FF_{i-j} 。

（6）总时差最小的工作为关键工作，全部由关键工作组成的线路为关键线路。

（二）工期优化

工期优化是指网络计划的计算工期不满足要求工期时，通过压缩关键工作的持续时间以满足要求工期目标的过程。

优化步骤：

（1）确定初始网络计划的计算工期和关键线路；

（2）按要求工期计算应缩短的时间 $\Delta T = T_c - T_r$ ；

（3）确定各关键工作能缩短的持续时间；

（4）选择关键工作，压缩其持续时间，并重新计算网络计划的计算工期；此时应考虑的因素：缩短持续时间对质量和安全影响不大的工作，有充足的备用资源的工作，缩短持续时间所需增加的费用最少的工作；

（5）若计算工期仍超过要求工期，则重复以上步骤，直到满足工期要求或工期已不能再缩短为止；

（6）当所有关键工作的持续时间都已达到其所能缩短的极限而工期仍不能满足要求工期时，应对网络计划的原技术方案、组织方案进行调整或对要求工期重新审定。

知识点案例讲解

【案例一】

已知网络计划的资料如表2-11所示,试绘制双代号网络计划;若计划工期等于计算工期,试计算各项工作的六个时间参数并确定关键线路,标注在网络计划上。

表2-11

工作名称	A	B	C	D	E	F	H	G
紧前工作	-	-	B	B	AC	AC	DF	DEF
持续时间(天)	4	2	3	3	5	6	5	3

答案:

如图2-6所示。

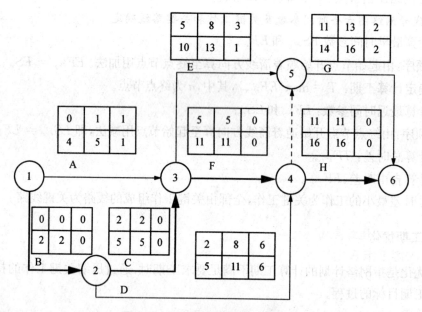

图2-6　双代号网络图及时间参数

【案例二】

已知某工程双代号网络计划如图2-7所示,图中箭线下方括号外数字为工作的正常持续时间,括号内数字为最短持续时间;箭线上方括号内数字为优选系数,该系数综合考虑质量、安全和费用增加情况而确定。选择关键工作压缩其持续时间时,应选择优选系数最小的关键工作。若需要同时压缩多个关键工作的持续时间时,则它们的优选系数之和(组合优选系数)最小者应优先作为压缩对象。现假设要求工期为15,试对其进行工期优化。

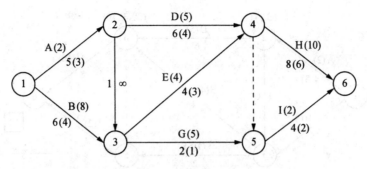

图 2-7 初始网络计划

答案:

(1) 根据各项工作的正常持续时间,用标号法确定网络计划的计算工期和关键线路,如图 2-8 所示。此时关键线路为①—②—④—⑥。

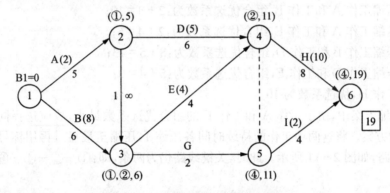

图 2-8 初始网络计划中的关键线路

(2) 由于此时关键工作为工作 A、工作 D 和工作 H,而其中工作 A 酌优选系数最小,故应将工作 A 作为优先压缩对象。

(3) 将关键工作 A 的持续时间压缩至最短持续时间 3,利用标号法确定新的计算工期和关键线路,如图 2-9 所示。此时,关键工作 A 被压缩成非关键工作,故将其持续时间 3 延长为 4,使之成为关键工作。工作 A 恢复为关键工作之后,网络计划中出现两条关键线路,即:①—②—④—⑥和①—③—④—⑥,如图 2-10 所示。

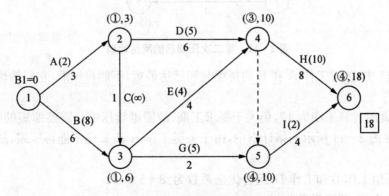

图 2-9 工作 A 压缩至最短时间时的关键线路

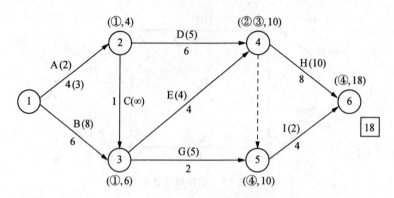

图 2-10　第一次压缩后的网络计划

（4）由于此时计算工期为 18,仍大于要求工期,故需继续压缩。需要缩短的时间:$\triangle T =$ 18 - 15 = 3。在图 2 - 10 所示网络计划中,有以下五个压缩方案:

① 同时压缩工作 A 和工作 B,组合优选系数为:2 + 8 = 10;

② 同时压缩工作 A 和工作 E,组合优选系数为:2 + 4 = 6;

③ 同时压缩工作 B 和工作 D,组合优选系数为:8 + 5 = 13;

④ 同时压缩工作 D 和工作 E,组合优选系数为:5 + 4 = 9;

⑤ 压缩工作 H,优选系数为 10。

在上述压缩方案中,由于工作 A 和工作 E 的组合优选系数最小,故应选择同时压缩工作 A 和工作 E 的方案。将这两项工作的持续时间各压缩 1(压缩至最短),再用标号法确定计算工期和关键线路,如图 2 - 11 所示。此时,关键线路仍为两条,即:①—②—④—⑥和①—③—④—⑥。

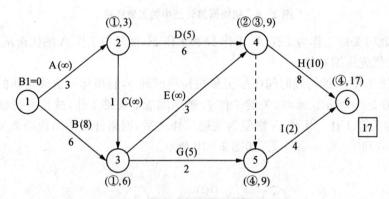

图 2-11　第二次压缩后的网络计划

在图 2 - 11 中,关键工作 A 和 E 的持续时间已达最短,不能再压缩,它们的优选系数变为无穷大。

（5）由于此时计算工期为 17,仍大于要求工期,故需继续压缩。需要缩短的时间:$\triangle T_2 =$ 17 - 15 = 2。在图 2 - 11 所示网络计划中,由于关键工作 A 和 E 已不能再压缩,故此时只有两个压缩方案:

① 同时压缩工作 B 和工作 D,组合优选系数为:8 + 5 = 13;

② 压缩工作 H,优选系数为 10。

在上述压缩方案中,由于工作 H 的优选系数最小,故应选择压缩工作 H 的方案。将工作 H 的持续时间缩短 2,再用标号法确定计算工期和关键线路,如图 2 - 12 所示。此时,计算工期为 15,已等于要求工期,故图 2 - 12 所示网络计划即为优化方案。

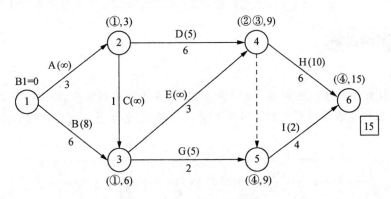

图 2 - 12　工期优化后的网络计划

知识点六:实际进度与计划进度的比较

常见的进度的比较方法有前锋线比较法和列表比较法。

前锋线比较法是通过绘制某检查时刻工程项目实际进度前锋线,进行工程实际进度与计划进度比较的方法,它主要适用于时标网络计划。所谓前锋线,是指在原时标网络计划上,从检查时刻的时标点出发,用点画线依次将各项工作实际进展位置点连接而成的折线。前锋线比较法就是通过实际进度前锋线与原进度计划中各工作箭线交点的位置来判断工作实际进度与计划进度的偏差,进而判定该偏差对后续工作及总工期影响程度的一种方法。

采用前锋线比较法进行实际进度与计划进度的比较,其步骤如下:

1. 绘制时标网络计划图

为了方便和清楚起见,可在时标网络计划图的上方和下方各设一时间坐标。

2. 绘制实际进度前锋线

一般从时标网络计划图上方时间坐标的检查日期开始绘制,依次连接相邻工作的实际进度位置点,最后与时标网络计划图下方坐标的检查上日期相连接。

工作实际进展位置点的标定方法有两种

(1) 按该工作已完任务量比例进行标定

假定工程项目中各项工作均匀匀速进展,根据实际进度查检查时刻该工作已完成任务量占其计划完成总任务量的比例,在工作箭线上从左到右按相同的比例标定其实际进展位置点。

(2) 按尚需作业时间进行标定

当某些工作的持续时间难以按实物工程量来计算而只能凭经验估算时,可以先估算出检查时刻到该工作全部完成尚需作业,然后在该工作箭线上从右向左逆向标定其实际进展位置点。

3. 进行实际进度与计划进度的比较

前锋线可以直观地反映出检查日期有关工作实际进度与计划进度之间的关系。

4. 预测进度偏差对后续工作及总工期的影响

通过实际进度与计划进度的比较确定进度偏差后,还可根据工作的自由时差和总时差预测进度偏差对后续工作及项目总工期的影响。

【案例一】

某分部工程施工网络计划如图2-13所示,在第4天下班时检查,C工作完成了该工作的1/3工作量,D工作完成了该工作的1/4工作量,E工作已全部完成该工作的工作量。

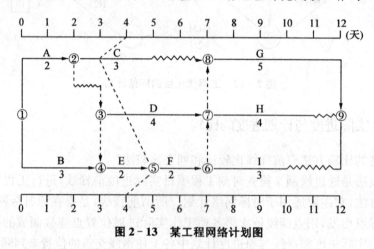

图2-13　某工程网络计划图

答案:

绘制该工程前锋进度线,通过比较可以看出:

(1) 工作C实际进度拖后1天,其总时差和自由时差均为2天,既不影响总工期,也不影响其后续工作的正常进行;

(2) 工作D实际进度与计划进度相同,对总工期和后续工作均无影响;

(3) 工作E实际进度提前1天,对总工期无影响,将使其后续工作F、I的最早开始时间提前1天。

综上所述,该检查时刻各工作的实际进度对总工期无影响,将使工作F、I的最早开始时间提前1天。

【案例一】

某咨询公司接受某商厦业主委托,对商厦改造提出以下两个方案:

方案甲:对原商厦进行改建。该方案预计投资6 000万元,改建后可使用10年。使用期间每年需维护费300万元,运营10年后报废,残值为0。

方案乙:拆除原商厦,并新建。该方案预计投资30 000万元,建成后可使用60年。使用期间每年需维护费500万元,每20年需进行一次大修,每次大修费用为1 500万元,运营60

年后报废,残值 800 万元。基准收益率为 6%。

表 2-12　资金等值换算系数表

n	3	10	20	40	60	63
$(P/F,6\%,n)$	0.839 6	0.558 4	0.311 8	0.097 2	0.030 3	0.025 5
$(A/P,6\%,n)$	0.374 1	0.135 9	0.087 2	0.066 5	0.061 9	0.061 6

问题:

1. 如果不考虑两方案建设期的差异,计算两个方案的年费用。

2. 若方案甲、方案乙的年系统效率分别为 2 000 万元、4 500 万元,以年费用作为寿命周期成本,计算两方案的费用效率指标,并选择最优方案。

3. 如果考虑按方案乙该商厦需 3 年建成,建设投资分 3 次在每年末投入,试重新对方案甲、方案乙进行评价和选择。

答案:

问题 1:

方案甲年费用 $= 300 + 6\ 000(A/P,6\%,10) = 300 + 6\ 000 \times 0.135\ 9 = 1\ 115.40$ 万元

方案乙年费用 $= 500 + 30\ 000(A/P,6\%,60) + 1\ 500(P/F,6\%,20)(A/P,6\%,60) + 1\ 500(P/F,6\%,40)(A/P,6\%,60) - 800(P/F,6\%,60)(A/P,6\%,60) = 500 + 30\ 000 \times 0.061\ 9 + 1\ 500 \times 0.311\ 8 \times 0.061\ 9 + 1\ 500 \times 0.097\ 2 \times 0.061\ 9 - 800 \times 0.030\ 3 \times 0.061\ 9 = 2\ 393.48$ 万元

问题 2:

方案甲的费用效率 $= 2\ 000/1\ 115.40 = 1.79$

方案乙的费用效率 $= 4\ 500/2\ 393.48 = 1.88$

因方案乙的费用效率高于方案甲,因此应选择方案乙。

问题 3:

方案乙的年费用 $= \{[2\ 393.48 - 30\ 000 \times (A/P,6\%,60)] \times (P/A,6\%,60) \times (P/F,6\%,3) + (30\ 000/3) \times (P/A,6\%,3)\} \times (A/P,6\%,63) = \{[2\ 393.48 - 30\ 000 \times 0.061\ 9] \times 1/0.061\ 9 \times 0.839\ 6 + [(30\ 000/3) \times 1/0.374\ 1]\} \times 0.061\ 6 = 2\ 094.86$ 万元

方案乙的费用效率 $= 4\ 500 \times (P/A,6\%,60) \times (P/F,6\%,3) \times (A/P,6\%,63)/2\ 094.86 = 4\ 500 \times 1/0.061\ 9 \times 0.839\ 6 \times 0.061\ 6/2\ 094.86 = 1.78$

因方案甲的费用效率高于方案乙,因此应选择方案甲。

【案例二】

四种具有同样功能的设备,使用寿命均为 10 年,残值均为 0,初始投资和年经营费用见表 2-13($i_c = 10\%$)。选择哪种设备在经济上更加有利?

表 2-13　设备投资与费用　　　　　　　　　　　　　　　单位:元

项目(设备)	A	B	C	D
初始投资	3 000	3 800	4 500	5 000
年经营费	1 800	1 770	1 470	1 320

答案:

由于四种设备功能相同,故可通过比较费用大小,选择相对较优的方案;又因各方案寿命相等,保证了时间可比性,故可利用费用现值(PC)选优。

$PC_A(10\%) = 3\,000 + 1\,800 \times (P/A, 10\%, 10) = 14\,060$ 元

$PC_B(10\%) = 3\,800 + 1\,770 \times (P/A, 10\%, 10) = 14\,676$ 元

$PC_C(10\%) = 4\,500 + 1\,470 \times (P/A, 10\%, 10) = 13\,535$ 元

$PC_D(10\%) = 5\,000 + 1\,320 \times (P/A, 10\%, 10) = 13\,111$ 元

其中设备 D 的费用现值最小,因此选择设备 D 更有利。

【案例三】

某智能大厦的一套设备系统有 A、B、C 三个采购方案,其有关数据见表 2-14,现值系数见表 2-15。

表 2-14　设备系统各采购方案数据

项目＼方案	A	B	C
购置费和安装费/万元	520	600	700
年度使用费/(万元/年)	65	60	55
使用年限/年	16	18	20
大修周期/年	8	10	10
大修费/(万元/次)	100	100	110
残值/万元	17	20	25

表 2-15　现值系数表

n	8	10	16	18	20
$(P/A, 8\%, n)$	5.747	6.710	8.851	9.372	9.818
$(P/F, 8\%, n)$	0.540	0.463	0.292	0.250	0.215

问题:

1. 拟采用加权评分法选择采购方案,对购置费和安装费、年度使用费、使用年限三个指标进行打分评价,打分规则为:购置费和安装费最低的方案得 10 分,每增加 10 万元扣 0.1 分;年度使用费最低的方案得 10 分,每增加 1 万元扣 0.1 分;使用年限最长的方案得 10 分,每减少 1 年扣 0.5 分;以上三指标的权重依次为 0.5、0.4 和 0.1。应选择哪种采购方案较合理?(计算过程和结果直接填入答题纸上)

2. 若各方案年费用仅考虑年度使用费、购置费和安装费,且已知 A 方案和 C 方案相应的年费用分别为 123.75 万元和 126.30 万元,列式计算 B 方案的年费用,并按照年费用法做出采购方案比选。

3. 若各方案年费用需进一步考虑大修费和残值,且已知 A 方案和 C 方案相应的年费用分别为 130.41 万元和 132.03 万元,列式计算 B 方案的年费用,并按照年费用法做出采购方案比选。

4. 若 C 方案每年设备的劣化值均为 6 万元,不考虑大修费,该设备系统的静态经济寿命为多少年?

(问题 4 计算结果取整数,其余计算结果保留两位小数)

答案:

问题 1:

A、B、C 三种方案指标权重计算见表 2 - 16。

表 2 - 16　A、B、C 三种方案指标权重计算

指　标	权重	A 方案	B 方案	C 方案
购置费和安装费	0.5	$10 \times 0.5 = 5.0$	$[10-(600-520)/10 \times 0.1]$ $\times 0.5 = 4.6$	$[10-(700-520)/10 \times 0.1]$ $\times 0.5 = 4.1$
年度使用费	0.4	$[10-(65-55) \times 0.1]$ $\times 0.4 = 3.6$	$[10-(60-55) \times 0.1]$ $\times 0.4 = 3.8$	$10 \times 0.4 = 4.0$
使用年限	0.1	$[10-(20-16) \times 0.5]$ $\times 0.1 = 0.8$	$[10-(20-18) \times 0.5]$ $\times 0.1 = 0.9$	$10 \times 0.1 = 1.0$
合计	1.0	9.4	9.3	9.1

因此,应选择得分最高的 A 方案。

(注:表中可分步计算;若无计算过程,但"合计"数正确且结论正确,得 2.0 分)

问题 2:

B 方案的年费用为:

$$60+600 \div (P/A,8\%,18)=60+600 \div 9.372=124.02 \text{ 万元}$$

A 方案的年费用最小,因此,应选择 A 方案。

问题 3:

B 方案的年费用为:

$$124.02+100 \times (P/F,8\%,10) \div (P/A,8\%,18)-20 \times (P/F,8\%,18) \div (P/A,8\%,18)$$
$$=124.02+100 \times 0.463 \div 9.372—20 \times 0.250 \div 9.372=128.43 \text{ 万元}$$

B 方案的年费用最小,因此,应选择 B 方案。

问题 4:

$$C \text{ 方案设备的经济寿命} = \sqrt{\frac{2(P-L_N)}{\lambda}} = \sqrt{\frac{2 \times (700-25)}{6}} = 15 \text{ 万年}$$

【案例四】

某汽车发动机项目,在选址定点时有两个不同方案,甲方案在浙江某工业区,乙方案在山东某地。

问题:

根据表 2 - 17 所示的项目方案评分值计算表,运用"多因素评分优选法"对两个方案进行评比。

表 2-17　项目方案评分值计算表

序号	指　标	比重(W_i)	不同方案的指标评分(S_i)			不同方案的加权后评分($S_i \times W_i$)值		
			甲方案	乙方案	合计	甲方案	乙方案	合计
		1	2	3	4	5	6	7
1	厂址位置							
2	可利用土地面积							
3	可利用固定资产原值							
4	可利用原有生产设施							
5	交通运输条件							
6	土建工程量							
7	需要投资额							
8	消化引进技术条件							
	合计							

答案：

答案见表 2-18。

表 2-18　项目方案评分值计算表

序号	指　标	比重(W_i)	不同方案的指标评分(S_i)			不同方案的加权后评分($S_i \times W_i$)值		
			甲方案	乙方案	合计	甲方案	乙方案	合计
		1	2	3	4	5	6	7
1	厂址位置	15%	35	65	100	5.25	9.75	15
2	可利用土地面积	15%	30	70	100	4.5	10.5	15
3	可利用固定资产原值	10%	27.6	72.4	100	2.76	7.24	10
4	可利用原有生产设施	10%	0	100	100	0	10	10
5	交通运输条件	5%	20	80	100	1	4	5
6	土建工程量	10%	10	90	100	1	9	10
7	需要投资额	15%	40	60	100	6	9	15
8	消化引进技术条件	20%	80	20	100	16	4	20
	合计	100%				36.51	63.49	100

根据上表计算结果，甲方案得 36.5 分，乙方案得 63.5 分，所以，乙方案优于甲方案，决定将项目建在山东地区。

【案例五】

某六层单元式住宅共 54 户，建筑面积为 3 949.62 m²。原设计方案为砖混结构，内、外墙均为 240 mm 砖墙。现拟定的新方案为内浇外砌结构，外墙做法不变，内墙采用 C20 钢筋混凝土浇筑。新方案内横墙厚为 140 mm，内纵墙厚为 160 mm，其他部位的做法、选材及建筑标准与原方案相同。

两方案各项指标见表 2 - 19。

表 2 - 19　设计方案指标对比表

设计方案	建筑面积(m²)	使用面积(m²)	概算总额(元)
砖混结构	3 949.62	2 797.20	4 163 789.00
内浇外砌结构	3 949.62	2 881.98	4 300 342.00

问题：

1. 请计算两方案如下技术经济指标：

(1) 两方案建筑面积、使用面积单方造价各为多少？每平方米差价多少？

(2) 新方案每户增加使用面积多少平方米？多投入多少元？

2. 若作为商品房，按使用面积单方售价 5 647.96 元出售，两方案的总售价相差多少？

3. 若作为商品房，按建筑面积单方售价 4 000 元出售，两方案折合使用面积单方售价各为多少元？相差多少？

答案：

问题 1：

(1) 两方案的建筑面积、使用面积单方造价及每平方米差价见表 2 - 20。

表 2 - 20　建筑面积、使用面积单方造价及每平方米差价计算表

方案	建筑面积		使用面积	
	单方造价 （元/m²）	差价 （元/m²）	单方造价 （元/m²）	差价 （元/m²）
砖混结构	4 163 789/3 949.62 = 1 054.23	34.57	4 163 789/2 797.20 = 1 488.56	3.59
内浇外砌结构	4 300 342/3 949.62 = 1 088.80		4 300 342/2 881.98 = 1 492.15	

注：单方造价＝概算总额/建筑面积；或：单方造价＝概算总额/使用面积

由表 2 - 20 可知，按单方建筑面积计算，新方案比原方案每平方米高出 34.57 元；而按单方使用面积计算，新方案则比原方案高出 3.59 元。

(2) 每户平均增加的使用面积为：(2 881.98 - 2 797.20)/54 = 1.57m²

每户多投入：(4 300 342 - 4 163 789)/54 = 2 528.76 元

折合每平方米使用面积单价为：2 528.76/1.57 = 1 610.68 元/m²

计算结果是每户增加使用面积 1.57 m²，每户多投入 2 528.76 元。

问题 2：

若作为商品房按使用面积单方售价 5 647.96 元出售，则

总销售差价 = 2 881.98×5 647.96 - 2 797.20×5 647.96

　　　　 = 478 834 元

总销售额差率 = 478 834/(2 797.20×5 647.96) = 3.03%

问题3：

若作为商品房按建筑面积单方售价 4 000 元出售,则两方案的总售价均为:

$$3\ 949.62×4\ 000\ =\ 15\ 798\ 480\ 元$$

折合成使用面积单方售价:

砖混结构方案:单方售价 = 15 798 480/2 797.20 = 5 647.96 元/m²

内浇外砌结构方案:单方售价 = 15 798 480/2 881.98 = 5 481.81 元/m²

在保持销售总额不变的前提下,按使用面积计算,两方案

单方售价差额 = 5 647.96 - 5 481.81 = 166.15 元/m²

单方售价差率 = 166.15/5 647.96 = 2.94%

【案例六】

某建设项目的行业标准投资回收期 T 为 5 年,该项目通常投资额为 1 100 万元,年生产成本为 1 150 万元。为此,该项目拟定了 A、B、C 三个设计方案,有关情况见表 2-21 所示。

表 2-21　资料数据表　　　　　　　　　　　　　　单位:万元

项目	A	B	C
投资额	1 000	1 100	1 400
生产成本	1 200	1 150	1 050
质量水平	一般	一般	高于一般
年纯收入	一般	一般	高于一般
技术水平	中等	中等偏上	先进

经专家组商定的经济评价指标体系、指标权重、指标分等及其指标分列于表 2-22。

表 2-22　多因素评分优选法评分表

评价指标	权重	指标分等	标准分	方案与评分		
				A	B	C
投资额	0.25	1. 低于一般水平 2. 一般水平 3. 高于一般水平	90 70 60			
年生产成本	0.25	1. 低于一般水平 2. 一般水平 3. 高于一般水平	90 70 60			
质量水平	0.20	1. 一般水平 2. 高于一般水平	70 80			
年纯收入	0.20	1. 一般水平 2. 高于一般水平	70 80			
技术水平	0.10	1. 中等水平 2. 中等偏上 3. 先进水平	60 70 90			

问题：

1. 运用多因素评分法优选法选出最佳方案。
2. 运用综合费用法选择最佳方案。

答案：

问题1：

（1）运用多因素评分优选法，对各设计方案评价指标打分，如表2－23所示。

表2－23　各设计方案评价指标打分结果表

评价指标	权重	方案与评分		
		A	B	C
投资额	0.25	90	70	60
年生产成本	0.25	60	70	90
质量水平	0.20	70	70	80
年纯收入	0.20	70	70	80
技术水平	0.10	60	70	90

（2）计算各方案综合评价总分。

A方案：$90 \times 0.25 + 60 \times 0.25 + 70 \times 0.2 + 70 \times 0.2 + 60 \times 0.1 = 71.5$分

B方案：$70 \times 0.25 + 70 \times 0.25 + 70 \times 0.2 + 70 \times 0.2 + 60 \times 0.1 = 70.0$分

B方案：$60 \times 0.25 + 90 \times 0.25 + 80 \times 0.2 + 80 \times 0.2 + 90 \times 0.1 = 78.5$分

因为C方案综合评价总分最高，所以C方案为最佳方案。

问题2：

设计方案的综合费用＝设计方案的总投资额＋设计方案的年生产成本×投资回收期。则A、B、C三个方案的综合费用分别为：

A方案：$1\,000 + 1\,200 \times 5 = 7\,000$万元

B方案：$1\,100 + 1\,150 \times 5 = 6\,850$万元

C方案：$1\,400 + 1\,050 \times 5 = 6\,650$万元

因为C方案的综合费用最低，所以C方案为最佳方案。

【案例七】

某委托监理工程，施工合同工期为20个月，经工程师审核批准的施工进度计划如图2－14所示（时间单位：月）。其中A、E、J工作共用一台施工机械，且必须按顺序施工。

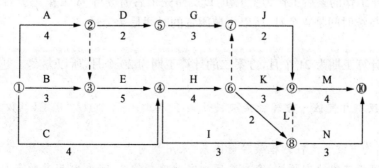

图2－14　批准的施工进度计划（时间单位：月）

问题：

1. 为确保工程按期完工，图2-14中哪些工作应为重点控制对象？施工机械闲置的时间是多少？

2. 当该计划执行3个月后，建设单位提出增加一项新工作F，根据施工组织的不同，F工作可有两种安排方案。方案一如图2-15所示，方案二如图2-16所示。经工程师确认，F工作的持续时间为3个月。两种组织方案哪一个更加合理？

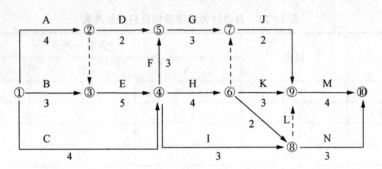

图 2-15　方案一

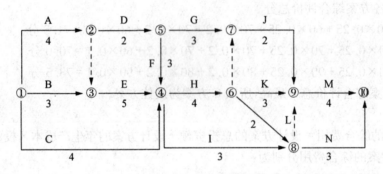

图 2-16　方案二

答案：

问题1：

经过计算，关键线路为①→②→③→④→⑥→⑨→⑩，计算工期=4+5+4+3+4=20月，重点控制对象为A、E、H、K、M。

A、E、J工作共用一台施工机械，A工作和E工作连续施工，无间隔时间，E工作的紧后工作为H工作，H工作的紧后工作为J工作，E工作完工后需等待H工作完工后才能进行J工作。H工作的持续时间是4个月，所以机械闲置的时间是4个月。

问题2：

方案一的计算工期为21个月，方案二的计算工期为20个月，所以方案二更加合理。

【案例八】

某市高新技术开发区一幢综合楼项目征集了A、B、C三个设计方案，其设计方案对比项目如下：

A方案：结构方案为大柱网框架轻墙体系，采用预应力大跨度叠合楼板，墙板材料采用多孔砖及移动式可拆装式分室隔墙，窗户采用中空玻璃塑钢窗，面积利用系数为93%，单方造价

为 1 438 元/m²;

B 方案:结构方案同 A 方案,墙体采用内浇外砌,窗户采用单玻塑钢窗,面积利用系数为 87%,单方造价为 1 108 元/m²;

C 方案:结构方案采用砖混结构体系,采用多孔预应力板,墙体材料采用标准黏土砖,窗户采用双玻塑钢窗,面积利用系数为 79%,单方造价为 1 082 元/m²。

方案各功能的权重及各方案的功能分见表 2-24。

表 2-24 方案功能的权重及得分表

方案功能	功能权重	方案功能得分		
		A	B	C
结构体系	0.25	10	10	8
模板类型	0.05	10	10	9
墙体材料	0.25	8	9	7
面积系数	0.35	9	8	7
窗户类型	0.10	9	7	8

问题:

1. 试应用价值工程方法选择最优设计方案。

2. 为控制工程造价和进一步降低费用,拟针对所选的最优设计方案的土建工程部分,以工程材料费为对象开发价值工程分析。将土建工程划分为四个功能项目,各功能项目评分值及目前成本见表 2-25。按限额设计要求,目标成本额应控制为 12 170 万元。

表 2-25 功能项目评分及目前成本表

功能项目	功能评分	目前成本(万元)
A. 桩基围护工程	10	1 520
B. 地下室工程	11	1 482
C. 主体结构工程	35	4 705
D. 装饰工程	38	5 105
合计	94	12 812

试分析各功能项目的目标成本及其可能降低的额度,并确定功能改进顺序。

答案:

问题 1:

分别计算各方案的功能指数、成本指数和价值指数,并根据价值指数选择最优方案。

(1)计算各方案的功能指数,如表 2-26 所示。

表 2-26　功能指数计算表

方案功能	功能权重	方案功能得分		
		A	B	C
结构体系	0.25	10×0.25＝2.50	10×0.25＝2.50	8×0.25＝2.00
模板类型	0.05	10×0.05＝0.50	10×0.05＝0.50	9×0.05＝0.45
墙体材料	0.25	8×0.25＝2.00	9×0.25＝2.25	7×0.25＝1.75
面积系数	0.35	9×0.35＝3.15	8×0.35＝2.80	7×0.35＝2.45
窗户类型	0.10	9×0.10＝0.90	7×0.10＝0.70	8×0.10＝0.80
合计		9.05	8.75	7.45
功能指数		9.05/25.25＝0.358	8.75/25.25＝0.347	7.45/25.25＝0.295

注：表 2-26 中各方案功能加权得分之和为：9.05＋8.75＋7.45＝25.25

（2）计算各方案的成本指数，如表 2-27 所示。

表 2-27　成本指数计算表

方案	A	B	C	合计
单方造价(元/m²)	1 438	1 108	1 082	3 628
成本指数	0.396 4	0.305 4	0.298 2	1.000

（3）计算各方案的价值指数，如表 2-28 所示。

表 2-28　价值指数计算表

方案	A	B	C	合计
功能指数	0.358	0.347	0.295	
成本指数	0.396 4	0.305 4	0.298 2	
价值指数	0.903	1.136	0.989	

由表 2-28 的计算结果可知，B 设计方案的价值指数最高，为最优方案。

问题 2：

根据表 2-25 所列数据，对所选定的设计方案进一步分别计算桩基围护工程、地下室工程、主体结构工程和装饰工程的功能指数、成本指数和价值指数；再根据给定的总目标成本额，计算工程内容的目标成本额，从而确定降低额度。具体指数和目标成本降低额计算见表 2-29。

表 2-29　功能指数、成本指数、价值指数和目标成本降低额计算表

功能项目	功能评分	功能指数	目前成本(万元)	成本指数	价值指数	目标成本(万元)	成本降低额(万元)
桩基围护工程	10	0.106 4	1 520	0.118 6	0.897 1	1 295	225
地下室工程	11	0.117 0	1 482	0.115 7	1.011 2	1 424	58
主体结构工程	35	0.372 3	4 705	0.367 2	1.013 9	4 531	174
装饰工程	38	0.404 3	5 105	0.398 5	1.014 6	4 920	185
合计	94	1.000 0	12 812	1.000 0		12 170	642

由表 2-29 的计算结果可知,桩基围护工程、地下室工程、主体结构工程和装饰工程均应通过适当方式降低成本。根据成本降低额的大小,功能改进顺序此为:桩基围护工程、装饰工程、主体结构工程、地下室工程。

【案例九】

某工程有 A、B、C 三个设计方案,有关专家决定从四个功能(分别以 F_1、F_2、F_3、F_4 表示)对不同方案进行评价,并得到以下结论:ABC 三个方案中,F_1 的优劣顺序依次为 B、A、C;F_2 的优劣顺序依次为 A、C、B;F_3 的优劣顺序依次为 C、B、A;F_4 的优劣顺序依次为 A、B、C。经进一步研究,专家确定三个方案各功能的评价计分标准均为:最优者得 3 分,居中者得 2 分,最差者得1 分。

据造价工程师估算,A、B、C 三个方案的造价分别为 8 500 万元、7 600 万元、6 900 万元。

问题:

1. 将 A、B、C 三个方案各功能的得分填入表 2-30 中。

表 2-30

	A	B	C
F_1			
F_2			
F_3			
F_4			

2. 若四个功能之间的重要性关系排序为 $F_2 > F_1 > F_4 > F_3$,采用 0-1 评分法确定各功能的权重,并将计算结果填入表 2-31 中。

表 2-31

	F_1	F_2	F_3	F_4	功能得分	修正得分	功能重要系数
F_1							
F_2							
F_3							
F_4							
合计							

3. 已经 A、B 两方案的价值指数分别为 1.127、0.961,在 0-1 评分法的基础上计算 C 方案的价值指数,并根据价值指数的大小选择最佳设计方案。

4. 若四个功能之间的重要关系为:F_1 与 F_2 同等重要,F_1 相对 F_4 较重要,F_2 相对 F_3 很重要。采用 0-4 评分法确定各功能的权重,并将计算结果填入表 2-32 中(计算结果保留三位小数)。

表 2 - 32

	F_1	F_2	F_3	F_4	功能得分	功能重要系数
F_1						
F_2						
F_3						
F_4						
合计						

答案:

问题 1:

A、B、C 三个方案各功能的得分计算如表 2 - 33 所示。

表 2 - 33

	A	B	C
F_1	2	3	1
F_2	3	1	2
F_3	1	2	3
F_4	3	2	1

问题 2:

采用 0—1 评分法确定各功能的权重,计算结果如表 2 - 34 所示。

表 2 - 34

	F_1	F_2	F_3	F_4	功能得分	修正得分	功能重要系数
F_1	×	0	1	1	2	3	0.3
F_2	1	×	1	1	3	4	0.4
F_3	0	0	×	0	0	1	0.1
F_4	0	0	1	×	1	2	0.2
合计					6	10	1.0

问题 3:

A 的功能权重得分 $= 2 \times 0.3 + 3 \times 0.4 + 1 \times 0.1 + 3 \times 0.2 = 2.5$

B 的功能权重得分 $= 3 \times 0.3 + 1 \times 0.4 + 2 \times 0.1 + 2 \times 0.2 = 1.9$

C 的功能权重得分 $= 1 \times 0.3 + 2 \times 0.4 + 3 \times 0.1 + 1 \times 0.2 = 1.6$

C 的功能指数 $= 1.6 / (2.5 + 1.9 + 1.6) = 0.267$

C 的成本指数 $= 6\ 900 / (8\ 500 + 7\ 600 + 6\ 900) = 0.3$

C 的价值指数 $= 0.267 / 0.3 = 0.89$

A 方案的价值指数最大,A 方案为最优方案。

问题4：

利用0—4评分法计算功能权重如表2-35所示。

表 2-35

	F_1	F_2	F_3	F_4	功能得分	功能重要系数
F_1	×	2	4	3	9	9/24 = 0.375
F_2	2	×	4	3	9	9/24 = 0.375
F_3	0	0	×	1	1	1/24 = 0.042
F_4	1	1	3	×	5	5/24 = 0.208
合计					24	1.000

【案例十】

某建筑公司（承包方）与某建设单位（发包方）签订了建筑面积为 2 100 m² 的单层工业厂房的施工合同，合同工期为 20 周。承包方按时提交了施工方案和施工网络计划，如图 2-17 所示和表 2-36 所示，并获得工程师代表的批准。该项工程中各项工作的计划资金需用量由承包方提交，经工程师代表审查批准后，作为施工阶段投资控制的依据。

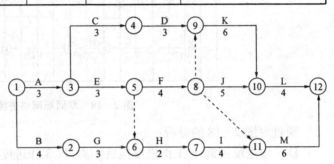

图 2-17　某施工网络计划

表 2-36　网络计划工作时间及费用表

工作名称	A	B	C	D	E	F	G	H	I	J	K	L	M
持续时间（周）	3	4	3	3	3	4	3	2	4	5	6	4	6
资金用量（万元）	10	12	8	15	24	28	22	16	12	26	30	23	24

实际施工过程中发生了如下几项事件：

1. 在工程进行到第 9 周结束时，检查发现 A、B、C、D、E、G 工作均全部完成，F 和 H 工作实际完成的资金用量分别为 14 万元和 8 万元。且前 9 周各项工作已完成的实际投资与计划投资均相符。

2. 在随后的施工过程中，J 工作由于施工质量问题，工程师代表下达了停工令使其暂停施工，并进行返工处理一周，造成返工费用 2 万元；M 工作因发包方要求的设计变更，使该工作因施工图晚到，推迟 2 周施工，并造成承包方因停工和机械闲置损失 1.2 万元。为此，承包方向发包方提出 3 周工期索赔和 3.2 万元的费用索赔。

问题：

1. 试绘制该工程的早时标网络进度计划，根据第 9 周末的检查结果标出实际进度前锋线，分析 D、F 和 H 三项工作的进度偏差；到第 9 周末的实际累计资金用量是多少？

2. 如果后续施工按计划进行，试分析发生的进度偏差对计划工期产生什么影响？其总工期是否大于合同工期？

3. 试重新绘制第 10 周开始至完工的早时标网络进度计划。

答案：

问题 1：

该工程的早时标网络进度计划及第 9 周末的实际进度前锋线如图 2-18 所示。

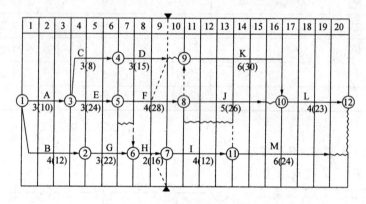

图 2-18　早时标网络进度计划

通过对图 2-18 的分析：

D 工作进度正常，F 工作进度拖后 1 周，H 工作进度拖后 1 周。

第 9 周末的实际累计投资额为 10 + 12 + 8 + 15 + 24 + 14 + 22 + 8 = 113 万元。

问题 2：

F 工作的进度拖后 1 周，影响工期，因为该工作在关键线路上，导致工期延长 1 周，总工期将大于合同工期 1 周。

H 工作的进度拖后 1 周，不影响工期，因为该工作不在关键线路上，有 1 周的总时差，拖后的时间没有超过总时差。

问题 3：

重新绘制的第 10 周开始至完成工期的早时标网络进度计划如图 2-19 所示。

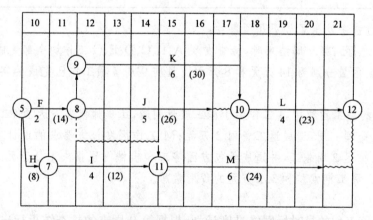

图 2-19　第 10 周开始至完工的早时标网络进度计划

第三章 工程计量与工程计价

扫码获取更
多精彩内容

内 容 提 示

1. 定额、指数、指标的构成与计算；
2. 工程计量；
3. 施工图预算的编制和审查；
4. 工程量清单的编制和计价；
5. 工程计价。

知识点一：建设施工项目定额、指数、指标的计算与应用

考核要求	1. 施工定额的形成，预算定额的形成，概算定额与概算指标的形成 2. 施工图预算，设计概算应用过程与指标计算 3. 工程造价指数的形成与应用 4. 投资估算指标的计算与应用（结合基本题型进行） 5. 与工程量计算相结合进行命题	此部分同内容考试过程将多个知识点集成考试，即将施工定额的确定形成一题，试题中题干源于教材。但教材中的已知数据，考试中作为未知量计算。近年从实践角定额调整计算题型应引起注意

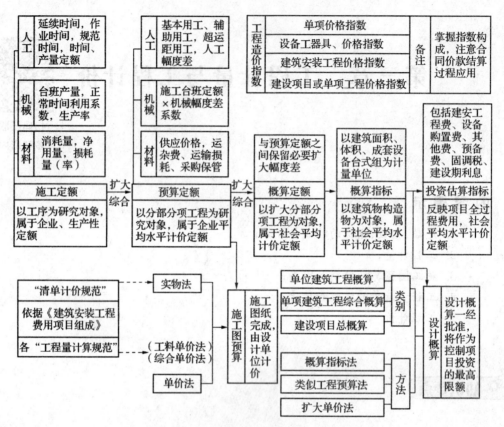

图 3-1　定额、指标、指数知识架构图

定额、指数、指标的构成与计算

表 3-1　相关知识表

基本概念	类别	施工定额	预算定额	概算定额	概算指标	投资估算指标
	对象	施工过程或基本工序	分项工程和结构构件	扩大的分项工程或扩大的结构构件	单项工程、单位工程、扩大分项工程	建设项目、单项工程、单位工程
	用途	编制施工预算	编制施工图预算	编制扩大初步设计概算	编制初步设计概算	编制投资估算
	项目划分	最细	细	较粗	粗	很粗
	定额水平	平均先进	平均	平均	平均	平均
	定额性质	生产性定额	计价性定额			

主要内容			
施工定额	工时定额计算	工作延续时间 （定额时间）＝作业时间$\left(\dfrac{基本}{工作}+\dfrac{辅助}{工作}\right)$＋规范时间$\left(\dfrac{准备与}{结束}+\dfrac{不可避}{免中断}+必要休息\right)$ $=\dfrac{基本工作时间}{1-\left(\dfrac{辅助工}{作时间}+\dfrac{准备与结}{束时间}+\dfrac{不可避免}{中断时间}+\dfrac{必要休}{息时间}\right)\times 占工作延续时间百分比}$ （或定额时间$=\dfrac{基本工作时间+辅助工作时间}{1-规范时间占定额时间百分比}$），时间定额$=\dfrac{定额时间}{8}$ 时间定额×产量定额＝1		
	机械台班定额	机械纯工作1小时正常生产率＝机械纯工作1小时正常循环次数×机械一次循环生产的产品数量 机械纯工作1小时正常循环次数＝60×60/机械一次循环的正常延续时间(s) 机械一次循环的正常延续时间＝Σ机械循环的组成部分正常延续时间－交叠时间 机械台班产量定额＝机械纯工作1小时正常生产率×工作班纯工作时间 　　　　　　　　＝机械纯工作1小时正常生产率×工作班延续时间×机械利用系数 机械台班时间定额＝1/机械台班产量定额		
	材料消耗定额	一般计算	材料消耗量＝材料净用量＋材料损耗量 　　　　　＝材料净用量(1＋材料损耗率) 对于周转材料： 一次使用量＝材料净用量(1＋材料损耗率)	周转材料	一次使用量＝材料净用量×(1－材料损耗率) 材料摊销量＝一次使用量×摊销系数 摊销系数＝周转使用系数－ 　$\dfrac{(1-损耗率)\times 回收价值率}{周转次数}\times 100\%$ 周转使用时数＝$\dfrac{(周转次数-1)\times 损耗率}{周转次数}$ 　$\times 100\%$ 回收价值＝$\dfrac{一次使用量\times(1-损耗率)}{周转次数}$ 　$\times 100\%$
预算定额	人工工日	基本用工＝Σ(综合取定的工程量×劳动定额) 辅助用工＝Σ(材料加工数量×相应加工劳动定额) 超运距用工＝预算定额取定运距用工－劳动定额已包括的运距用工 人工幅度差＝(基本用工＋辅助用工＋超运距用工)×人工幅度差系数 　　　　　＝预算定额－劳动定额 人工工日消耗指标＝基本用工＋其他用工 　　　　　　　　＝定额时间(小时)/8小时＋辅助用工＋超运距用工＋人工幅度差 　　　　　　　　＝(基本用工＋辅助用工＋超运距用工)×(1＋人工幅度差系数)		

主 要 内 容		
	机械台班	机械耗用台班定额＝施工定额耗用台班×(1＋机械幅度差系数) 　　　　　　　　＝车船使用费＋折旧费＋大修理费＋经常修理费＋安拆费及场外运费 　　　　　　　　＋燃料运力费＋人工费＋养路费 机械台班产量定额＝机械纯工作一小时正常生产率×机械正常利用系数×台班工作时间 　　　　　　　　(工作延续时间)
	材料定额	材料预算价格＝(材料原价＋供销部门手续费＋包装费＋运输费＋运输损耗费) 　　　　　　　×(1＋采购保管费率)－包装回收价格 　　　　　　＝(供应价格＋运杂费)×(1＋运输损耗率%)×(1＋采购保管费率%) 注:简化计算用施工定额中材料定额×调整系数
概算定额		概算定额是在预算定额的基础上,确定完成合格的单位扩大分项工程或单位扩大结构件所需消耗的人工、材料和机械台班的数量标准。它与预算定额之间保留必要的幅度差,是预算定额的综合和扩大,主要用于设计概算的编制,代表社会平均定额水平,属于计价性定额。
概算指标		概算指标是以整个建筑物、构筑物为对象,以建筑面积、体积或成套设备的台式组为计量单位而规定的人工材料、机械台班的消耗量标准和造价指标。它与概算定额的各种消耗指标对象不同,确定各种消耗量指标的依据不同,以预算定额和结算资料为基础。用于编制初步设计概算,代表社会平均水平的计价性定额。
设计概算	概算指标法	概算指标法是用指建的厂房、住宅的建筑面积(或体积)乘以技术条件相同或基本相同工程的概算指标,得出直接工程费,然后按规定计算出措施费、间接费、利润和税金等,编制出单位工程概算的方法。
设计概算	类似工程预算法	类似工程造价资料有具体的人工、材料、机械台班的用量时,可按类似工程预算造价资料中的主要材料用量、工日数量、机械台班用量乘以拟建工程所在地的主要材料预算价格、人工单价、机械台班单价,计算出直接工程费,再乘以当地的综合费率,即可得出所需的拟建工程造价指标。可按下面公式调整。 $D＝A \cdot K$ $K＝a\%K_1＋b\%K_2＋c\%K_3＋d\%K_4＋e\%K_5$ 式中:D——拟建工程单方概算造价; 　　　A——类似工程单方预算造价; 　　　K——综合调整系数; 　　　$a\%$、$b\%$、$c\%$、$d\%$、$e\%$——类似工程单项费用占预算造价中的比重; 　　　K_1、K_2、K_3、K_4、K_5——类似工程与拟建工程预算造价构成中单项费用的差异系数。
施工图预算		由设计按工料单价法或综合单价法编制

注:1. 建筑安装工程预算造价＝($\sum$ 分项工程量×分项工程工料单位)＋措施费＋间接费＋利润＋税金

2. $\dfrac{建筑安装工程造价指数}{} = \dfrac{报告期建筑安装工程费}{\dfrac{报告期人工费}{人工费指数}+\dfrac{报告期材料费}{材料费指数}+\dfrac{报告期施工机械使用费}{施工机械使用费指数}+\dfrac{报告期措施费}{措施费指数}+\dfrac{报告期间接费}{间接费指数}+利润+税金}$

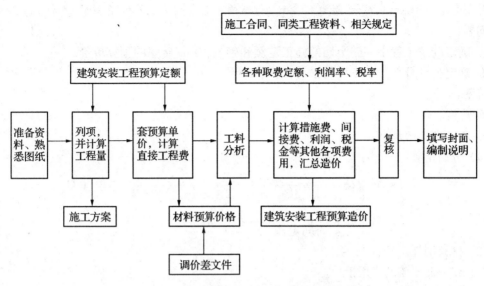

图 3-2　定额单价法编制施工图预算流程图

知识点案例讲解

【案例一】

某施工项目包括砌筑工程和其他分部分项工程,施工单位需要确定砌筑一砖半墙 1 m³ 的施工定额和砌筑 10 m³ 砖墙的预算单价。

砌筑一砖半墙的技术测定资料如下:

1. 完成 1 m³ 砖砌体需基本工作时间 15.5 h,辅助工作时间占工作延续时间的 3%,准备与结束工作时间占 3%,不可避免中断时间占 2%,休息时间占 16%,人工幅度系数为 10%,超运距运砖每千砖需耗时 2.5 h。

2. 砖墙采用 M5 水泥砂浆,实体体积与虚体积之间的折算系数为 1.07。砖和砂浆的损耗率均为 1%,完成 1 m³ 砌体需砂水 0.8 m³,其他材料费占上述材料费的 2%。

3. 砂浆采用 400 L 搅拌机现场搅拌,运料需 200 s,装料需 50 s,搅拌需 80 s,卸料需 30 s,不可避免地中断时间为 10 s。搅拌机的投料系数为 0.65,机械利用系数为 0.8,机械幅度差系数 15%。

4. 人工日工资单价为 21 元/工日,M5 水泥砂浆单价为 120 元/m³,机砖单价为 190 元/千块,水为 0.6 元/m³,400 L 砂浆搅拌机台班单价为 100 元/台班。

另一个分部分项工程施工时,甲方认为应重新确定其预算单价。实测的某机械的台班消耗量为 0.25 台班/10 m³,人工工日消耗为 2.3 工日/10 m³,所需某种地方材料 3.5 t/10 m³。已知所用机械台班预算单价为 150 元/台班,人工工资为 25 元/工日,地方材料的货源为:甲厂可以供应 30%,原价为 65 元/t;乙厂可以供货 30%,原价为 66.50 元/t;丙厂可以供货 30%,原价为 63.50 元/t;其余由丁厂供货,原价 64.20 元/t。甲、乙两厂是水路运输,运费为 0.50 元/km,装卸费为 3 元/t,驳船费为 1.5 元/t,途中损耗为 2.5%,甲厂运距为 70 km,乙厂运距为 65 km;丙厂和丁厂为陆路运输,运费为 0.55 元/km,装卸费为 2.8 元/t,调车费为 1.35 元/t,途中损耗为

3%,丙厂运距为50 km,丁厂运距为60 km。材料的包装费均为9元/t,采购保管费率为2.4%。

问题:

1. 确定砌筑工程中一砖半墙的施工定额和砌筑10 m³砖墙的预算单价。

2. 确定另一分部分项工程的预算基价(10 m³)。

答案:

问题1:

1. 施工定额的编制

(1)劳动定额:

$$时间定额 = \frac{15.5}{(1 - 3\% - 3\% - 2\% - 16\%) \times 8} = 2.549 \text{ 工日}$$

$$产量定额 = \frac{1}{时间定额} = \frac{1}{2.549} = 0.392 \text{ m}^3$$

(2)材料消耗定额:

1 m³一砖半墙的净用量

$$= \left[\frac{1}{(砖长 + 灰缝) \times (砖厚 + 灰缝)} + \frac{1}{(砖宽 + 灰缝) \times (砖厚 + 灰缝)}\right] \times \frac{1}{砖长 + 砖宽 + 灰缝}$$

$$= \left[\frac{1}{(0.24 + 0.01)(0.053 + 0.01)} + \frac{1}{(0.115 + 0.01)(0.053 + 0.01)}\right] \times \frac{1}{0.24 + 0.115 + 0.01}$$

$$= 522 \text{ 块}$$

所以,砖的消耗量 $= 522 \times (1 + 1\%) = 527$ 块

1 m³一砖半墙砂浆净用量 $= (1 - 522 \times 0.24 \times 0.115 \times 0.053) \times 1.07 = 0.253$ m³

砂浆消耗量 $- 0.253 \times (1 + 1\%) = 0.256$ m³

水用量为0.8 m³。

(3)机械产量定额:

首先确定机械循环一次所需时间:

由于运料时间大于装料、搅拌、出料和不可避免的中断时间之和,所以机械循环一次所需时间为200 s。

搅拌机净工作1小时的生产率 $N_h = 60 \times 60 \div 200 \times 0.4 \times 0.65 = 4.68$ m³

搅拌机的台班产量定额 $= N_h \times 8 \times K_B = 4.68 \times 8 \times 0.8 = 29.952$ m³

1 m³一砖半墙机械台班消耗量 $= 0.256 \div 29.952 = 0.009$ 台班

2. 预算定额和预算单价的编制

(1)预算定额:

预算人工工日消耗量 $= (2.549 + 0.527 \times 2.8/8) \times 10 \times (1 + 10\%) = 29.854$ 工日

预算材料消耗量:砖5.27千块;砂浆2.56 m³;水8 m³

预算机械台班消耗量 $= 0.009 \times 10 \times (1 + 15\%) = 0.104$ 台班

(2)预算定额单价:

人工费 $= 29.854 \times 21 = 626.93$ 元

材料费 $= (5.27 \times 190 + 2.56 \times 120 + 8 \times 0.6) \times (1 + 2\%) = 1\,339.57$ 元

机械费 $= 0.104 \times 100 = 10.40$ 元

则预算定额单价 $=$ 人工费 $+$ 材料费 $+$ 机械费 $= 626.93 + 1\,339.57 + 10.40 = 1\,976.90$ 元

问题 2：

预算基价 = 人工费 + 材料费 + 机械费 = 人工定额消耗费 × 人工工资单价 + 机械台班定额消耗量 × 机械台班预算单价 + 材料定额消耗量 × 材料预算价格

这时除了材料预算价格需要求之外，其他均已知。

材料预算价格的计算：

原价 $= 65 × 0.3 + 66.50 × 0.3 + 62.50 × 0.2 + 64.20 × 0.2 = 64.99$ 元/t

包装费 $= 9$ 元/t

运费 $= (0.3 × 70 + 0.3 × 65) × 50 + (0.2 × 50 + 0.2 × 60) × 0.55 = 32.35$ 元/t

驳船 $= (0.3 + 0.3) × 1.5 = 0.9$ 元/t

调车费 $= (0.2 + 0.2) × 1.35 = 0.54$ 元/t

装卸费 $= (0.3 + 0.3) × 3 + (0.2 + 0.2) × 2.8 = 2.92$ 元/t

运杂费 $= 32.35 + 0.9 + 0.54 + 2.92 = 36.71$ 元/t

运输途耗率 $= (0.3 + 0.3) × 2.5\% + (0.2 + 0.2) × 3\% = 2.7\%$

途中损耗费 $= (64.99 + 9 + 36.71) × 2.7\% = 2.99$ 元/t

采购保管费 $= (64.99 + 9 + 36.71 + 2.99) × 2.4\% = 2.73$ 元/t

则某地方材料的预算价格为 $64.99 + 9 + 36.71 + 2.99 + 2.73 = 107.42$ 元/t

预算基价 $= 2.3 × 25 + 107.42 × 3.5 + 0.25 × 150 = 470.97$ 元/10 m³

知识点二：建筑面积计算规则

计算建筑面积时应避免漏算，应依一定的计算顺序依次计算，按顺序计算建筑面积的方法有如下两种：① 先左后右，先横后竖，先上后下，先零后整，分块累计；② 先整后零，先算整块，再按块扣除。建筑面积计算规则见表 3-2。

表 3-2 建筑面积计算规则要点

项　目	计算规则	备注
单层建筑物	高度在 2.20 m 及以上者应计算全面积，高度不足 2.20 m 者应计算 1/2 面积。利用坡屋顶内空间时净高超过 2.10 m 的部位计算全面积，净高在 1.20～2.10 m 的部位应计算 1/2 面积，净度不足 1.20 m 的部位不应计算面积	外墙勒脚以上结构外围水平面积计算
多层建筑物	二层以上楼层应按其外墙结构外围水平面积计算，层高在 2.20 m 及以上者应计算全面积，层高不足 2.20 m 者应计算 1/2 面积。坡屋顶内和场馆看台下，当设计加以利用时净高超过 2.10 m 的部位应计算全面积，净高在 1.20～2.10 m 的部位应计算 1/2 面积，当设计不利用或室内净高不足 1.20 m 时不应计算面积	首层按其外墙勒脚以上结构外围水平面积计算

项　　目	计算规则	备注
室外楼梯	有永久胜顶盖的室外楼梯,应按照建筑物自然层的水平投影面积的1/2计算。 无永久性顶盖,或不能完全遮盖楼梯的雨篷,则上层楼梯不计算面积,但上层楼梯可作下层楼梯的永久性顶盖,下层楼梯应计算面积(即少算一层)	
地下室、地下仓库等	地下室、半地下室(包括相应的永久性顶盖的出入口)建筑面积,应按其外墙上口(不包括采光井、外墙防潮层及其保护墙)外边线所围水平面积计算。层高在2.2 m及以上者应计算全面积;层高不足2.2 m者应计算1/2面	
架空层	积。房间地平面低于室外地平面的高度超过该房间净高的1/2者为地下室;房间地平面低于室外地平面的高度超过该房间净高的1/3,且不超过1/2者为半地下室;永久性顶盖是指经规划批准设计的永久使用的顶盖	
门厅、大厅、穿过通道	一层建筑面积	不论高度如何
门厅、大厅内回廊	自然层的水平投影面积	
楼梯间、电梯井等	建筑物的自然层的水平投影面积	若在建筑物内,不另计算
书库、立体仓库	结构层或承重书(货)架层	
舞台灯光控制室	有围护结构的舞台灯光控制室,应按其围护结构外围水平面积计算。层高在2.2 m及以上者应计算全面积;层高不足2.2 m者应计算1/2面积	
设备管道层、储藏室	围护结构的外围水平面积	层高≥2.2 m
雨篷(有柱和无柱)	雨篷结构的外边线至外墙结构外边线的宽度超过2.10 m者,应按雨篷结构板的水平投影面积的1/2计算	
屋面上部的楼梯间、水箱间、电梯机房等	围护结构外围水平面积	须有围护结构
门斗、眺望间、阳台、挑廊、走廊等	围护结构外围水平面积	须有围护结构
走廊檐廊　有柱和顶盖	柱外围水平面积	
走廊檐廊　有顶盖无柱	顶盖水平投影面积的1/2	
建筑物阳台	按其水平投影面积的1/2计算(不区分凹、凸、封闭、不封闭)	
建筑物内变形缝、沉降缝	依其缝宽按自然层合并在建筑物面积内计算	
不计算面积部分	建筑物通道,设备管道夹层,建筑物内分隔的单层房间,一舞台,屋顶水箱,露天游泳池,建筑物内操作平台,无永久性顶盖的架空走廊、室外楼梯,自动扶梯.独立烟囱、烟道、人防通道等	

 知识点案例讲解

【案例一】

某政府办公楼主体为一栋地上六层、地下一层的框剪结构建筑物。该建筑物地下室为机动车库,层高 2.2 m,地下室上口外墙外围面积、底板外围面积分别为 848 m²、1 010 m²;车库出、入口处各有一悬挑宽 1.5 m 的雨篷,其水平投影面积均为 10.2 m²;第 1 层外墙围城的面积为 750 m²;主入口处有一有柱雨篷,悬挑宽度 2.5 m,其顶盖水平投影面积为 12.5 m²;主入口处平台及踏步台阶水平投影面积 16.6 m²;第 2~6 层每每层外墙围成的面积为 728 m²;楼内设电梯一部,水平投影面积为 2 m²;第 2~6 层每层有 3 个挑阳台(无围护结构),每个阳台的水平投影面积为 6.4 m²;屋顶有一有围护结构的楼梯间和一电梯机房间,层高 2.2 m,其外围水平面积分别为 22.0 m² 和 25.2 m²。

问题:

该建筑物的面积为多少?

【解题思路】

重点考查建筑面积的计算规则:① 雨篷按悬挑的宽度是否达到 2.1 m 来界定是否计算建筑面积;② 电梯井按自然层计算建筑面积,已包括在每层建筑面积中;③ 地下室建筑面积按外墙上口外围的水平面积计算。

【答案】

该建筑面积 = 848 + 750 + 12.5/2 + 728×5 + 6.4×3×5/2 + 22.0 + 25.2 = 5 339.45 m²

【案例二】

(图例题型)某拟建工程为二层砖混结构,一砖外墙,层高 3.3 m,平面图如图3-3和图3-4所示。

问题:求该工程建筑面积。

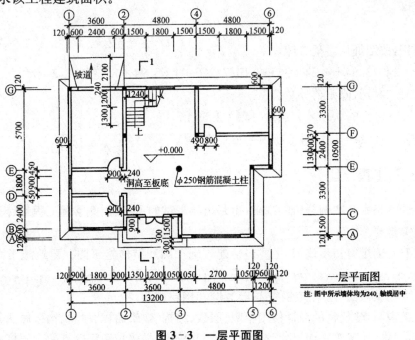

图 3-3　一层平面图

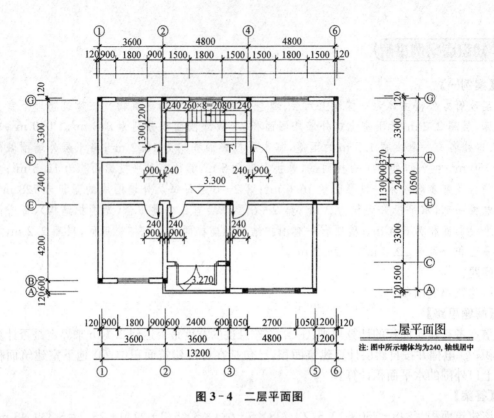

图 3-4　二层平面图

【解题思路】

计算建筑面积时,注意到首层与二层外墙外围的差别仅在入口处;又根据建筑面积计算规则,首层门外台阶不计建筑面积,因此二层建筑面积只需用一层建筑面积加上二层多出的阳台建筑面积即可。

答案:

建筑面积:按图纸从左至右计算

一层:$10.14 \times 3.84 + 9.24 \times 3.36 + 10.74 \times 5.04 + 5.94 \times 1.2 = 131.24 \ \text{m}^2$

二层:131.24 m²(除阳台外)

阳台:$(3.36 \times 1.5 + 0.6 \times 0.24) \times 1/2 = 2.59 \ \text{m}^2$

$$S = 131.24 + 131.24 + 2.59 = 265.07 \ \text{m}^2$$

知识点三:工程计量

工程量计算是本章案例分析的基础,也是历年考试的重点,因此掌握工程量计算的一些方法和技巧至关重要。

首先需要对图纸有初步认识,主要包括建筑施工图和结构施工图。建筑施工图主要由建筑施工说明、平、立、剖面图及节点详图组成。结构施工图主要表示房屋承重结构的布置、构建类型、数量、大小及做法等。它包括结构布置图和构建详图。

建筑施工说明:建筑物的设计使用年限、层数、结构、建筑面积、材料、构造做法等。

平面图:提供长、宽等平面尺寸,反映建筑功能分区,是建筑面积计算的主要依据。

立面图:提供建筑高度、层数、建筑标高等数据,反映外墙装修等建筑形象的图例。

剖面图:反映建筑标高、墙体材质、建筑空间等建筑信息。

节点详图:重要的节点的放大图。如墙身、散水、楼梯、台阶等局部构造的做法。

一般情况下,工程量是按一定的计算顺序逐步进行的,如图 3-5 所示。

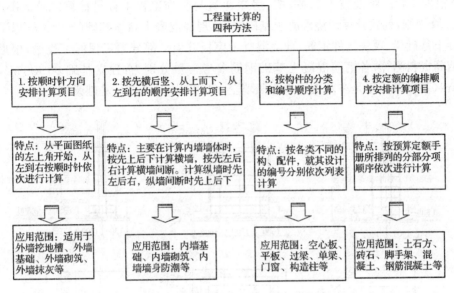

图 3-5 工程量的计算方法及适用范围

考核要求	土建工程(工业管道安装工程、电气工程)施工图纸作为试题背景材料出现,由学员按照《建设工程工程量清单计价规范》《全国统一建筑工程预算工程量计算规则》《全国统一安装工程预算工程量计算规则》确定试题中给出的施工图纸对应的工程量。试题中图纸具有代表性、结构性、典型性的特点,主要反映造价工程师系列教材中对于工程计量的基本要求,充分考虑考试时间、试卷分值、试卷命题结构的相关要求	此部分内容对于两种计量规则同时要求,近年来以清单规则为主;可以独立命题,也可以与工程计价结合命题。试题中识图的正确性是关键,以及析图、算图、核图等环节。在确定工程量的基础上,依据定额确定单价、计算费用成为典型的题型链

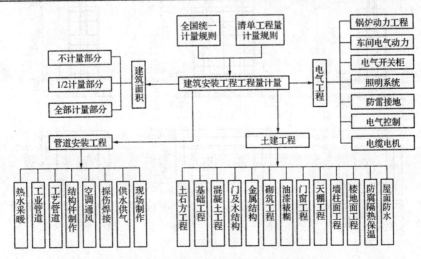

图 3-6 工程计量题型知识架构图

【案例三】

某热电厂煤仓燃煤架空运输坡道基础平面及相关技术参数,如图 3-7 燃煤驾空运输坡道基础平面图和图 3-8 基础详图所示。

问题:

(1) 根据工程图纸及技术参数,按《房屋建筑与装饰工程工程量计算规范》GB 50854—2013 的计算规则,列式计算现浇混凝土基础垫层、现浇混凝土独立基础(-0.3 m 以下部分)、现浇混凝土基础梁、现浇构件钢筋、现浇混凝土模板五项分部分项工程的工程量,根据已有类似项目结算资料测算,各钢筋混凝土基础钢筋参考含量分别为:独立基础 80 kg/m³,基础梁 100 kg/m³(基础梁施工是在基础回填土回填至-1.00 m 时再进行基础梁施工)。

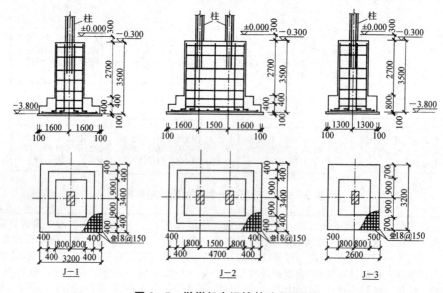

图 3-7 燃煤架空运输基础平面图

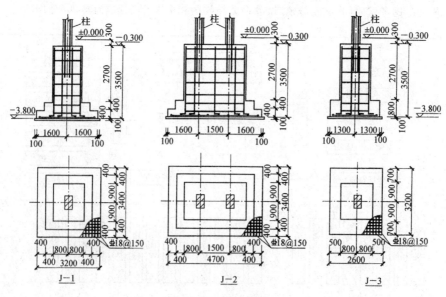

图 3-8 基础详图

（2）根据问题1的计算结果及答题卡中给定的项目编码、综合单价，按《建设工程工程量清单计价规范》GB 50500—2013 的要求，表3－1中编制分部分项工程和单价措施项目清单与计价表。

（3）假如招标工程量清单中，表3－1中单价措施项目中模板项目的清单不单独列项，按《房屋建设与装饰工程工程量计算规范》GB 50854—2013 中工作内容的要求，模板费应综合在相应分部分项项目中，根据表3－1的计算结果，列式计算相应分部分项工程的综合单价。

（4）根据问题1的计算结果，按定额规定混凝土损耗率为1.5%，列式计算该架空运输坡道土建工程基础部分总包方与商品混凝土供应方各种强度等级混凝土的结算用量。（计算结果保留两位数）

【解题思路】

（1）规范规定：柱、梁、墙、板相互连接的重叠部分，均不计算模板面积，所以计算独立基础模板面积时应考虑扣除基础梁端部与基础连接处所占的模板。

（2）计算分部分项工程的综合单价时，注意将基础模板费用计入基础综合单价中。

【答案】

问题1：

① 现浇混凝土垫层工程量计算（m³）

J－1：$(3.4 \times 3.6) \times 0.1 \times 10 = 12.24$

J－2：$(4.9 \times 3.6) \times 0.1 \times 6 = 10.584$

J－3：$(2.8 \times 3.4) \times 0.1 \times 4 = 3.808$

JL－1：$0.6 \times (9 - 1.8) \times 0.1 \times 13 = 5.616$

小计：垫层总体积 32.25 m³

② 现浇混凝土独立基础工程量计算（m³）

J－1：$[(3.2 \times 3.4 + 2.4 \times 2.6) \times 0.4 + 1.6 \times 1.8 \times 2.7] \times 10 = 146.24$

J－2：$[(4.7 \times 3.4 + 3.9 \times 2.6) \times 0.4 + 3.4 \times 1.8 \times 2.7] \times 6 = 153.084$

J－3：$(2.6 \times 3.2 \times 0.8 + 1.6 \times 1.8 \times 2.7) \times 4 = 57.728$

小计：独立基础体积 357.05 m³

③ 现浇混凝土基础梁工程量计算（m³）

$0.4 \times 0.6 \times (9 - 1.8) \times 13 = 22.46$

④ 现浇构件钢筋工程量计算（1）

$(357.05 \times 80 + 22.46 \times 100) / 1000 = 30.81$

⑤ 现浇混凝土模板工程量计算（m²）：

垫层模板：

J－1：$(3.4 + 3.6) \times 2 \times 0.1 \times 10 = 14$

J－2：$(4.9 + 3.6) \times 2 \times 0.1 \times 6 = 10.2$

J－3：$(2.8 + 3.4) \times 2 \times 0.1 \times 4 = 4.96$

JL－1：$(9 - 1.8) \times 0.1 \times 2 \times 13 = 18.72$

小计：47.88 m²

独立基础模板：

J－1：$\{[(3.2 + 3.4) + (2.4 + 2.6)] \times 2 \times 0.4 + (1.6 + 1.8) \times 2 \times 2.7\} \times 10 = 276.4$

J-1:$\{[(4.7+3.4)+(3.9+2.6)]\times 2\times 0.4+(3.1+1.8)\times 2\times 2.7\}\times 60=228.84$

J-3:$[(2.6+3.2)\times 2\times 0.8+(1.6+1.8)\times 2\times 2.7]\times 4=110.56$

小计:615.8 m²

规范规定:柱、梁、墙、板相互连接的重叠部分,均布计算模板面积,所以此处应考虑扣除基础梁端部与基础连接处所占的模板:$615.8-0.4\times 0.6\times 2\times 13=609.56(m^2)$

基础梁模板:$(9-1.8)\times 0.6\times 2\times 13=112.32(m^2)$

问题2:

表3-3 分部分项工程和单价措施项目清单与计价表

项目名称	计量单位	工程量	综合单价	合价
分部分项				
现浇混凝土基础垫层	m³	32.25	450	14 512.5
现浇混凝土独立基础	m³	357.05	530	189 236.5
现浇混凝土基础梁	m³	22.46	535	12 016.1
现浇构件钢筋	t	30.81	4 850	149 428.5
项目名称	计量单位	工程量	综合单价	合价
分部分项合计				365 193.6
单价措施项目				
混凝土基础垫层模板	m²	47.88	18	861.84
混凝土独立基础模板	m²	609.56	48	29 258.88
混凝土基础梁模板	m²	112.32	69	7 750.08
单价措施项目合计				37 870.8
总 计				403 064.4

问题3:

现浇混凝土基础垫层综合单价 $=(14\,512.5+861.84)/32.25=476.72$ 元/m³

现浇混凝土独立基础综合总价 $=(189\,236.5+29\,258.88)/357.05=611.94$ 元/m³

现浇混凝土基础梁综合单价 $=(12\,016.1+7\,750.08)/22.46=880.06$ 元/m³

问题4:

C15 商品混凝土结算量:$32.25\times(1+1.5)=32.73$ m³

C25 商品混凝土结算量:$(357.05+22.46)\times(1+1.5\%)=385.20$ m³

知识点四:施工定额与预算定额

1. 施工定额

施工定额是施工企业内部使用的一种定额,用于企业的生产组织与管理,具有企业生产定额的性质。它是编制预算定额的基础。施工定额包括人、材、机定额。

(1)人工定额又称劳动定额,可分为时间定额与产量定额,两者互为倒数关系。

定额时间 =(基本工作时间 + 辅助工作时间)/(1 - 准备与结束时间占工作日的百分比 -

不可避免的中断时间占工作日的百分比－休息时间占工作日的百分比）

（2）材料消耗定额包括净用量与损耗量

材料的损耗一般以损耗率表示。材料损耗率可以通过观察法或统计法确定。

总消耗量＝净用量＋损耗量＝净用量×（1＋损耗率）

损耗率＝损耗量/净用量

（3）机械台班定额包括产量定额与时间定额，两者互为倒数关系。

机械台班产量定额＝机械1 h纯工作正常生产率×工作班延续时间×机械正常利用系数

2. 预算定额

预算定额是在编制施工图预算时，用以计算工程造价和工程中人工、材料、机械台班需要量的定额，是施工定额的扩大。预算定额是一种计价性的定额，在工程建设定额中占有很重要的地位，是概算定额、概算指标和估算指标的编制基础。它包括人、材、机定额即预算基价。

人工消耗量＝基本用工＋其他用工

其他用工＝超运距用工＋辅助用工＋人工幅度差用工

人工幅度差＝（基本用工＋辅助用工＋超运距用工）×人工幅度差系数

材料消耗量＝材料净用量＋损耗量

机械台班消耗量＝施工定额机械台班消耗量×（1＋机械幅度差系数）

预算定额基价＝预算定额单位人工费＋预算定额单位材料费＋预算定额单位施工机械费

其中：

人工费＝预算定额人工消耗量×人工单价

材料费＝预算定额人工消耗量×材料单价

机械费＝预算定额机械消耗量×机械台班单价

【案例四】

某工程为七层框混结构，2～7层顶板均为空心板，设计要求空心板内穿二芯塑料护套线，需经实测编制补充定额单价；土方工程由某机械施工公司承包，经审定的施工方案为：采用反铲挖土机挖土，液压推土机推土（平均推土距离50 m）；为防止超挖和扰动地基土，按开挖总土方量的20%作为人工清底、修边坡工程量。为确定该土方开挖的预算单价，决定采用实测的方法对人工及机械台班的消耗量进行确定。

经实测，有关穿护套线及土方开挖数据如下：

穿护套线：

（1）人工消耗：基本用工1.84工日/100 m，其他用工占总用工的10%。

（2）材料消耗：护套线预留长度平均10.4 m/100 m，损耗率为1.8%；接线盒13个/100 m；钢丝0.12 kg/100 m。

（3）预算价格：人工工日单价为20.50元/工日；接线盒为2.5元/个；二芯塑料护套线为2.56元/m；钢丝为2.80元/kg；其他材料费为5.6元/100 m。

土方开挖：

（1）反铲挖土机纯工作1 h的生产率为56 m³，机械利用系数为0.80，机械幅度差系数为25%；

（2）液压推土机纯工作1 h的生产率为92 m³，机械利用系数为0.85，机械幅度差系数为20%；

（3）人工连续作业挖 1 m^3 土方需要基本工作时间为 90 min，辅助工作时间、准备预结束工作时间、不可避免中断时间、休息时间分别占工作延续时间的 2％、2％、1.5％和 20.5％，人工幅度系数为 10％；

（4）挖土机、推土机作业时，需要人工进行配合，其标准为每个台班配合一个工日；

（5）根据有关资料，当地人综合日工资标准为 20.5 元，反铲挖土机台班预算单价为 789.20 元，推土机台班预算单价为 473.40 元。

问题：

试确定每 1 000 m^3 土方开挖及空心板内安装二芯护套线的补充定额单价。

【解题思路】

本题为基本的定额单价计算，计算时要考虑各项内容对应的幅度差。

【答案】

（1）确定空心板内安装二芯护套线的补充定额单价：

安装二芯塑料护套线补充定额单价 = 安装人工费 + 安装材料费

① 安装人工费 = 人工消耗量 × 人工工日单价

令：人工消耗量 = 基本用工 + 其他用工 = X

则：$(1 - 10\%)X = 1.84$

得：$X = 2.044$ 工日

安装人工费 = $2.044 \times 20.5 = 41.90$ 元

② 安装材料费 = $\sum$（材料消耗量 × 相应的材料预算价格）

其中：二芯塑料护套线消耗量 = $(100 + 10.4) \times (1 + 1.8\%) = 112.39$ m

安装材料费 = $112.39 \times 2.56 + 13 \times 2.5 + 0.12 \times 2.8 + 5.6 = 326.16$ 元

安装二芯塑料护套线补充定额单价 = $41.90 + 326.16 = 368.06$ 元/100 m

（2）确定每 1 000 m^3 土方开挖的预算单价：

① 计算每 1 000 立方土方挖土机预算台班消耗指标：

$1/(56 \times 8 \times 0.80) \times (1 + 25\%) \times 1\,000 \times 80\% = 2.79$ 台班

② 计算每 1 000 m^3 土方推土机预算台班消耗指标：

$1/(92 \times 8 \times 0.85) \times (1 + 20\%) \times 1\,000 = 1.92$ 台班

③ 计算每 1 000 m^3 土方人工预算工日的消耗指标：

工作延续时间 = $90[1 - (2\% + 2\% + 1.5\% + 20.5\%)] = 121.6$ min/m^3

时间定额 = $121.6/(60 \times 8) = 0.25$ 工日/m^3

每 1 000 m^3 土方预算定额人工消耗量 = $0.25 \times (1 + 10\%) \times 1\,000 \times 20\% + 2.79 + 1.92$
$= 59.71$ 工日

④ 计算每 1 000 m^3 土方开挖的预算单价：

$2.79 \times 789.20 + 1.92 \times 473.40 + 59.71 \times 20.50 = 4\,334.86$ 元/1 000 m^3

知识点五：施工图预算文件的编制与审查

1. 用实物法编制施工图预算

用实物法编制施工图预算 = 单位工程预算直接费+[$\sum$（工程量×人工预算定额工日×当时当地人工、工资单价）+ $\sum$（工程量×材料预算用量×当时当地材料单价）+ $\sum$（工程量×机械台班定额预算用量×当时当地机械台班单价）]

2. 施工图预算的审查

施工图预算的审查如图 3-9 所示。

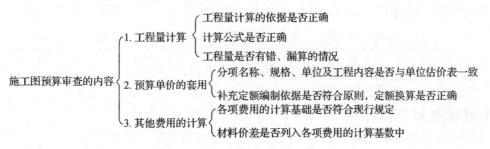

图 3-9　施工图预算的审查

知识点六：概算文件的编制与审查

设计概算的编制方法如图 3-10 所示。

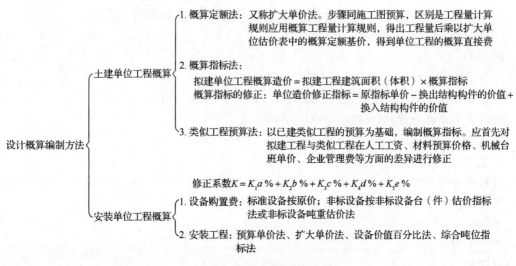

图 3-10　设计概算的编制方法

【案例五】

拟建住宅工程 4 000 m²，类似工程建筑面积 4 300 m²，造价 380 万元。类似工程人工费、材料费、机械费、措施费、其他费用占单方造价比例为 18%、52%、15%、5%、10%，拟建工程与类似工程预算造价在人工费、材料费、机械费、措施费、其他费用的差异系数分别为 1.50、

1.25、1.35、1.10、1.12。拟建工程除人材机费用以外的综合取费为20%。

问题：

(1) 用类似工程预算法确定拟建工程概算造价。

(2) 若类似工程预算中，每平方米建筑面积主要资源消耗为：人工消耗5.08工日，钢材23.8 kg，水泥205 kg，原木0.05 m³，铝合金门窗0.24 m²，其他材料费为主材费的45%，机械费占人材机费用合计的8%，拟建工程主要资源的现行市场价分别为：人工50元/工日，钢材4.7元/kg，水泥0.50元/kg，原木1 800元/m³，铝合金门窗平均350元/m²。试用概算指标法，确定拟建工程的土建单位工程概算造价。

(3) 若类似工程预算中，其他专业单位工程预算造价占单项工程造价比例见表3-4，利用问题2的结果计算该住宅工程的单项工程造价，编制单项工程综合概算书。

表3-4 各专业单位工程预算造价占单项工程造价比例

专业名称	土建	电气照明	给排水	暖气
所占比例/%	80	10	6	4

【解题思路】

本案例主要考查利用类似工程的工程预算法和概算指标法编制拟建工程设计概算的方法。拟建工程概算指标 = 类似工程单方造价×综合调整系数

综合调整系数 $K = a\% \times k_1 + b\% \times k_2 + c\% \times k_3 + d\% \times k_4 + e\% \times k_5$

式中：$a\%$、$b\%$、$c\%$、$d\%$、$e\%$——分别为类似工程预算人工费、材料费、机械费企业管理费和其他费用占预算成本比例；

k_1、k_2、k_3、k_4、k_5——分别为拟建工程地区与类似工程地区在人工费、材料费、机械费、企业管理费和其他费用方面的差异系数。

【答案】

问题1：

综合调整系数 $k = 18\% \times 1.5 + 52\% \times 1.25 + 15\% \times 1.35 + 5\% \times 1.10 + 10\% \times 1.12 = 1.29$

类似工程价差修正后单方造价 $= 380 \times 1.29 \div 4\,300 = 1\,140$ 元/m²

拟建住宅概算造价 $= 1\,140 \times 4\,000 = 456$ 万元

问题2：

人工费 $= 5.08 \times 50 = 254.00$ 元

材料费 $= (23.8 \times 4.7 + 205 \times 0.50 + 0.05 \times 1\,800 + 0.24 \times 350) \times (1 + 45\%) = 563.12$ 元

人材机费 $= (254 + 563.12)/(1 - 8\%) = 888.17$ 元/m²

概算指标 $= 888.17 \times (1 + 20\%) = 1\,065.88$ 元/m²

拟建工程一般土建工程概算造价 $= 4\,000 \times 1\,065.88 = 426.35$ 万元

问题3：

单项工程概算造价 $= 426.35 \div 80\% = 532.94$ 万元

电器照明单位工程概算造价 $= 532.94 \times 10\% = 53.29$ 万元

给排水单位工程概算造价 $= 532.94 \times 6\% = 31.98$ 万元

表 3-5　住宅单项工程综合概算书

序号	单位工程和费用名称	概算价值/万元				技术经济指标			所占比例/%
		建安工程费	设备购置费	工程建设其他费	合计	单位	数量	单位造价/(元·m⁻²)	
一	建筑工程	532.94			532.94	m²	4 000	1 332.35	
1	土建工程	426.35			426.35	m²	4 000	1 065.88	80
2	电气工程	53.29			53.29	m²	4 000	133.23	10
3	给排水工程	31.98			31.98	m²	4 000	79.95	6
4	暖气工程	21.32			21.32	m²	4 000	53.30	4
	合计	532.94			532.94	m²	4 000	1 332.35	
	比例	100%			100%				

知识点七:工程量清单的编制

1. 工程量清单的编制

工程量清单的学习应注意对原理的理解和基本格式的应用。图 3-11 是工程量清单编制的基本步骤,其中应该重点理解的环节是第二步和第三步。

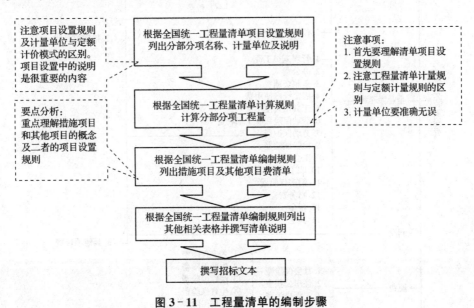

图 3-11　工程量清单的编制步骤

2. 工程量清单计价

工程量清单计价的重点是综合单价原理的运用。题型包括标底的编制和投标报价的编制。此类题型的计算方法如图 3-12 所示。

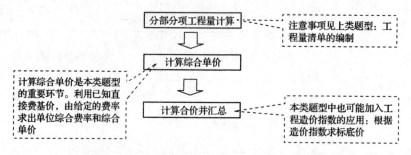

图 3-12　工程量清单单计价方法及计算步骤

3. 建筑安装工程费用项目组成

按照住建部、财务部《关于印发〈建筑安装工程费用项目组成〉的通知》（建标〔2013〕44 号）规定，建筑安装工程费用组成分为两个形式：按费用构成要素划分（图 3-13）和按工程造价形成顺序划分（图 3-14）。原建标〔2003〕206 号文件废止。

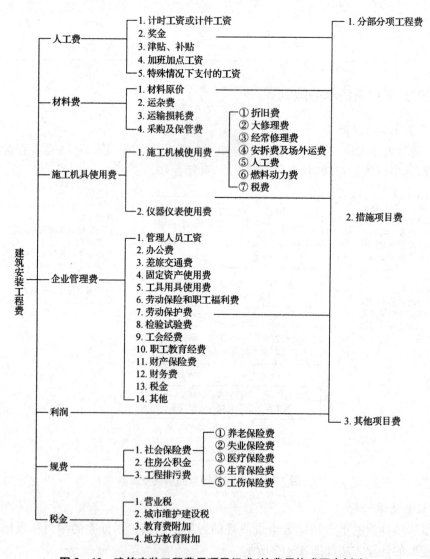

图 3-13　建筑安装工程费用项目组成（按费用构成要素划分）

1) 建筑安装工程费用项目组成——按费用构成要素划分(图3-13)

建筑安装工程费按照费用构成要素划分,是由人工费、材料费(包含工程设备,下同)费、施工机具使用费、企业管理费、利润、规费和税金组成。其中人工费、材料费、施工机具使用费、企业管理费和利润包含在分部分项工程费、措施项目费、其他项目费中。

2) 建筑安装工程费用项目组成——按造价形成划分(图3-14)

3) 综合单价的内容

综合单价是指完成单位合格产品所需要的综合费用。综合费用即人+材+机+管+利+风,它包含两种含义:一是完成项目特征中所描述的所有综合工作内容,如挖土方中包括挖土的工作、支护的工作、外运的工作及钎探的工作;二是综合费用,包括人、材、机、管、利、风。

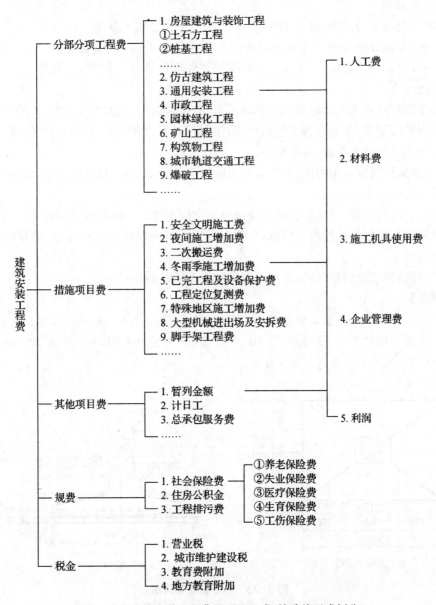

图3-14 建筑安装工程费用项目组成(按造价形成划分)

4）清单计价思路

清单综合单价 = 完成清单项目所需的方案总费用／清单量 = $\sum$（实际清单需要的某方案量×对应方案单价）／清单量

（1）单位工程清单计价的构成

单位工程费用又由分部分项费用、措施项目费用、其他项目费用、规费、税金构成。

分部分项费用 = $\sum$（分部分项清单量×综合单价）

措施项目费用 = 单价措施费 + 总价措施费 = 以项计算的措施项目费用 + $\sum$（措施项目清单量×综合单价）

其他项目费用 = 暂列金额 + 暂估价 + 计日工 + 总承包服务费

规费 =（分部分项费用 + 措施项目费用 + 其他项目费用）× 规费费率

税金 =（分部分项费用 + 措施项目费用 + 其他项目费用 + 规费）× 税率

（2）组价说明

其中，按"项"计算费用的有安全文明施工费、二次搬运费、夜间施工增加费、非夜间施工照明费、竣工资料编制费、冬雨季施工增加费等；按"量"计算费用的有模板支架费、垂直运输费、脚手架费、大型机械进出场费、降水费等。

暂列金额报价时按清单考虑，结算时按实际发生的费用结算，计算预付款基数时一般不计入，索赔款一般在此支付。

暂估价：材料暂估价、设备暂估价在分部分项费用中体现。材料暂估价报价计入具体工程材料费，结算时按实际材料的费用结算；专业工程暂估价报价时按清单考虑，结算时按实际发生的费用结算。

计日工按清单给出的量计价，总承包服务费按合同款约定计。

【案例六】

背景：某工程柱下独立基础如图 3-14 所示，共 18 个。已知：土壤类别为三类土；混凝土现场搅拌，混凝土强度等级：基础垫层 C10，独立基础及独立柱 C20；弃土运距 200 m；基础回填土夯填；土方挖、填计算均按天然密实土。

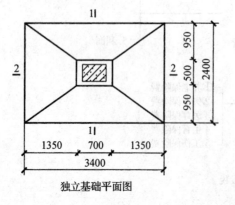
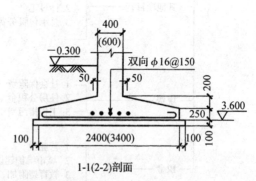

图 3-15 柱下独立基础图

问题：

（1）根据图 3－15 所示内容和《建设工程工程量清单计价规范》的规定，编制 ±0.00 以下的分部分项工程量清单，并将计算过程及结果填入表 3－7"分部分项工程量清单与计价表"。有关分部分项工程量清单的统一项目编码见表 3－6。

表 3－6　分部分项工程量清单的统一项目编码表

项目编码	项目名称	项目编码	项目名称
010101004	挖基础土方	010502001	矩形柱
010501003	独立基础	010103001	土方回填（基础）
010501001	垫层		

表 3－7　分部分项工程量清单与计价表

序号	项目编码	项目名称	项目特征描述	计量单位	工程数量	计算过程	金额		
							综合单价	核价	其中：暂估价

（2）某承包商拟投标该工程，根据地质资料，确定柱基础为人工放坡开挖，工作面每边增加 0.3 m；自垫层上表面开始放坡，放坡系数为 0.33；基坑边可堆土 490 m³；余土用翻斗车外运 200 m。

该承包商使用的消耗量定额如下：挖 1 m³ 土方，用工 0.48 工日（已包括基地钎探用工）；装运（外运 200 m）1 m³ 土方，用工 0.10 工日，翻斗车 0.069 台班。已知：翻斗车台班单价为 63.81 元/台班，人工单价为 22 元/工日。

计算承包商挖独立基础土方的人工费、材料费、机械费合价。

（3）假定管理费率为 12%，利润率为 7%，风险系数为 1%。按《建设工程工程量清单计价规范》有关规定，计算承包商填报的挖独立基础土方工程量清单的综合的那家（风险费以工料机和管理费之和为基数计算）。

注：问题 2、3 的计算结果要带计量单位。

【解题思路】

本题为计量与计价题型。重点考核考生的识图能力、建设工程基础工程量的计算及综合单价的计算。

【答案】

问题 1：

分部分项工程量清单与计价见表 3－8。

表 3-8　分部分项工程量清单与计价表

序号	项目编码	项目名称	项目特征描述	计量单位	工程数量	计算过程
1	010101004001	挖独立基础土方	三类土,垫层底面积 3.6 m×2.6 m,深 3.4 m,弃土运距 200 m	m³	572.83	3.6×2.6×3.4×18 = 572.83
2	010501003001	独立基础	C20 现场搅拌混凝土	m³	48.96	3.4×2.4×0.25×18 + [3.4×2.4+(3.4+0.7)×(2.4+0.5)+0.7×0.5]×0.2/6×18 = 48.96
3	010501001001	垫层	素混凝土垫层 C10,厚 0.1 m	m³	16.85	(2.4+0.1×2)×(3.4+0.1×2)×0.1×18 = 16.85
4	010502001001	矩形柱	C20 现场搅拌混凝土截面 0.6 m×0.4 m,柱高 3.15 m	m³	13.61	0.4×0.6×(3.6-0.45)×18 = 13.61
5	010103001001	基础回填土	原土加回填	m³	494.71	572.83-3.6×2.6×0.1×18-48.96-0.4×0.6×(3.6-0.3-0.45)×18 = 494.71

问题 2:

① 人工挖独立柱基:

$[(3.6+0.3×2)(2.6+0.3×2)×0.1+(3.6+0.3×2+3.3×0.33)(2.6+0.3×2+3.3×0.33)×3.3+1/3×0.33^3]×18 = 1 395.14$ m³

② 余土外运:

$1 395.14-490 = 905.14$ m³

③ 工料机合价:

$1 395.14×0.48×22+905.14×(0.1×22+0.069×63.81) = 20 709.22$ 元

问题 3:

土方综合单价:$20 709.22×(1+12\%)(1+7\%+1\%)/572.83 = 43.73$ 元/m³

或土方报价:$20 709.22×(1+12\%)(1+7\%+1\%) = 25 049.87$ 元

土方综合单价:$25 049.87/572.83 = 43.73$ 元/m³

知识点八:管道安装工程

(一) 给排水、采暖、燃气工程

1. 镀锌钢管、钢管、不锈钢管、铜管工程

(1) 工程量计算规则:① 按设计图示管道中心线以长度计算;② 计量单位:m;③ 管道工程量计算不扣除阀门、管件(包括减压器、疏水器、水表、伸缩器等组成安装)及附属构筑物所占长度;方形补偿器以其所占长度列入管道安装工程量。

(2) 项目特征:① 安装部位;② 介质;③ 规格、压力等级;④ 连接方式;⑤ 压力试验及吹、洗设计要求;⑥ 警示带形式。

2. 管道支架

(1) 工程量计算规则:① 以千克计量,按设计图示质量计算;② 以套计量,按设计图示数量计算。

(2) 项目特征:① 材质;② 管架形式。

(二) 工业管道工程

1. 高、中、低压碳钢管工程

(1) 工程量计算规则:① 按设计图示管道中心线以长度计算;② 计量单位:m;③ 管道工程量计算不扣除阀门、管件所占长度;室外埋设管道不扣除附属构筑物(井)所占长度;方形补偿器以其所占长度列入管道安装工程量。

(2) 项目特征:① 材质;② 规格;③ 连接方式、焊接方法;④ 压力试验、吹扫与清洗设计要求;⑤ 脱脂设计要求。

2. 管架制作安装

(1) 工程量计算规则:① 按设计图示质量计算;② 计量单位:kg。

(2) 项目特征:① 单件支架质量;② 材质;③ 管架形式;④ 支架衬垫材质;⑤ 减震器形式及做法。

(三) 管道及金属结构刷油保温工程

管道刷油工程量以"m²"计量,按设计图示表面积尺寸以面积计算;管道刷油以"m"计算,按图示中心线以"延长米"计算,不扣除附属构筑物、管件及阀门等所占长度。

金属结构刷油以"m²"计量,按设计图示表面积尺寸以面积计算;以"kg"计量,按金属结构的理论质量计算。

项目特征注意:除锈级别、油漆品种、结构类型、涂刷遍数、漆膜厚度等。

管道绝热工程按设计表面积加绝热层厚度及调整系数计算;计量单位:m³。

项目特征注意:绝热材料品种、绝热厚度、管道外径、软木品种。

【案例七】

某换热加压站工艺系统安装如图 3-16 和图 3-17 所示。

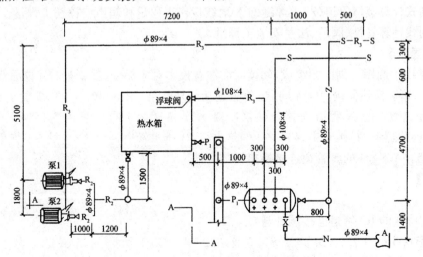

图 3-16　换热加压站工艺系统平面图

1. 管道系统工作压力为 1.0 MPa，图中标注尺寸除标高以"m"计外，其他均以"mm"计。

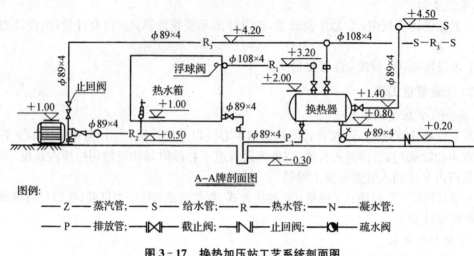

图例：
—— Z —— 蒸汽管；　—— S —— 给水管；　—— R —— 热水管；　—— N —— 凝水管；
—— P —— 排放管；　▷◁ 截止阀；　▷| 止回阀；　◐ 疏水阀

图 3-17　换热加压站工艺系统剖面图

2. 管道均采用 20♯碳钢无缝钢管，弯头采用成品压制弯头，三通现场挖眼连接。管道系统全部采用电弧焊接。

3. 蒸汽管道安装就位后，对管口焊缝采用 X 光射线进行无损探伤，探伤片子规格为 80 mm×150 mm，管道按每 10 mm 有 7 个焊口计，探伤比例要求为 50%。管道焊缝探伤片子的搭接长度按 25 mm 计。

4. 所有法兰为碳钢平焊法兰，热水箱内配有一浮球阀，阀门型号截止阀为 J4lT-16，止回阀为 H41T-16，疏水阀为 S4lT-16，均采用平焊法兰连接。

5. 管道支架为普通支架，管道安装完毕用水进行水压试验和冲洗。

6. 所有管道、管道支架除锈后，均刷防锈漆两遍。管道采用岩棉管壳（厚度为 50 mm）保温，外缠铝箔保护层。

问题：
（1）列式计算所有 $\phi 108×4$ 管道、$\phi 89×4$ 管道工程量。
（2）列式计算蒸汽管道（Z）上焊缝的 X 射线探伤工程量和超声波探伤工程量。
（3）列式计算管件、阀门、法兰安装工程量。

【解题思路】
该管道由平面图与剖面图组成，阅读时需注意投影对应部分，反复查看才能看懂。设备有泵 1、2，热水箱和换热器，$\phi 89×4$ 的 R3 管道连接网外与泵 1、2，$\phi 89×4$ 的 R2 管道连接泵 1、2 与热水箱，$\phi 89×4$ 的 N 管道连接换热器冷凝水管，$\phi 89×4$ 的 S 管道连接换热器蒸汽管，$\phi 89×4$ 的换热器 P1 排水管道，$\phi 89×4$ 的热水箱 P1 排水管道，$\phi 108×4$ 的 R1 管道连接热水箱与换热器，$\phi 108×4$ 的 S 管道连接换热器与网外。

【答案】
问题 1：
① $\phi 89×4$ 的 R3 管道连接网外与泵 1、2
水平管 0.5+1+7.2+5.1+1.8+立管(4.2-1)×2(2 个泵)=22 m
$\phi 89×4$ 的 B2 管道连接泵 1、2 与热水箱

水平管 $1\times2+1.8+1.2+1.5+$ 立管 $(1-0.5)=7$ m

$\phi 89\times4$ 的 N 管道连接换热器冷凝水管

水平管 $1+0.5-0.3+1.4+$ 立管 $(0.8-0.2)=3.2$ m

$\phi 89\times4$ 的 S 管道连接换热器蒸汽管

水平管 $0.8+4.7+0.6+0.3+0.5+$ 立管 $(4.5-1.4)=10$ m

$\phi 89\times4$ 的换热器 P1 排水管道

水平管 $1+$ 立管 $[0.8-(-0.3)]=2.1$ m

$\phi 89\times4$ 的热水箱 P1 排水管道

水平管 $0.5+$ 立管 $[1-(-0.3)]=1.8$ m

总计：$22+7+3.2+10+2.1+1.8=46.1$ m

② $\phi 108\times4$ 的 R1 管道连接热水箱与换热器

水平 $0.5+1+0.3+4.7+$ 立管 $(3.2-2)=7.7$ m

$\phi 108\times4$ 的 S 管道连接换热器与网外

水平管 $4.7+0.6+1+0.5+$ 立管 $(4.2-2)=9$ m

总计：$7.7+9=16.7$ m

问题 2：

每个焊口的长度为：$L=\pi D=3.14\times89=279.46$ mm

每个焊口需要的片子数量为：$L/$(片子长度－搭接长度$\times2$)$=279.46/(150-25\times2)=$ 2.79 片，即每个焊口需要 3 片。焊口按每 10 m 有 7 个焊口，探伤比例为 50%，经计算 $\phi 89\times4$ 管道长度为 10 m，则焊口数量为 $7\div10$ m$\times10$ m$\times50\%=3.5$，即 4 个焊口，4 个焊口需要 12 片。

问题 3：

① 低压碳钢管件

DN100 冲压弯头　4 个

DN80 冲压弯头　14 个

DN80 挖眼三通　2 个

② 低压碳钢平焊法兰

DN100　1.5 副

DN80　5.5 副

③ 低压法兰阀门

DN100 截止阀 J41T—16　2 个

DN80 截止阀 J41T—16　9 个

DN80 止回阀 H41T—16　2 个

DN80 疏水阀 S41T—16　1 个

【案例八】管道和设备工程

某工程背景资料如下：

1. 图 3-18 为某泵房工艺及伴热管道系统部分安装图。

2. 假设管道安装工程的分部分项清单工程量如下：

$\phi 325\times8$ 低压管道本 m，$\phi 273.1\times7.1$ 中压管道 15m，$\phi 108\times4.5$ 管道 5m；其中低压 2m，

中压 3m；ϕ89×4.5 管道 1.5m，ϕ60×4 管道 40m，均为中压。

3. 相关分部分项工程量清单统一项目编码见表 3-9。

表 3-9　分部分项工程量清单项目编码

项目编码	项目名称	项目编码	项目名称
030801001	低压碳钢管	030807003	低压法兰阀门
030802001	中压碳钢管	030808003	中压法兰阀门
030803001	高压碳钢管	030809002	高压法兰阀门
031201001	管道刷油	031208002	管道绝热

4. ϕ325×8 碳钢管道安装工程定额的相关数据见表 3-10。

表 3-10　相关数据

定额编号	项目名称	单位	基价(元)			未计价主材	
			人工费	材料费	机械费	单价	耗用量
6-38	低压管道电弧焊安装	10 m	244.32	54.67	223.20	6.50 元/kg	9.36 m
6-56	低压管道氩电联焊安装	10 m	262.03	63.02	257.60	6.50 元/kg	9.36 m
6-413	中压管道氩电联焊安装	10 m	341.38	88.66	321.86	6.50 元/kg	9.36 m
6-2430	中低压管道水压试验	100 m	623.35	204.60	24.62		
11-1	管道人工除锈	10 m²	27.15	6.76			
6-2477	管道水冲洗	100 m	373.84	242.72	48.95		
6-2484	管道空气吹扫	100 m	205.63	272.94	32.60		
11-51、52	管道刷红丹防锈漆二遍	10 m²	43.89	4.06			

该管道安装工程的管理费和利润分别按人工费的 20% 和 10% 计。

问题：

(1) 按照图 3-18 所示内容，列式计算管道、管件安装项目的分部分项清单工程量。

（注：其中伴热管道工程量计算，不考虑跨越三通、阀门处的煨弯增加量。图 3-18 中所标注伴热管道的标高、平面位置，按与相应油管道的标注等同计算）

(2) 按照背景资料 2、3 中给出的管道工程量和相关分部分项工程量清单统一编码，以及图 3-18 的技术要求和所示阀门数量，根据《通用安装工程工程量计算规范》GB 50856—2013 和《建设工程工程量清单计价规范》GB 50500—2013 规定，编制管道、阀门安装项目的分部分项工程量清单表。

(3) 按照背景资料 4 中的相关定额，根据《通用安装工程工程量计算规范》GB 50856—2013 和《建设工程工程量清单计价规范》GB 50500—2013 规定，编制 ϕ325×8 低压管道（单重 62.54 kg/m）安装分部分项工程量清单"综合单价分析表"。（计算结果保留两位小数）

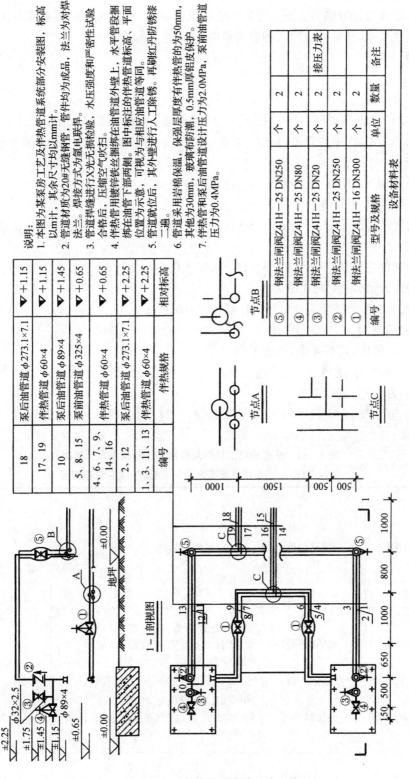

图 3-18 泵房工艺及伴热管道系统安装图

说明：

1. 本图为某泵房工艺及伴热管道系统部分安装图，标高以m计，其余尺寸均以mm计。

2. 管道材质为20#无缝钢管，管件均为成品，法兰为对焊法兰。焊接方式为20#无缝电联焊。

3. 管道焊缝进行X光无损检验，水压强度和严密性试验合格后，压缩空气吹扫。

4. 伴热管用镀锌铁丝捆绑在油管管外壁上，水平管段捆绑在油管下部两侧，可视为示意。图中标注的伴热管道等同。

5. 管道就位后，其外壁进行人工除锈，再刷红丹防锈漆一遍。

6. 管道采用岩棉保温，保温层厚度有伴热管的为50mm，其他为30mm，玻璃布防潮，0.5mm厚铝皮保护。

7. 伴热管和泵后油管道设计压力为2.0MPa，泵前油管道压力为0.4MPa。

编号	伴热规格	相对标高		
18	泵后油管道 φ273.1×7.1	▽+1.15		
17、19	伴热管道 φ60×4	▽+1.15		
10	泵后油管道 φ89×4	▽+1.45		
5、8、15	泵前油管道 φ325×4	▽+0.65		
4、6、7、9、14、16	伴热管道 φ60×4	▽+0.65		
2、12	泵后油管道 φ273.1×7.1	▽+2.25		
1、3、11、13	伴热管道 φ60×4	▽+2.25		

设备材料表

编号	型号及规格	单位	数量	备注
⑤	钢法兰闸阀Z41H-25 DN250	个	2	
④	钢法兰闸阀Z41H-25 DN80	个	2	
③	钢法兰闸阀Z41H-25 DN20	个	2	接压力表
②	钢法兰闸阀Z41H-25 DN250	个	2	
①	钢法兰闸阀Z41H-16 DN300	个	2	

【解题思路】

本题为计算与计价题型。重点考核考生的识图能力,要求考生能够准确从图中读出相应构件的数量及尺寸,然后汇总填入相应表格中,进而求出综合单价。

【答案】

问题1:

管道部分:

(1) $\phi 325 \times 8$ 低压管道:$1 + 0.8 + 1.5 + (1 + 0.65 + 0.5) \times 2 = 7.6$ m

(2) $\phi 273.1 \times 7.1$ 中压管道:$1 + 1 + 1.5 + 0.5 + 0.5 + [(2.25 - 1.15) + (0.8 + 1 + 0.65) + (2.25 - 1.15)] \times 2 = 13.8$ m

(3) $\phi 89 \times 4.5$ 中压管道:$(0.15 + 0.5) \times 2 = 1.3$ m

(4) $\phi 60 \times 4$ 中压管道:

泵后油管伴热管:$[1 + 1 + 1.5 + 0.5 + 0.5 + (2.25 - 1.15) \times 2 + (0.8 + 1 + 0.65) \times 2] \times 2 = 11.6 \times 2 = 23.2$ m

泵前油管伴热管:$[1 + 0.8 + 1.5 + (1 + 0.65 + 0.5) \times 2] \times 2 = 7.6 \times 2 = 15.2$ m

小计:$23.2 + 15.2 = 38.4$ m

(5) $\phi 32 \times 2.5$ 中压管道:$(1.75 - 1.45) \times 2 = 0.6$ m

管件部分:

(1) DN300 低压:弯头 4 个,三通 1 个。

(2) DN250 中压:弯头 6 个,三通 3 个。

(3) DN80 中压:三通 2 个。

(4) DN50 中压:弯头 $(2 \times 6) + (2 \times 2 + 2 \times 4) = 24$ 个,三通 $(1 + 1) \times 2 = 4$ 个。

问题2:

表 3−11　分部分项工程和单价措施项目清单与计价表

工程名称:工艺及伴热管道系统　　　标段:泵房管道安装

序号	项目编码	项目名称	项目特征描述	计量单位	工程量	综合单价	核价	其中:暂估价
1	030801001001	低压碳钢管	20# 钢无缝钢管、氩电联焊、水压试验、空气吹扫 $\phi 325 \times 8$	m	7			
2	030801001002	低压碳钢管	20# 钢无缝钢管、氩电联焊、水压试验、空气吹扫 $\phi 108 \times 4.5$	m	2			

序号	项目编码	项目名称	项目特征描述	计量单位	工程量	综合单价	核价	其中：暂估价
3	030802001001	中压碳钢管	20#钢无缝钢管、氩电联焊、水压试验、空气吹扫 ϕ273.1×71	m	15			
4	030802001002	中压碳钢管	20#钢无缝钢管、氩电联焊、水压试验、空气吹扫 ϕ108×4.5	m	3			
5	030802001003	中压碳钢管	20#钢无缝钢管、氩电联焊、水压试验、空气吹扫 ϕ89×4.5	m	1.5			
6	030802001004	中压碳钢管	20#钢无缝钢管、氩电联焊、水压试验、空气吹扫 ϕ60×4	m	40			
7	030807003001	低压法兰阀门	钢法兰闸阀 Z41H－16C DN300	个	2			
8	030808003001	中压法兰阀门	钢法兰止回阀 H44H－25 DN250	个	2			
9	030808003002	中压法兰阀门	钢法兰闸阀 Z41H－25 DN250	个	2			
10	030808003003	中压法兰阀门	钢法兰闸阀 Z41H－25 DN80	个	2			
11	030808003004	中压法兰阀门	钢法兰闸阀 Z41－25 DN20	个	2			
本页小计								

问题3：

表 3-12　综合单价分析表

项目编码	030801001001	项目名称	低压碳钢管道 325×8	计量单位	m	工程量	1

				清单综合单价组成明细							

定额编号	定额项目名称	定额单位	数量	单价				合价			
				人工费	材料费	机械费	管理费和利润	人工费	材料费	机械费	管理费和利润
6-56	低压管道氩电联焊	10 m	0.1	262.03	63.02	257.60	78.61	26.20	6.30	25.76	7.86
6-2430	水压试验	100 m	0.01	262.03	204.60	24.62	187.01	6.23	2.05	0.25	1.87
6-2484	空气吹扫	100 m	0.01	205.63	272.94	32.60	61.69	2.06	2.73	0.33	0.62
人工单价			小　计					34.49	11.08	26.34	10.35
			未计价材料费					380.51 或 380.49			
清单项目综合单价								462.77 或 462.75			

材料费明细	主要材料名称规格、型号	单位	数量	单价/元	合价/元	暂估单价/元	暂估合价/元
	20# 碳钢无缝管φ325×8	kg	58.54	6.5	380.51	—	—
	或：20# 碳钢无缝管φ325×8	m	—	—	—	—	—
	其他材料费				—	—	—
	材料费小计				380.51 或 380.49	—	—

知识点九：电气安装工程

一、配管、线槽、桥架工程量的计算

1. 配管

(1) 工程量计算规则：① 按设计图示尺寸以长度计算；② 计量单位：m；③ 配管安装不扣除管路中间的接线箱(盒)、灯头盒、开关盒所占长度。

(2) 项目特征：① 名称；② 材质；③ 规格；④ 配置形式；⑤ 接地要求；⑥ 钢索材质、规格。

2. 线槽

(1) 工程量计算规则：① 按设计图示尺寸以长度计算；② 计量单位：m；③ 线槽安装不扣

除管路中间的接线箱(盒)、灯头盒、开关盒所占长度。

(2) 项目特征:① 名称;② 材质;③ 规格。

3. 桥架

(1) 工程量计算规则:① 按设计图示尺寸以长度计算;② 计量单位:m。

(2) 项目特征:① 名称;② 型号;③ 规格;④ 材质;⑤ 类型;⑥ 接地方式。

二、配线、电缆、滑触线、接地母线工程量的计算

1. 配线

(1) 工程量计算规则:① 按设计图示尺寸以单线长度计算(含预留长度);② 计量单位:m。

(2) 项目特征:① 名称;② 配线形式;③ 型号;④ 规格;⑤ 材质;⑥ 配线部位;⑦ 配线线制;⑧ 钢索材质、规格。

2. 电力电缆、控制电缆

(1) 工程量计算规则:① 按设计图示尺寸以长度计算(含预留长度及附加长度);② 计量单位:m。

(2) 项目特征:① 名称;② 型号;③ 规格;④ 材质;⑤ 敷设方式、部位;⑥ 电压等级(kV);⑦ 地形。

3. 滑触线

(1) 工程量计算规则:① 按设计图示尺寸以单相长度计算(含预留长度);② 计量单位:m。

(2) 项目特征:① 名称;② 型号;③ 规格;④ 材质;⑤ 支架形式、材质;⑥ 移动软电缆材质、规格、安装部位;⑦ 拉紧装置类型;⑧ 伸缩接头材质、规格。

4. 接地母线

(1) 工程量计算规则:① 按设计图示尺寸以长度计算(含附加长度);② 计量单位:m。

(2) 项目特征:① 名称;② 材质;③ 规格;④ 安装部位;⑤ 安装形式。

三、预留长度

1. 配线进入箱、柜、板的预留长度见表3-13。

表3-13　配线进入箱、柜、板的预留长度

序号	项　目	预留长度/m	说　明
1	各种开关箱、柜、板	高+宽	盘面尺寸
2	单独安装(无箱、盘)的铁壳开关、闸刀开关、启动器、线槽进出线盒等	0.3	从安装对象中心算起
3	由地面管子出口引至动力接线箱	1.0	从管口计算
4	电源与管内导线连接(管内穿线与软、硬母线接点)	1.5	从管口计算
5	出乎线	1.5	从管口计算

2. 电缆敷设预留及附加长度见表3-14。

表 3‑14　电缆敷设预留及附加长度

序号	项　目	预留(附加)长度	说　明
1	电缆敷设弧度、波形弯度、交叉	2.5%	按电缆全长计算
2	电缆进入建筑物	2.0 m	规范规定最小值
3	电缆进入沟内或吊架时引上(下)预留	1.5 m	规范规定最小值
4	变电所进线、出线	1.5 m	规范规定最小值
5	电力电缆终端头	1.5 m	检修余量最小值
6	电缆中间接头盒	两端各留 2.0 m	检修余量最小值
7	电缆进控制、保护屏及模拟盘、配电箱等	高+宽	按盘面尺寸
8	高压开关柜及低压配电盘、箱	2.0 m	盘下进出线
9	电缆至电动机	0.5 m	从电动机接线盒算起
10	厂用变压器	3.0 m	从地坪算起
11	电缆绕过梁柱等增加长度	按实计算	按被绕物的断面情况计算增加长度
12	电梯电缆与电缆架固定点	每处 0.5 m	规范规定最小值

3. 滑触线安装预留长度见表 3‑15。

表 3‑15　滑触线安装预留长度

序号	项　目	预留长度/m	说　明
1	圆钢、铜母线与设备连接	0.2	从设备接线端子接口算起
2	圆钢、铜滑触终端	0.5	从最后一个固定点算起
3	角钢滑触线终端	1.0	从最后一个支持点算起
4	扁钢滑触线终端	1.3	从最后一个固定点算起
5	扁钢母线分支	0.5	分支线预留
6	扁钢母线与设备连接	0.5	从设备接线端子接口算起
7	轻轨滑触线终端	0.8	从最后一个支持点算起
8	安全节能及其他滑触线终端	0.5	从最后一个固定点算起

4. 接地母线、引下线、避雷网附加长度见表 3‑16。

表 3‑16　接地母线、引下线、避雷网附加长度

项　目	附加长度	说　明
接地母线、引下线、避雷网附加长度	3.9%	按接地母线、引下线、避雷网全长计算

四、配电箱、灯具、开关、插座、接地极等工程量的计算

1. 配电箱工程量的计算

(1)工程量计算规则：① 按设计图示数量计算；② 计量单位：台。

(2) 项目特征：① 名称；② 型号；③ 规格；④ 基础形式、材质、规格；⑤ 接线端子材质、规格；⑥ 端子板外部接线材质、规格；⑦ 安装方式。

2. 普通灯具工程量的计算

(1) 工程量计算规则：① 按设计图示数量计算；② 计量单位：套。

(2) 项目特征：① 名称；② 型号；③ 规格；④ 类型。

3. 照明开关工程量的计算

(1) 工程量计算规则：① 按设计图示数量计算；② 计量单位：个。

(2) 项目特征：① 名称；② 材质；③ 规格；④ 安装方式。

4. 接线盒工程量的计算

(1) 工程量计算规则：① 按设计图示数量计算；② 计量单位：个。

(2) 项目特征：① 名称；② 材质；③ 规格；④ 安装形式。

5. 接地极工程量的计算

(1) 工程量计算规则：① 按设计图示数量计算；② 计量单位：根（块）。

(2) 项目特征：① 名称；② 材质；③ 规格；④ 土质；⑤ 基础接地形式。

6. 送配电系统调试工程量的计算

(1) 工程量计算规则：① 按设计图示系统计算；② 计量单位：系统。

(2) 项目特征：① 名称；② 型号；③ 电压等级（kV）；④ 类型。

7. 接地装置测试工程量的计算

(1) 工程量计算规则：① 以系统计量，按设计图示系统计算；以组计量，按设计图示数量计算；② 计量单位：系统或组。

(2) 项目特征：① 名称；② 类别。

【案例九】

某贵宾室照明系统中一回路如图 3-19 和图 3-20 所示。

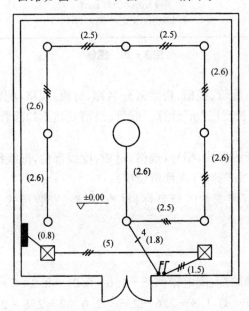

图 3-19　照明平面图

说明：

1. 照明配电箱 AZM 由本层总配电箱引来，配电箱为嵌入式安装。

2. 管路均为镀锌钢管 20 沿墙、暗配，顶管敷设标高 4.5 m，管内穿绝缘导线 ZRBV—500 1.5 mm²（阻燃导线 500 V）。

3. 开关控制装饰灯 FZS‐164 为隔一控一。

问题：

（1）计算配管工程量。

（2）计算配线工程量。

（3）计算接线盒、开关盒工程量。

序号	图例	名称、型号、规格	备注
1	 ○	装饰灯 XDCZ‐50 8×100 W	吸顶
2	○	FZS‐164 1×100 W	
3	↗	单联单控开关（暗装） 10 A、250 V	安装高度 1.4 m
4	↗	三联单控开关（暗装） 10 A、250 V	
5	⊠	排风扇 300×300 1×60 W	吸顶
6	▬	照明配电箱 AZM 300 mm×200 mm ×120 mm（宽×高×厚）	箱底标高 1.6 m

图 3‐20　图例

【解题思路】

（1）工程量计算规则：配管、线槽、桥架区分名称，材质，规格，配置形式，接地要求，钢索材质、规格，按设计图示尺寸长度以"m"计算。配管、线槽安装不扣除管路中间的接线箱（盒）、灯头盒、开关盒所占长度。

（2）配线区分名称，配线形式，型号，规格，材质，配线部位，配线线制，钢索材质。规格，按设计图示尺寸单线长度以"m"计算（含预留长度）。

（3）工程量计算规则：接线盒区分名称、材质、规格、安装形式，按设计图示数量以"个"计算。

【答案】

问题 1：

镀锌钢管 ϕ 20 沿墙、顶暗配：配电箱（4.5−1.6−0.2）+0.8+5+1.5+单联开关（4.5−1.4）+三联开关（4.5−1.4）+灯 1.8+2.6−2.5−2.6×2+2.5×2+2.6×2=2.7+7.3+3.1+3.1+22.3=38.5 m

问题 2:

电气配线管内穿线 ZRBV - 1.5 m²:配电箱[4.5 - 1.6 - 0.2 + 预留(0.3 + 0.2)]×2 + 0.8×2 + 5×3 + 1.5×3 + 单联开关(4.5 - 1.4)×3 + 三联开关(4.5 - 1.4)×4 + 1.8×4 + 2.6×2 + (2.5 + 2.6×2 + 2.5×2 + 2.6)×3 + 2.6×2 = 6.4 + 1.6 + 15 + 4.5 + 9.3 + 12.4 + 7.2 + 5.2 + 45.9 + 5.2 = 112.70 m

问题 3:

接线盒 11 个,开关盒 2 个。

知识点十:工程计价

考核要求	工程计价是造价工程师工作实务的重要环节,也是考试的重点。试题中以《建筑安装工程费用项目组成》《建筑工程工程量清单计价规范》的相关规定为依据,结合工程实际进行计价计算。

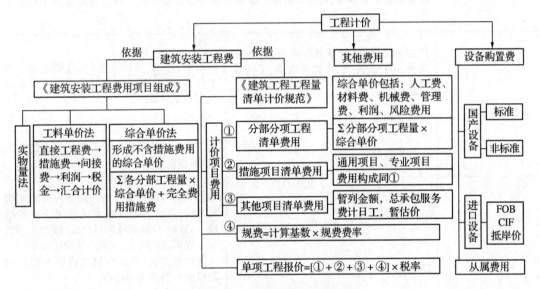

图 3 - 21　工程计价知识架构图

一、按要素划分建筑安装工程费用的计算

表 3 - 17　相关知识表(一)

费用名称	费用构成	量的确定
人工费	计时工资或计件工资、奖金、津贴补贴、加班加点工资以及特殊情况下支付的工资	由分项工程所综合的各个工序劳动定额包括的基本用工、其他用工两部分组成
材料费(含工程设备)	材料原价(或供应价格)、材料运杂费、运输损耗费、采购及保管费等	材料净用量和材料不可避免的损耗量

续表

费用名称	费用构成	量的确定
施工机具使用费	施工机械使用费(折旧费、大修理费、经常修理费、安拆费及场外运输费、人工费、燃料动力费和税费等)或其租赁费	施工机械台班消耗量
	仪器仪表使用费(摊销及维修费用)或其租赁费	
企业管理费	管理人员工资、办公费、差旅交通费、固定资产使用费、工具用具使用费、劳动保险和职工福利费、劳动保护费、检验试验费、工会经费、职工教育经费、财产保险费、财务费、税金及其他等	以分部分项工程费为计算基础
		以人工费和机械费合计为计算基础
		以人工费为计算基础
利润	计算基数×利润率,利润率由施工企业根据企业自身需求并结合建筑市场实际自主确定	
规费	社会保险费(包括养老保险费、失业保险费、医疗保险费、生育保险费、工伤保险费)	以定额工人费为计算基础,根据工程所在地省、自治区、直辖市或行业建设主管部门规定费率计算
	住房公积金	
	工程排污费	按工程所在地环境保护等部门规定的标准缴纳,按实计取列入
税金	增值税	增值税的计税方法分为一般计税方法和简易计税方法,一般计税方法适用于一般纳税人,适用11%的税率,简易计税方法适用于小规模的纳税人,适用3%的征收率。 一般计税方法:当期应纳增值税=当期销项税额−当期进项税额 当期销项税额=当期应税销售额×适用税率 简易计税方法:当期应纳增值税=当期应税销售额×征收率
	城市维护建设税	纳税地点在市区、县镇和其他地区的、分别按照增值税的7%、5%、1%进行计算
	教育费附加	按照增值税的3%进行计算
	地方教育费附加	按照增值税的2%进行计算

二、按造价形式划分建筑安装工程费用的计算

表 3-18　相关知识表(二)

分部分项工程费	措施项目费	其他项目费	规费	税金
1. 人工费 2. 材料费 3. 施工机具使用费 4. 企业管理费 5. 利润 6. 风险费用	1. 安全文明施工费 2. 夜间施工增加费 3. 非夜间施工照明费 4. 二次搬运费 5. 冬雨季施工增加费 6. 地上、地下设施、建筑物的临时保护设施费 7. 已完工程及设备保护费 8. 脚手架费 9. 混凝土模板及支架(撑)费 10. 垂直运输费 11. 超高施工增加费 12. 大型机械设备进出场及安拆费 13. 施工排水、降水费 14. 其他	1. 暂列金额 2. 计日工 3. 总承包服务费 4. 暂估价	1. 社会保险费(包括养老保险费、失业保险费、医疗保险费、生育保险费、工伤保险费) 2. 住房公积金 3. 工程排污费	1. 增值税 2. 城市维护建设税 3. 教育费附加 4. 地方教育费附加
计价项目费中三项费用均包含人工费、材料费、施工机械使用费、管理费、利润		注意基数		计算公式 同修订文件
《建设工程工程量清单计价规范》GB 50500—2013 规定	使用国有资金投资的建设工程发承包,必须采用工程量清单计价。 非国有资金投资的建设工程,宜采用工程量清单计价。 不采用工程量清单计价的建设工程,应执行本规范除工程量清单等专门性规定外的其他规定。 工程量清单应采用综合单价计价。 措施项目费中的安全文明施工费、规费和税金必须按国家或省级、行业建设主管部门的规定计算,不得作为竞争费用			

三、工程量清单计价与清单编制

表 3-19　相关知识表

	主要内容			
清单规范应用过程	**工程招标阶段** 招标单位可委托标底编制单位或招标代理单位编写工程量清单和招标控制作价,作为招标文件的组成部分发放给各投标单位	**工程招标阶段** 首先分析招标文件,然后审核工程量清单,最后填单价工程量清单,最后填单价(综合单价),并计算投标价	**工程招标阶段** 对投标单位的最终总报价及分项工程的综合单价的合理性进行分析	**施工阶段** 中标后双方签订承包合同,确定施工阶段工程计量、工程结算和价款支付依据

主 要 内 容	

清单
计价
规定
	(1) 分部分项工程 = Σ(分部分项工程量×综合单价)
	综合单价包括人工费、材料费、施工机具使用费、企业管理费和利润,以及一定范围的风险费用。
	(2) 应予计量的措施项目:措施项目费 = Σ(措施项目工程量×综合单价)
	不宜计量的措施项目:
	① 安全文明施工费 = 计算基数×安全文施工费费率(%)
	    计算基数应为定额基价(定额分部分项工程费 + 定额中可以计量的措施项目费)、定额人工费或
	    定额人工费与机械费之和,其费率由工程造价管理机构根据各专业工程的特点综合确定
	② 不宜计量的措施项目:措施项目费 = 计算基数×措施项目费费率(%)
	(3) 其他项目清单计价费用 = 暂列金额 + 总承包服务费 + 暂估价 + 计日工
	(4) 规费 = Σ(各项规费费率×计费基数)
	(5) 税金 = [(1) + (2) + (3) + (4)]×税率(注意:项目所在地不同时税率有区别)
	(6) 单项工程报价(清单计价费用) = (1) + (2) + (3) + (4) + (5)

备注	(1) 分部分项工程费计算过程中,招标文件中在其他项目清单中提供了暂估单价的材料,应按其暂
	    估的单价计入分部分项工程量清单项目的综合单价中。计算分部分项工程综合单价应包括承
	    包人承担的合理风险。在施工过程中,当出现的风险内容及其范围(幅度)在招标文件规定的范
	    围(幅度)内时,综合单价不得变动,工程价款不作调整。根据国际惯例并结合我国工程建设的
	    特点,发、承包双方对工程施工阶段的风险宜采用如下分摊原则:
	① 对于主要由市场价格波动导致的价格风险,如工程造价中的建筑材料、燃料等价格风险,承、发包
	    双方应当在招标文件中或在合同中对此类风险的范围和幅度予以明确约定,进行合理分摊。根
	    据工程特点和工期要求,建议可一般采取的方式是承包人承担5%以内的材料和工程设备价格
	    风险,10%以内的施工机械使用费风险。
	② 对于法律、法规、规章或有关政策出台导致工程税金、规费、人工发生变化,并由省级、行业建设行
	    政主管部门或其授权的工程造价管理机构根据上述变化发布的政策性调整,承包人不应承担此
	    类风险,应按照有关调整规定执行。
	③ 对于承包人根据自身技术水平、管理、经营状况能够自主控制的风险,如承包人的管理费、利润的
	    风险,承包人应结合市场情况,根据企业自身的实际合理确定、自主报价,该部分风险由承包人全
	    部承担。
	(2) 措施项目清单计价应根据拟建工程的施工组织设计,对于可以精确计量的措施项目宜采用分部
	    分项工程量清单方式的综合单价计价;对于不能精确计量的措施项目可以"项"为单位的方式按
	    "率值"计价,应包括除规费、税金外的全部费用,其价格组成与综合单价相同,应包括除规费、税
	    金以外的全部费用。出现工程变更时,承包人提出调整费用应提交发包人确认,如需要按照实
	    际发生变化调整时,应考虑承包人报价的浮动因素。
	    承包人报价偏差的调整。如果工程变更项目出现承包人在工程量清单中填报的综合单价与发
	    包人招标控制价或施工图预算相应清单项目的综合单价偏差超过15%的,工程变更项目的综
	    合单价可由发、承包双方协商调整。具体的调整方法由双方当事人在合同专用条款中约定。
	(3) 规费、税金为不可竞争费用。

续表

	主 要 内 容
分部分项工程量清单编制	1. 项目名称应按各"工程量计算规范"附录的项目名称结合拟建工程实际确定。 2. 分部分项工程量清单的项目编码,应采用十二位阿拉伯数字表示。一至九位应按附录的规定设置,十至十二位应根据拟建工程的工程量清单项目名称设置。 3. 分部分项工程量清单的计量单位应按各"工程量计算规范"附录中规定的计量单位确定。 4. 分部分项工程量清单的项目特征是确定一个清单项目综合单价的重要依据,在编制的工程量清单中必须对其项目特征进行准确和全面的描述。分部分项工程量清单的项目特征的描述原则,是应按各"工程量计算规范"附录中规定的项目特征结合拟建工程项目的实际予以描述。 5. 工程量应按《建设工程工程量清单计价规范》附录中规定的工程量计算规则计算,其中以"t"为单位,应保留三位小数,第四位小数四舍五入;以"m^3""m^2""m""kg"为单位应保留两位小数,第三位小数四舍五入;以"个""件"等为单位的应取整数。清单工程量为净量,施工中全部工程量为定额工程量,每一项工程内容都应根据所选定额的工程量计算规则计算其工程数量,当定额工程量计算规则与清单的工程量计算规则相一致时,可直接以工程量清单中的工程量作为工程内容的工程数量。当采用清单单位含量计算人工费、材料费、施工机具使用费时,还需要计算每一计量单位的清单项目所分摊的工程内容的工程数量,即清单单位含量: $$清单单位含量 = \frac{某工程内容的定额工程量}{清单工程量}$$
措施项目清单编制与调整	措施项目清单与计价表分为以项为计价要求和以量为计价要求的两种表式(一)、(二)。表(一)中列出各项费用的计算基础和费率。其中安全文明施工费等不可竞争费费率应按有关规定填写,不得变动,表(二)中以量计算时,与分部分项工程清单构成相同,并填入对应项目的综合单价,其编码可采取补充编码。 　　因分部分项工程量清单漏项或非承包人原因的工程变更,引起措施项目发生变化,造成施工组织设计或施工方案变更,原措施费中已有措施项目按原措施费的组价方法调整;原措施费中没有的措施项目,由承包人根据措施项目变更情况,提出适当措施费变更经发包人确认后调整。因非承包人原因引起工程量增减、变化量在约定幅度以内的执行原有的综合单价,幅度以外的,其综合单价及措施项目费应予调整。专业工程措施项目可按各"工程量计算规范"附录中规定的项目选择列项;若出现各"工程量计算规范"来列项目,可担据工程实际情况补充。
其他项目清单的编制	1. 暂列金额。招标人在招标文件的工程量清单中标示了暂列金额(项),投标人应列出报价,不得变动。一般可按分部分项工程量清单费用的10%～15%填写。不同项目分别列项。 2. 暂估价不得变动和更改。暂估价中的材料暂估价必须按照招标人提供的暂估单价计入分部分项工程费用中的综合单价,专业工程暂估价必须按照招标人提供的其他项目清单中列出的金额填写。材料暂估单价和专业工程暂估价均由招标人提供,为暂估价格,在工程实施过程中,对于不同类型的材料与专业工程采用不同的计价方法。 (1) 招标人在工程量清单中提供了暂估价的材料和专业工程属于依法必须招标的,由承包人和招标人共同通过招标确定材料单价与专业工程中标价; (2) 若材料不属于依法必须招标的,经发、承双方协商确认单价后计价; (3) 若专业工程不属于依法必须招标的,由发包人、总承包人与分包人按有关计价依据、进行计价。 3. 计日工应按照其他项目清单招标人列出的项目和估算的数量,投标人自主确定各项综合单价并计算费用。其费用构成包括人工费;材料费、机械费、管理费、利润。 4. 总承包服务费包括招标人要求投标人在中标后进行工程总承包过程中对发包人单独发包的专业工程提供协调配合服务所收取的费用,承包方使用发包方提供的材料收取的利润、管理费用。
规费、税金项目清单编制	规费包括社会保险费(养老、失业、医疗、工伤、生育保险费)、住房公积金、工程排污费,分别列项;税金包括增值税、城市维护建设税、教育费附加、地方教育费附加,分别列项。

 知识点案例讲解

【案例一】

某工程采用工程量清单招标。按工程所在地的计价依据规定,措施费和规费均以分部分项工程费中的人工费(已包含管理费和利润)为计算基础,经计算,该工程的分部分项工程费总计为 6 300 000 元,其中人工费为 1 260 000 元。其他有关工程造价方面的背景材料如下:

1. 条形砖基础工程量为 160 m³,基础深 3 m,采用 M5 水泥砂浆砌筑,防潮层采用 1∶2 水泥砂浆掺 0.5 防水剂,多孔砖的规格为 240 mm×115 mm×90 mm。实心砖内墙工程量为 1 200 m³,采用 M5 混合砂浆砌筑,蒸压灰砂砖的规格为 240 mm×115 mm×53 mm,墙厚 240 mm。

现浇钢筋混凝土矩形梁模板及支架工程量为 420 m²,支横高度为 2.6 m。现浇钢筋混凝土有梁板模板及支架工程量为 800 m²,梁截面为 250 mm×400 mm,梁底支模高度为 2.6 m,板度支模高度为 3 m。

2. 安全文明施工费费率为 25%,夜间施工费费率为 2%,二次搬运费费率为 1.5%,冬、雨季施工费费率为 1%。

按合理的施工组织设计,该工程需大型机械进出场及安拆费 26 000 元,工程定位复测费 2 400 元,已完工程及设备保护费 22 000 元,特殊地区施工增加费 120 000 元,脚手架费 166 000 元。以上各项费用包含管理费和利润。

3. 招标文件中列明,该工程暂列金额 330 000 元,材料暂估价 100 000 元,计日工费用 20 000 元,总承包服务费 20 000 元。

4. 社会保障费中的养老保险费费率为 16%,失业保险费费率为 2%,医疗保险费和生育保险费率为 6%;住房公积金费率为 6%;工伤保险费费率为 0.48%。增值税率为不含税的人材机费、管理费、利润、规费之和的 3%。

问题:

依据《建设工程工程量清单计价规范》的规定,结合工程背景材料及所在地计价依据的规定,编制招标控制价。

1. 编制砖基础和实心砖内墙的分部分项清单及计价,填入表 3-20 分部分项工程量清单与计价表。项目编码:砖基础:010401001,实心砖内墙:010401003;综合单价:砖基础 240.18 元/m³,实心砖内墙 249.11 元/m³。

2. 编制工程措施清单及计价,填入表 3-21 措施项目清单与计价表(一)和表 3-22 措施项目清单与计价表(二)。补充的现浇钢筋混凝土模板及支架项目编码:梁模板及支架 AB001,有梁板模板及支架 AB002;综合单价:梁模板及支架 25.60 元/m²,有梁板模板及支架 23.20 元/m²。

3. 编制工程其他项目清单及计价,填入表 3-23 其他项目清单与计价汇总表。

4. 编制工程规费和税金项目清单及计价,填入表 3-24 规费、税金项目清单与计价表。

5. 编制工程招标控制价汇总表及计价,根据以上计算结果,计算该工程的招标控制价,填入表 3-25 单位工程招标控制价汇总表。

(计算结果均保留 2 位小数)

答案：

问题1：

表 3－20　分部分项工程量清单与计价

工程名称：　　　　　　　　标段：

项目编码	项目名称	项目特征描述	计量单位	工程量	金额/元		
					综合单价	合价	其中：暂估价
010401001001	砖基础	M5 水泥砂浆砌筑多孔砖条形基础，砖规格 240 mm × 115 mm × 90 mm，基础深 3 m	m³	160	240.18	38 428.80	
010401003001	实心砖墙	M5 水泥砂浆砌筑蒸压灰砂砖内墙，砖规格 240 mm × 115 mm × 53 mm，墙厚 240 mm	m³	1 200	249.11	29 8932.00	
合　　计							337 360.80

问题2：

表 3－21　措施项目清单与计价表（一）

工程名称：　　　　　　　　标段：

序号	项目名称	计算基础	费率/%	金额/元
1	安全文明施工费		25	315 000.00
2	夜间施工费	人工费（或 1 260 000 元）	2	25 200.00
3	二次搬运费		1.5	18 900.00
4	冬、雨季施工费		1	12 600.00
5	大型机械进出场及安拆费			26 000.00
6	工程定位复测费			2 400.00
7	已完工程及设备保护费			22 000.00
8	特殊地区施工增加费			120 000.00
9	脚手架费			166 000.00
合　　计				708 100.00

表 3－22　措施项目清单与计价表（二）

工程名称：　　　　　　　　　　　标段：

序号	项目编码	项目名称	项目特征描述	计量单位	工程量	金额/元	
						综合单价	合价
1	AB001	梁模板及支架	矩形梁,支模高度 2.6 m	m²	420	25.6	10 752.00
2	AB002	有梁板模板及支架	矩形梁,梁截面 250 m× 400 mm,梁底支模高度 2.6 m,板底支模高 3 m	m²	800	23.2	18 560.00
合　计							29 312.00

问题 3：

表 3－23　其他项目清单与计价汇总表

工程名称：　　　　　　　　　　　标段：

序号	项目名称	计量单位	金额/元
1	暂列金额	元	330 000.00
2	材料暂估价	元	—
3	计日工	元	20 000.00
4	总承包服务费	元	20 000.00
合　计			370 000.00

问题 4：

表 3－24　规费、税金项目清单与计价表

工程名称：　　　　　　　　　　　标段：

序号	项目名称	计算基础	费率/%	金额/元
1	规费			384 048.00
1.1	社会保障费			302 400.00
(1)	养老保险费	人工费 (或 1 260 000 元)	16	201 600.00
(2)	失业保险费		2	25 200.00
(3)	医疗保险费和生育保险费		6	75 600.00
(4)	工伤保险费		0.48	6 048.00
1.2	住房公积金		6	75 600.00
2	增值税	分部分项工程费 +措施 项目费+规费(或 7 791 460 元)	3	233 743.8
	城市维护建设税	增值税	7	16 362.1
	教育费附加	增值税	3	7 012.3
	地方教育费附加	增值税	2	4 674.9
				261 793.1

问题5:

表3-25　单位工程招标控制价汇总表

序号	汇总内容	金额/元
1	分部分项工程	6 300 000.00
2	措施项目	737 412.00
2.1	措施项目清单(一)	708 100.00
2.2	措施项目清单(二)	29 312.00
3	其他项目	370 000.00
4	规费	384 048.00
5	税金	261 793.1
	招标控制价合计	8 053 253.1

【案例二】

某工程项目基础工程如图3-22和图3-23所示,已知土壤类别为三类土,混凝土为现场搅拌,其强度等级基础垫层为C10,带形基础为C20,砖基础为M5,水泥砂浆砌筑MV15机砖,防潮层为1:3。水泥砂浆抹面2 cm厚,弃土运距为500 m,基础回填土为夯填,土方挖、运计算均按天然密实土。

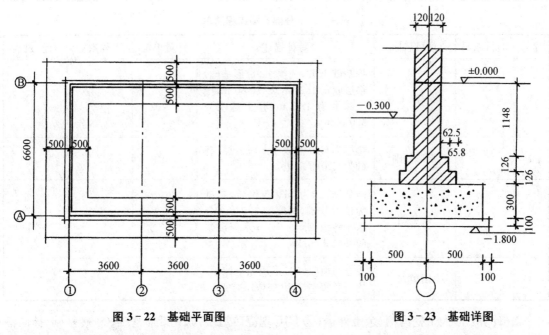

图3-22　基础平面图　　　　　　　　图3-23　基础详图

某承包商拟参加投标,确定该基础工程为人工开挖,工作面每边留30 cm,自垫层混凝土上表面开始放坡,放坡系数为0.33,槽边可堆土105.00 m³,余土用翻斗车外运,运距为500 m。

该承包商的企业定额中的人工材料机械消耗量如下:挖1 m³沟槽用工0.52工日(包括槽底钎探用工),装运(外运500 m)1 m³土方,用工0.15工日,翻斗车0.080台班,已知人工单价为 26 元/工日,翻斗车台班单价为 78.69 元/台班。

现浇混凝土垫层,每立方米混凝土用工 1.31 工日,人工单价 26 元/工日,材料费合计为 208.03 元,机械费合计 1.10 元。

现浇混凝土 C20 带形基础每立方米用工 0.65 工日,日工资单价为 32 元/工日,材料费合计为 229.43 元,机械费为 1.30 元。

砖基础每立方米用工 1.22 工日,日工资单价为 32 元/工日,材料费合计 146.30 元,机械费为 2.60 元。

基础上抹 1∶3 水泥砂浆防潮层,每平方米用工 0.09 工日,日工资单价 32 元/工日,材料费合计 6.30 元,机械费 0.35 元。

土方回填(基础)每立方米用工 0.22 工日,日工资单价为 26 元/工日,机械费为 1.25 元。

问题:

1. 根据图示内容和《建设工程工程量清单计价规范》的规定,并根据表 3 - 26 所列分部分项工程量清单项目编制 ±0.00 以下部分的工程量清单,并将计算过程及结果填入表 3 - 27 中。

表 3 - 26　分部分项工程量清单编码

项目编码	项目名称	项目编码	项目名称
010101002	挖一般土方	010401001	砖基础
010501002	带形基础	010103001	回填方

表 3 - 27　分部分项工程清单

序号	项目编码	项目名称	特征描述	计量单位	工程数量	计算过程
1		挖一般土方	挖基础土方,三类土,带形基础,垫层底宽 1.2 m,长 34.80 m,挖土深度为 1.5 m,弃土运距为 500 mm	m³		
2		带形基础	垫层为 C10 混凝土 10 cm 厚,基础为 C20 混凝土	m³		
3		砖基础	砖基础,砖为 MV15 机砖,基础为带形基础,深度为 1.4 m,M5 水泥砂浆砌筑。1∶3 水泥砂浆防潮层 2 cm 厚	m³		
4		回填方	土方回填(基础)采用原土回填,均为夯实砌筑,分层碾压夯实	m³		

2. 计算:① 人工挖沟槽、余土外运;② C10 现浇砖垫层,C20 带形基础;③ 砖基础、抹防潮层;④ 土方回填(基础)各项工作的直接工程费及综合单价。填写分部分项工程量清单计价表。

3. 措施项目费用为分部分项工程费用的 15%,利润率为 4.5%,管理费率为 8%(管理费的计算基数为人材机费用之和,利润的计算基数为人材机费和管理费之和),规费费率为不含税的人材机费、管理费、利润之和的 6%,增值税率为不含税的人材机费、管理费、利润、规费之和的 3％。按照《建设工程工程量清单计价规范》的规定,确定该基础工程价。

答案:

问题 1:

表 3－28 分部分项工程量清单

序号	项目编码	项目名称	特征描述	计量单位	工程数量	计算过程
1	010101002001	挖一般土方	挖基础土方,三类土,带形基础,垫层底宽 1.2 m,长 34.80 m,挖土深度为1.5 m,弃土运距为 500 mm	m³	95.58	$(1.2+2×0.3)×(34.8+2×0.3)×1.5$
2	010501002001	带形基础	垫层为 C10 混凝土 10 cm 厚,基础为 C20 混凝土	m³	10.44	$1.00×0.30×34.80$
3	010401001001	砖基础	砖基础,砖为 MV15 机砖,基础为带形基础,深度为 1.4 m,M5 水泥砂浆砌筑。1:3 水泥砂浆防潮层 2 cm 厚	m³	13.34	$(0.24×1.40+0.0625×0.126×3×2)×34.80$
4	010103002001	回填方	土方回填(基础)采用原土回填,均为夯实砌筑,分层碾压夯实	m³	37.19	$62.64-1.20×0.10×34.80-10.44-13.34+0.24×0.30×34.80$

人工挖沟槽:$[(1.20+0.30×2+0.33×1.40)×1.40+(1.20+0.3×2)×0.10]×34.80$
    $=[3.1668+0.18]×34.80～116.49$ m³

余土外运:$116.49-105.00=11.49$ m³

C10 现浇砖垫层:$1.20×0.10×34.80=4.18$ m³

抹防潮层:$0.24×34.08=8.35$ m²

土方回填(基础):$116.49-4.18-10.44-13.34+0.24×0.30×34.80=91.04$ m³

问题 2:

(1) 人工挖沟槽、余土外运的人工费 $=116.49×0.52+11.49×0.151×26=1\ 619.76$ 元

人工挖沟槽、余土外运的施工机具使用费 $=11.49×0.08×78.69=72.33$ 元

综合单价 $=(1\ 619.76+72.33)×1.08×1.045÷62.64=30.49$ 元/m³

(2) C10 现浇砖垫层的人工费 $=1.31×26×4.18=142.37$ 元

C10 现浇砖垫层的材料费 $=208.03×4.18=869.57$ 元

C10 现浇砖垫层的施工机具使用费 $=1.1×4.18=4.60$ 元

C10 现浇砖垫层的人工、材料、机械费合计为:$142.37+869.57+4.60=1\ 016.54$ 元

C20 带形基础的人工费 $=0.65×32×10.44=217.15$ 元

C20 带形基础的材料费 $=229.43×10.44=2\ 395.25$ 元

C20 带形基础的施工机具使用费 $=1.3×10.44=13.57$ 元

C20 带形基础人工、材料、机械费合计为:$217.15+2\ 395.25+13.57=2\ 625.97$ 元

带形基础的综合单价 $=(1\ 016.54+2\ 625.97)×1.08×1.045÷10.44=393.77$ 元/m³

（3）砖基础的人工费 = 1.22×32×13.34 = 520.79 元

砖基础的材料费 = 146.30×13.34 = 1 951.64 元

砖基础的施工机具使用费 = 2.6×13.34 = 34.68 元

同理，砖基础的人工、材料、机械费合计为：520.79 + 1 951.64 + 34.68 = 2 507.11 元

抹防潮层的人工费 = 0.09×32×8.35 = 24.05 元

抹防潮层的材料费 = 6.3×8.35 = 52.61 元

抹防潮层的施工机具使用费 = 0.35×8.35 = 2.92 元

抹防潮层人工、材料、机械费合计为：24.05 + 52.61 + 2.92 = 79.58 元

砖基础的综合单价 = （2 507.11 + 79.58）×1.08×1.045÷13.34 = 218.84 元/m³

（4）土方回填（基础）人工费 = 0.22×26×91.04 = 520.75 元

土方回填（基础）的施工机具使用费 = 1.25×91.04 = 113.8 元

土方回填（基础）人工、材料、机械费合计为：520.75 + 113.8 = 634.55 元

土方回填（基础）综合单价 = 634.55×1.08×1.045 = 36.95 = 19.38 元/m³

表 3-29　分部分项工程量清单计价表

序号	项目编码	项目名称	特征描述	计量单位	工程数量	金额/元	
						综合单价	总价
1	010101002001	挖一般土方	挖基础土方，三类土，带形基础，垫层底宽 1.2 m，长 34.80 m，挖土深度为 1.5 m，弃土运距为 500 mm	m³	95.58	30.49	2 914.23
2	010501002001	带形基础	垫层为 C10 混凝土 10 cm 厚，基础为 C20 混凝土	m³	10.44	393.77	4 110.96
3	010401001001	砖基础	砖基础，砖为 MV15 机砖，基础为带形基础，深度为 1.4 m，M5 水泥砂浆砌筑。1∶3 水泥砂浆防潮层 2 cm 厚	m³	13.34	218.84	2 919.32
4	010103002001	回填方	土方回填（基础）采用原土回填，均为夯实砌筑，分层碾压夯实	m³	37.19	19.38	720.74
合　计							9 660.91

问题 3：

基础工程清单计价形式报价 = 9 660.91×（1 + 15%）×（1 + 6%）×（1 + 3.41%）= 12 178.23 元

【案例三】

某建设项目列入国家发改委 2006 年启动投资项目计划，在国内范围内公开招标。包括主厂房部分、动力系统、总图运输系统、行政及生活福利设施工程和其他配套工程。主厂房工程包括生产装置安装工程和土建工程两项内容。由于工程设计工作尚未全部完成，建设单位要求具有类似工程施工经验的施工单位参加投标。招标文件对项目情况及招标要求进行了说明：

1. 本项目为年产 400 万 t 石油化工产品的大型工程，项目所在地为滨海市，其中整套设

备重量为 1 920 t,由招标人采购。

2. 全部施工材料由投标人采购供应。

3. 与生产装置配套的辅助项目,由于涉及专利技术使用(工程造价 750 万元),由招标人发包于其他企业,并由主体设备安装单位对此进行配合协调,总承包服务费按辅助项目工程造价的 8% 计算。

4. 项目投标人应具备土建工程施工、安装工程施工一级以上资质。

5. 由于设计工作尚未完成,要求投标人采取类推法确定主体设备安装工程费。

6. 根据设计院技术经济室资料:主体装置安装工程费与土建工程费的比例为 1:0.6;主厂房工程费与动力系统、运输系统、生活福利设施工程、其他配套工程的工程费用比例为 1:0.4,0.3:0.2:0.05。

某施工企业 A 于两年前在城内承建了一套年产 300 万 t 同类化工产品的生产装置,设备总重量 1 600 t,设备安装工程造价数据详见表 3-30。

表 3-30　已建年产 300 万 t 化工产品生产装置的工程造价数据

序号	项目名称	金额/万元	备注
1	分部分项工程量清单费用合计	3 700	其中:① 人工费 500 万元,材料费 2 400 万元,机械费 400 万元;② 工日单价为 40 元;③ 企业管理费、利润分别按人工费的 45%、35% 计
2	措施项目清单费用合计	555	
3	其他项目清单费用合计	—	招标人要求不列入
4	规费	425.5	规费费率为 10%
5	税金	187.22	增值税率不含税的人材机费、管理费、利润、规费之和的 3%,其综合税率按 3.413% 计算
	小计	4 867.72	

该施工企业拟根据已建年产 300 万吨化工产品生产装置的工程造价数据和当前市场价格的变化,对新建年产 400 万 t 化工产品的生产装置工程进行投标报价,并确定以下投标策略:① 分部分项工程量清单工料机费用将按照设备重量指标法确定,同时考虑工料机价格的变化,即工日单价按 48 元计,材料价格、施工机械台班价格与两年前相比涨幅按 25% 计;将企业管理费费率调整为 65%,利润率不变;② 措施项目清单费用按照已建项目措施项目清单费用占分部分项工程量清单费用的比例计算;由于远离企业驻地,另外增加大型施工机械进出场费 54 万元;③ 其他费用项目遵照已建项目的规定和招标文件要求计算;④ 规费计算以分部分项工程费用、措施项目费用、其他项目费用三项之和为基数计算。

建设项目配套工程土建工程部分包括:砌筑工程,混凝土及钢筋混凝土工程,屋面及防水工程(土石方工程部分已由基础地基工程公司完成)。土建工程施工费用构成数据资料如下:

1. 分部分项工程清单费用为 846 691.92 元,其中人工费、机械使用费、材料费费用为分部分项工程清单计价费用的 24.80%、16.53%、45.67%。管理费为人工费、机械使用费、材料费三项之和的 5.98%。利润为人工费、机械使用费、材料费、管理费四项之和的 8.46%。

2. 措施项目费用见表 3-31。

表 3-31　措施项目费用构成数据表

费用构成				计算要求			
安全文明施工费				为土建工程中分部分项工程费用中人工费与机械使用费之和的 18.36%（编号 2.0.1）			
模板支架、预制构件	模板支架费用	构成部分	工程量	计量单位	综合单价（元）	合价	备注（编号）
		柱模板	67.10	m²	51		(2.2.1)
		构造柱	639.47	m²	53.93		(2.2.2)
		梁	142.89	m²	47.13		(2.2.3)
		楼梯	73.77	m²	188.86		(2.2.4)
		其他部位	模板与支架费用为全部模板支架费的 67.18%				(2.2.5)
	预制构件费用					29 525.95	(2.2.6)
脚手架费用						22 926	(2.3)

3. 其他项目费见表 3-32。

4. 规费：计划基础为分部分项工程费、措施项目费与其他项目费三项之和，规费费率为 6.64%。

5. 税金：计费基础为分部分项工程费、措施项目费、其他项目与规费四项之和。

表 3-32　其他项目费用构成数据表

费用构成			计算要求				编号
暂列金额	工程量偏差和设计变更		暂定为 40 000				(3.1.1)
	政策性调整、材料价格风险		暂定为 30 000				(3.1.2)
	其他构成		暂定为 10 000				(3.1.3)
专业工程暂估价 安全设施购置与安装			暂估为 30 000				(3.2.1)
计日工	人工费	构成部分	工程量	计量单位	综合单价	合价	
		普工	40	工日	86.97		(3.3.1)
		技工	20	工日	86.97		(3.3.1)
	机料费					752.00	(3.3.2)
	机械使用费	混凝土搅拌机	0.5	台班	89.20		(3.3.3)
		压浆搅拌机	0.5	台班	21.26		(3.3.3)
		施工机械费用＝机械台班费用×（管理费与利润费率）1.553					
总承包服务费			专业工程暂估价×8%				(3.4.1)

施工过程中,建设单位根据城市环境治理整体规划调整进行了水处理扩充设计,决定地下基础土方工程由现场正在施工的施工单位负责施工,建设单位与施工单位对施工费用构成、综合单价重新商定,并达成一致意见。

问题:

1. 根据背景材料,按照工程量清单计价规范要求,确定施工企业 A 所估算的工程费用。

2. 根据背景材料,计算配套工程土建工程清单计价总费用。

答案:

问题1:

主体装置安装工程费计算:

(1)分部分项工程量清单费用的计算过程:

按照设备重量指标法确定工料机费用:

重量指标法系数为:$(1\,920/1\,600) = 1.2$

人工费$(500 \times 1.2/40 \times 48) = 720$ 万元

材料费 $2\,400 \times 1.2 \times (1 + 25\%) = 3\,600$ 万元

机械费 $400 \times 1.2 \times (1 + 25\%) = 600$ 万元

企业管理费 $720 \times 65\% = 468$ 万元

利润 $720 \times 35\% = 252$ 万元

分部分项工程量清单费用合计:$720 + 3\,600 + 600 + 468 + 252 = 5\,640$ 万元

(2)措施项目清单费用的计算过程:

按照已建项目占分部分项工程量清单费用的比例计算:

$5\,640 \times [(555/3\,700) \times 100\%] = 5\,640 \times 15\% = 846$ 万元

大型施工机械进出场费增加 54 万元

措施项目清单费用合计:$846 + 54 = 900$ 万元

(3)总承包服务费的计算过程:

$750 \times 8\% = 60$ 万元

(4)规费的计算过程:

$(5\,640 + 900 + 60) \times 10\% = 6\,600 \times 10\% = 660$ 万元

(5)税金的计算过程:

$(5\,640 + 90 + 60 + 660) \times 3.413\% = 7\,260 \times 3.413\% = 247.78$ 万元

(6)主体装置安装工程费 = 分部分项工程费 + 措施项目费 + 其他项目费 + 规费 + 税金 = $5\,640 + 900 + 60 + 660 + 247.78 = 7\,507.78$ 万元

主厂房工程费 = 安装工程费 + 土建工程费 = $7\,507.78 \times (1 + 0.6) = 12\,012.49$ 万元

项目工程总造价 = 主厂房工程费用 + 动力系统工程费用 + 运输系统工程费用

$\qquad\qquad$ + 福利设施工程费用 + 其他配套工程费用

$\qquad\qquad = 12\,012.49 \times (1 + 0.4 + 0.3 + 0.2 + 0.05) = 23\,424.36$ 万元

问题2:

(1)分部分项工程费中人工费 = $846\,691.92 \times 24.80\% = 209\,979.60$ 元

$\qquad\qquad\qquad\quad$ 机械费 = $846\,691.92 \times 16.53\% = 139\,958.17$ 元

$\qquad\qquad\qquad\quad$ 材料费 = $846\,691.92 \times 45.67\% = 386\,684.20$ 元

$$管理费 = (209\ 979.60 + 139\ 958.17 + 386\ 684.20) \times 5.98\%$$
$$= 44\ 049.99\ 元$$
$$利润 = (209\ 979.60 + 139\ 958.17 + 386\ 684.20 + 44\ 049.99) \times 8.46\%$$
$$= 66\ 044.85\ 元$$

（2）措施项目费构成计算：

安全文明施工费 $= (209\ 979.60 + 139\ 958.17) \times 18.36\% = 64\ 248.57\ 元$

模板及支架费 $[(2.2.1) + (2.2.2) + (2.2.3) + (2.2.4)]$
$$= 51 \times 67.10 + 53.93 \times 639.47 + 47.13 \times 142.89 + 188.86 \times 73.77$$
$$= 58\ 575.33\ 元$$

模板及支架费 $= 58575.33 \div (1 - 67.18\%) = 178\ 474.50\ 元$

预制构件费 $= 29\ 525.95\ 元$

措施项目费合计 $= 64\ 248.57 + 178\ 474.50 + 29\ 525.95 + 22\ 926 = 295\ 175.02\ 元$

（3）其他项目费构成计算：

计日工费 $= (86.97 \times 40 + 86.97 \times 20) + 752.00 + (89.20 \times 0.5 + 21.26 \times 0.5) \times 1.553$
$$= 6\ 055.97\ 元$$

其他项目费合计 $= (40\ 000 + 30\ 000 + 10\ 000) + 30\ 000 + 6\ 055.97 + 30\ 000 \times 8\%$
$$= 118\ 455.97\ 元$$

（4）规费 $= (846\ 691.92 + 295\ 175.02 + 118\ 455.97) \times 6.64\%$
$$= 83\ 685.44\ 元$$

（5）税金 $= (846\ 691.92 + 295\ 175.02 + 118\ 455.97 + 83\ 685.44) \times 3.413\%$
$$= 45\ 871.00\ 元$$

（6）土建工程清单总费用 $= 846\ 691.92 + 295\ 175.02 + 118\ 455.97 + 83\ 685.44 + 45\ 871.001$
$$= 1\ 389\ 879.35\ 元$$

 本章典型案例

【案例一】

一、某小高层住宅楼建筑部分设计如图 3-23 和图 3-24 所示，共 12 层，每层层高均为 3 m，电梯机房与楼梯间部分凸出屋面。墙体除注明者外均为 200 mm 厚加气混凝土墙，轴线位于墙中。外墙采用 50 mm 厚聚苯板保温。楼面做法为 20 mm 厚水泥砂浆抹面压光。楼层钢筋混凝土板厚 100 mm，内墙做法为 20 mm 厚混合砂浆抹面压光。为简化计算首层建筑面积按标准层建筑面积计算。阳台为全封闭阳台，⑤和⑦轴上混凝土柱超过墙体宽度部分建筑面积忽略不计，门窗洞口尺寸见表 3-33，工程做法见表 3-34.

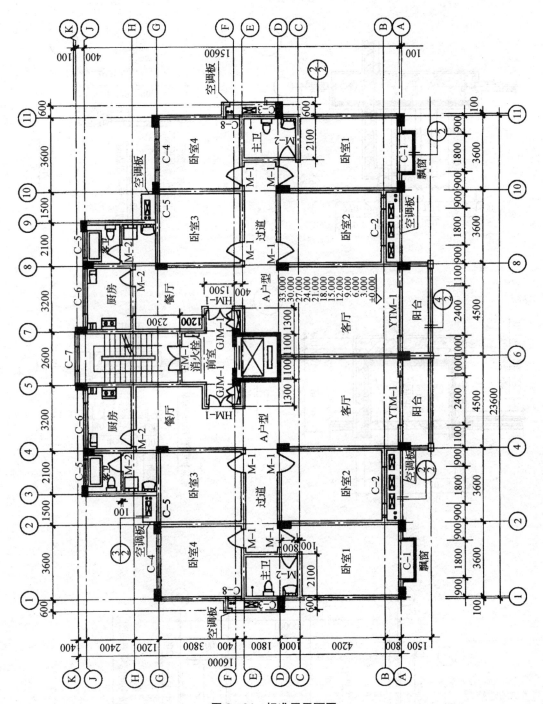

图 3-24　标准层平面图

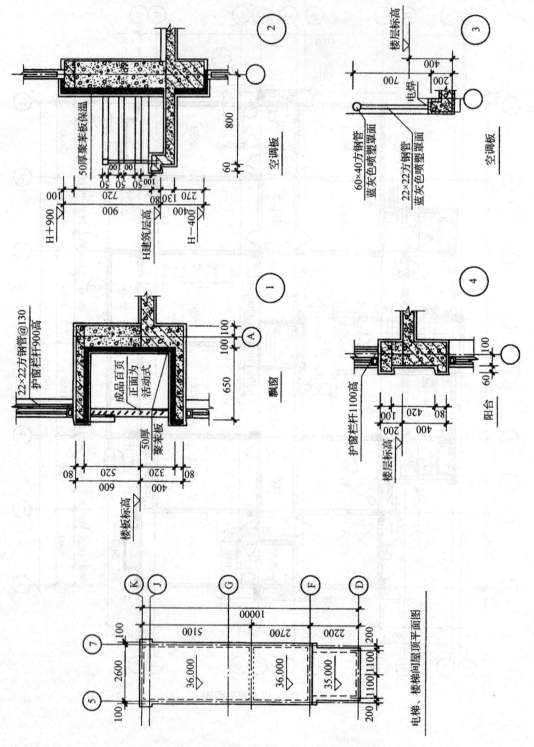

图 3-25　电梯、楼梯间屋顶平面图及节点图

表 3‑33　门窗表

名　称	洞口尺寸/mm	名称	洞口尺寸/mm
M1	900×1 200	C3	900×1 600
M2	800×2 100	C4	1 500×1 700
HM—1	1 200×2 100	C5	1 300×1 700
GJM—1	900×1 950	C6	2 250×1 700
YTM—1	2 400×2 400	C7	1 200×1 700
C1	1 800×2 000	C8	1 200×1 600
C2	1 800×1 700		

表 3‑34　工程做法

序号	名　称	项目编码	工程做法
1	水泥砂浆楼面	011101001	• 20 mm 厚 1∶2 水泥砂浆抹面压光 • 素水泥浆结合层一道 • 钢筋混凝土楼板
2	混合砂浆墙面	011201001	• 15 mm 厚 1∶1∶6 水泥石灰砂浆 • 5 mm 厚 1∶0.5∶3 水泥石灰砂浆
3	水泥砂浆踢脚线 （15 mm 高）	011105001	• 6 mm 厚 1∶3 水泥砂浆 • 6 mm 厚 1∶2 水泥石灰砂浆
4	混合砂浆天棚	011301001	• 钢筋混凝土板底面清理干净 • 7 mm 厚 1∶1∶4 水泥石灰砂浆 • 5 mm 厚 1∶0.5∶3 水泥石灰砂浆
5	聚苯板外墙外保温	011001003	• 砌体墙体 • 50 mm 厚钢丝网架聚苯板锚筋固定 • 20 mm 厚聚合物抗裂砂浆
6	80 系列单框中空玻璃 塑钢推拉窗 洞口中 1 800×2 000	010807001	• 80 系列、单框中空玻璃推拉窗 • 中空玻璃空气间层 12 mm 厚,玻璃为 5 mm 厚玻璃 • 拉手、风撑

问题：

1. 计算小高层住宅楼的建筑面积,将计算过程、计量单位及计算结果填入表 3‑35"建筑面积计算"。

2. 计算小高层住宅楼二层卧室 1、卧室 2、主卫的楼面工程量以及墙面工程量,将计算过程、计量单位及计算结果按要求填入表 3‑36"分部分项工程量计算"。

3. 结合图纸及表 3‑34"工程做法"进行分部分项工程量清单的项目特征描述,将描述和分项计量单位填入表 3‑36"分部分项工程量清单"。

（计算结果均保留 2 位小数）

答案：

问题1：

表 3-35　建筑面积计算

序号	分项工程名称	计量单位	工程数量	计算过程
1	建筑面积	m²	4 138.16	$(23.6+0.05\times2)\times(12+0.1\times2+0.05\times2)=291.51$ $3.6\times(13.2+0.1\times2+0.05\times2)=48.6$ $0.4\times(2.6+0.1\times2+0.05\times2)=1.16$ 扣除：C-2处： $-(3.6-0.1\times2-0.05\times2)\times0.08\times2=-5.28$ 加：阳台 $9.2\times(1.5-0.05)\times\dfrac{1}{2}=6.67$ 电梯机房： $(2.2+0.1\times2+0.05\times2)\times2.2\times\dfrac{1}{2}=2.75$ 楼梯间： $(2.8+0.05\times2)\times(7.8+0.1\times2+0.05\times2)=2.9\times8.1=23.49$ $(291.51+48.6+1.16+6.67-5.28)\times12+2.75+23.49=4\ 138.16$ $(23.6+0.05\times2)\times(16+0.1\times2+0.05\times2)=386.31$ 扣除：C-2处： $-0.8\times(3.6-0.1\times2-0.05\times2)\times2=-5.28$ C-4、C-5处： $-(3.6+1.5)\times(1.2+2.4+0.4)\times2=-40.8$ C-5、C-6处： $-5.3\times0.4\times2=-4.24$ 加：阳台 $9.2\times(1.5-0.05)\times\dfrac{1}{2}=6.67$ 电梯机房： $(2.2+0.1\times2+0.05\times2)\times2.2\times\dfrac{1}{2}=2.75$ 楼梯间： $(2.8+0.05\times2)\times(7.8+0.1\times2+0.05\times2)=2.9\times8.1=23.49$ $(386.31-5.28-40.8-4.24+6.67)\times12+2.75+23.49$ $=4\ 138.16$

问题2：

表 3-36　分部分项工程量计算

分项工程名称	计量单位	工程数量	计算过程
楼面工程（二层）	m²	79.12	卧室1： $(3.4\times5.8-2.1\times1)\times2=35.24$ 或$(3.4\times4.8+1\times1.3)\times2=35.24$ 卧室2： $3.4\times5\times2=34$ 主卫： $1.9\times2.6\times2=9.88$

续表

分项工程名称	计量单位	工程数量	计算过程
墙面抹灰工程（二层）	m²	225.88	卧室1： [(3.4+5.8)×2×2.9-1.8×2-0.9×2.1-0.8×2.1]×2=92.38 卧室2： [(3.4+5)×2×2.9-1.8×1.7-0.9×2.1]×2=87.54 主卫： [(1.9+2.6)×2×2.9-0.8×2.1-0.9×1.6]×2=45.96

问题3：

表 3-37　分部分项工程量清单

序号	项目编码	项目名称	项目特征	计量单位	数量
1	011101001001	水泥砂浆楼面	1. 面层厚度：20 mm 2. 砂浆配合比：1：2 水泥砂浆 3. 素水泥浆结合层一道	m²	—
2	011201001001	墙面一般抹灰	1. 墙体类型：加气混凝土墙 2. 底层厚度、砂浆配合比：15 mm厚1：1：6水泥石灰砂浆 3. 面层厚度，砂浆配合比：5 mm 厚 1：0.5：3水泥石灰砂浆	m²	—
3	011105001001	水泥砂浆踢脚线	1. 踢脚线高：150 mm 2. 底层厚度、砂浆配合比：6 mm，1：3 水泥砂浆 3. 面层厚度、砂浆配合比：6 mm，1：2 水泥砂浆抹面压光	m²	—
4	011301001001	天棚抹灰	1. 基层类型：钢筋混凝土天棚 2. 抹灰厚度、砂浆配合比、材料种类： 7 mm，1：1：4 水泥厂灰砂浆 5 mm，1：0.5：3 水泥石灰砂浆	m²	—
5	011001003001	保温隔热墙面	1. 部位：外墙 2. 方式：外保温或锚筋固定 3. 材料品种、规格：50 mm 聚苯板 4. 防护材料：20 mm 聚合物抗裂砂浆	m²	—
6	010807001001	金属（塑钢、断桥）窗	1. 类型、外围尺寸：80 系列单框推拉窗1 800 m×2 000 mm 2. 材质：塑钢 3. 玻璃品种、厚度：中空玻璃 5 + 12A + 5 mm 4. 五金材料：拉手、风撑	樘	

【案例二】

某工程楼面如图 3-26"楼层结构平面图"所示。梁纵向钢筋通长布置,8 m 长一个搭接,搭接长度 $1.2L_1$,L_1 为 $40d$。梁箍筋弯钩长度按外包尺寸每个弯钩加 $11.9d$ 计算。梁混凝土保护层 25 mm。

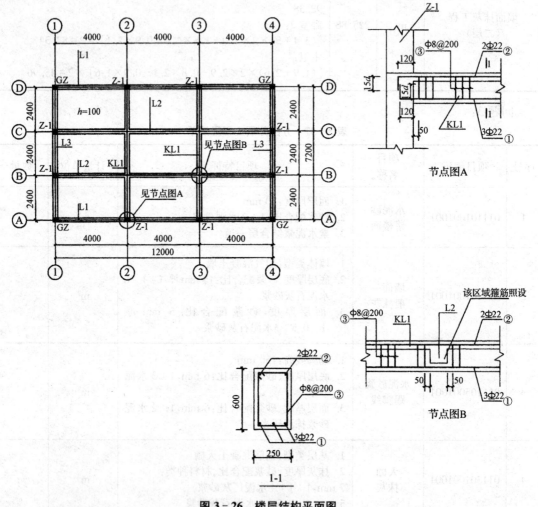

图 3-26 楼层结构平面图

注:所有墙厚均为 240,Z-1 柱、构造柱截面 240×240。

问题:

1. 计算 KL_1 梁钢筋的重量,并将相关内容填入表 3-38"钢筋计算表"相应栏目中。

2. 依据《建设工程工程量清单计价规范》,将项目编码、综合单价、合价及综合单价计算过程填入表 3-39"分部分项工程量清单计价表"的相应栏目中。

答案：

表 3-38　钢筋计算表

构件名称	钢筋编号	简　图	直径	计算长度/m	合计根数	合计重量/kg	计　算　式
KL₁	①②		ϕ22	7.86	10	234.23	$L = (7.2 - 0.24) + 0.24 + 2\times15\times0.022$ 或 $L = 7.2 + 2\times15\times0.022$
	③		ϕ8	1.73	72	47.96	$(0.25 + 0.6)\times2 - 8\times 0.02 + 2\times11.9\times0.008$ $g = [(7.2 - 0.24 - 0.05\times 2)/0.2 + 1]\times2$

钢筋重量表	直径/mm	ϕ8	ϕ12	ϕ16	ϕ12	ϕ14	ϕ16	ϕ18	ϕ20	ϕ22
	每米重量/kg	0.385	0.898	1.580	0.888	1.210	1.580	2.000	2.470	2.980

注：表中"计算式"公表达每根钢筋长度的计算式，KL1 梁箍筋数量及每个箍筋长度的计算式。箍筋个数取整数。

问题 2：

表 3-39　分部分项工程量清单计价表
（混凝土及钢筋混凝土工程）

序号	项目编码	项目名称	项目特征	计量单位	工程数量	工料单价/元	金额/元		综合单价计算过程
							综合单价/元	合价/元	
1	010501002001	带形基础	混凝土强度等级：商品混凝土 C30	m³	8.76	(294.58)	350.55	3 070.82	工料单价×(1+12%+7%)
2	010502002001	构造柱	混凝土强度等级：商品混凝土 C30	m³	3.2	(244.69)	291.18	931.78	
3	010505003001	平板	混凝土强度等级：商品混凝土 C30	m³	5.45	(213.00)	253.47	1381.41	
4	010515001001	现浇混凝土钢筋	HRB335 螺纹钢筋 ϕ22（Ⅱ级钢）	t	12	(3 055.12)	3 635.59	4 3627.08	
5	010515001002	现浇混凝土钢筋	HPB335 Ⅰ 光圆钢筋 ϕ8（Ⅰ级钢）	t	2	(2 986.19)	3 553.57	7 107.14	

注：表中工料单价为已知数据。

【案例三】

某氧气加压站工艺管道图如图 3-26 所示,该工程部分分部分项工程量清单项目的工料单价见表 3-40。无缝钢管φ133×6 的每 10 m 工程量耗用 9.41 m 管材,其单价为 100 元/m;管道刷油每10m² 耗用 3.0 kg 油漆,其单价为 10 元/kg。管理费、利润分别按人工费85%、60%计。

表 3-40 分部分项工程量清单项目工料单价表

序号	工程名称	计量单位	工料单价/元		
			人工费	材料费	机械费
1	无缝钢管φ133×6	m	3.50	1.10	7.50
2	管道支架	kg	2.30	1.20	1.00
3	管道试压	100 m	130.00	67.50	16.20
4	管道 X 射线探伤	张	10.70	14.60	10.50
5	管道刷油	m²	1.50	0.10	—
6	管道绝热	m³	130.00	27.00	7.00

问题:

1. 计算分部分项工程量。依据《全国统一安装工程预算工程量计算规则》计算工程量,并将工程量和计算过程填入表 3-41"管道安装工程分部分项工程量计算表"的相应栏目内。

2. 编列工程量清单。依据《建设工程工程量清单计价规范》编列出管道(统一编码,略)及管道支架(统一编码:略)的分部分项工程量清单,并填入表 3-42"分部分项工程量清单"中。

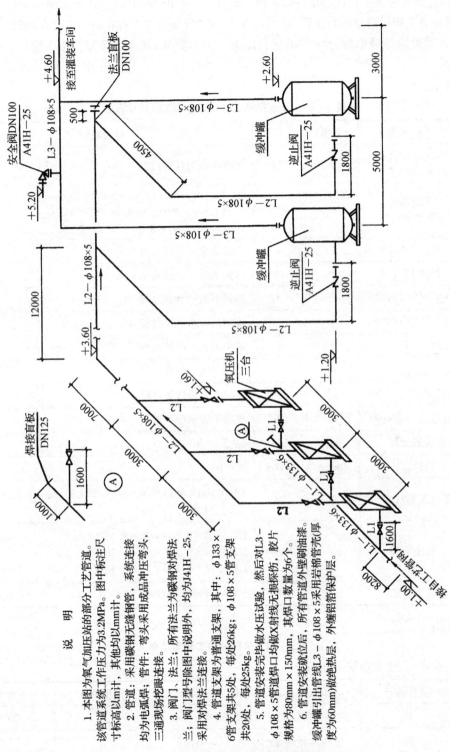

说　明

1. 本图为氧气加压站的部分工艺管道。
该管道系统工作压力为3.2MPa。图中标注尺
寸标高以m计,其他均以mm计。

2. 管道: 采用碳钢无缝钢管, 系统连接
均为电弧焊; 管件: 弯头采用成品冲压弯头,
三通现场挖眼连接。

3. 法兰、阀门: 所有法兰为碳钢对焊法
兰; 阀门型号除图中说明外, 均为J41H-25,
采用对焊法兰连接。

4. 管道支架为普通支架, 其中: φ133 -
6管支架共5处, 每处26kg; φ108×5管支架
共20处, 每处25kg。

5. 管道安装完毕做水压试验, 然后对L3 -
φ108×5管道焊口均做X射线无损探伤, 胶片
规格为80mm×150mm, 其焊口数量为6个。

6. 管道引出管线L3 - φ108×5采用就位,
缓冲罐引出管线L3 - φ108×5采用岩棉管壳(厚
度为60mm)做绝热层, 外缠铝箔保护层。

图 3 - 27　氧气加压站工艺管道系统图

3. 计算分部分项工程量清单综合单价。根据表3-40中的内容,计算无缝钢管$\phi 133\times 6$一项的分部分项工程量清单综合单价,并填入表3-43"分部分项工程量清单综合单价计算表"。

（计算结果除计量单位为"m^3"的项目保留三位小数外,其余均保留2位小数）

答案:

问题1:

表3-41　管道安装工程分部分项工程量计算表

序号	工程名称	计量单位	工程量	计算过程
1	无缝钢管 $\phi 133\times 6$	m	20	该项不表达计算过程
2	无缝钢管 $\phi 108\times 5$	m	66.5	L2:$(3.6-1.6)\times 3+3+3+7+12+5+0.5+(4.5+3.6-1.2+1.8)\times 2=53.9$ L3:$(4.6-2.6)\times 2+5+3+(5.2-4.6)=12.6$
3	管件 DN125	个	4	三通3个　焊接盲板6个
4	管件 DN100	个	13	弯头7个　三通6个
5	法兰阀门 DN125	个	3	该项不表示计算过程
6	法兰阀门 DN100	个	5	该项不表示计算过程
7	安全阀 DN100	个	1	该项不表示计算过程
8	对焊法兰 DN125	片	3	该项不表示计算过程
9	对焊法兰 DN100	副	2	该项不表示计算过程
10	对焊法兰 DN100	片	9	该项不表示计算过程
11	管道支架	kg	630	$5\times 26+20\times 25$
12	管道试压	100 m	0.865	$20+66.5$
13	管道 X 射线探伤	张	24	L3:$0.108\times 3.14\div(0.15-0.25\times 2)=3.39$取4张 $4\times 6=24$张
14	管道刷油	m^2	30.90	L1:$3.14\times 0.133\times 20=8.35$ L2:$3.14\times 0.108\times 53.9=18.28$ L3:$3.14\times 0.108\times 12.6=4.27$
15	管道绝热	m^2	0.417	L3:$3.14\times(0.108+1.033\times 0.06)\times 1.033\times 0.06\times 12.6$

问题2:

表3-42　分部分项工程量清单

工程名称:工业管道安装工程

序号	项目编码	项目名称	计量单位	工程数量
1	略	中压无缝钢管$\phi 133\times 6$	m	20.00
2	略	中压无缝钢管$\phi 108\times 5$(L2 不保温)	m	53.90
3	略	中压无缝钢管$\phi 108\times 5$(L3 保温)	m	12.60
4	略	管道普通支架	kg	630.00

问题3：

表 3-43　分部分项工程量清单综合单价计算表

序号	工程内容	单位	数量	人工费	材料费	机械费	管理费	利润	小计
1	中压钢管安装ϕ133×6	m	20.00	70.00	22.00	150.00			
	无缝钢管ϕ133×6	m	18.82	—	1 882.00				
2	管道试压	100 m	0.20	26.00	13.50	3.24			
3	管道刷油	m²	8.35	12.53	0.84				
	油漆	kg	2.51	—	25.10				
	合计	—	—	108.53	1 943.44	153.24	92.25	65.12	2 362.58

【案例四】

某化工厂内新建办公试验楼集中空调通风系统安装工程，如图 3-27 所示。

有关条件如下：

1. 该工程分部分项工程量清单项目的统一编码见表 3-44。

表 3-44　分部分项工程量清单综合单价计算表

项目编码	项目名称	项目编码	项目名称
略	空调器	略	碳钢通负管道
略	碳钢调节调	略	碳钢送风口中、散流器
略	通风工程检测、调试		

2. 该工程部分分部分项工程的工料机单价见表 3-45。

表 3-45　分部分项工程量清单综合单价计算表

序号	工程项目及材料名称	计量单位	人工费/元	材料费/元	机械费/元
1	矩形风管 500×300　δ=0.75	m²	14.00	20.00	2.00
	镀锌钢板　δ=0.75	m²	—	50.00	—
2	矩形风管 500×300	个	10.00	280.00	10.00
3	风管检查孔 310×260	kg	6.00	6.00	1.00
4	温度测定孔 DN50	个	15.00	10.00	5.00
5	软管接口 500×300	m²	50.00	120.00	5.00
6	负管法兰加固框吊托支架　除锈	100 kg	10.00	3.00	7.00
7	风管法兰加固框吊托支架　刷防锈漆两遍	100 kg	20.00	2.00	28.00
8	防锈漆	kg		32.800	—
	通风工程检测、调试	系统	200.00	100.00	400.00

注：1. 每 10 m² 通风管道制安工程量耗用 11.38 m² 镀锌钢板。

2. 每 10 m² 通风管道制安中，风管法兰加固框吊托支架耗用钢材按 52.00 kg 计，其中施工损耗为 4%。

3. 每 100 kg 风管法兰加固框吊托支架刷油工程量，刷防锈漆两遍耗用防锈漆 2.5 kg。

4. 管理费、利润分别按人工费的 55%、45% 计。

问题:

1. 根据《建设工程工程量清单计价规范》的规定,编列出该工程的分部分项工程量清单项目,将相关内容填入表3-45中,并在表3-46的下面列式计算三种通风管道的工程量。

2. 假设矩形风管500×300的工程量为40 m时,依据《建设工程工程量清单计价规范》的规定,计算矩形风管500×300的工程量清单综合单价,将相关数据内容填入表3-47中,并在表3-47下面列式计算所列项目的工程量或耗用量。

(计算结果均保留2位小数)

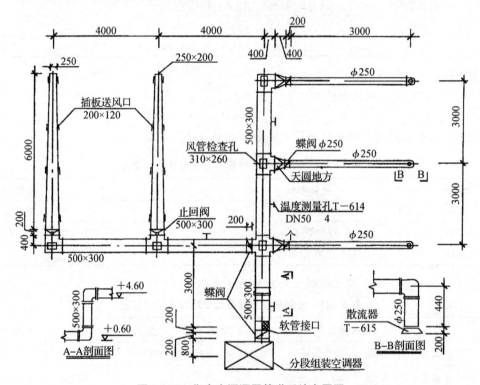

图3-28 集中空调通风管道系统布置图

说 明:

1. 本图为某化工厂试验办公楼的集中空调通风管道系统,图中标注尺寸标高以 m 计,其他均以 mm 计。
2. 集中通风空调系统的设备为分段组装式空调器,落地安装。
3. 风管及其管件采用镀锌钢板(咬口)现场制作安装,天圆地方按大口径计。
4. 风管系统中的软管接口、风管检查孔、温度测定孔、插板式送风口为现场制安;阀件、散流器为供应成品现场安装。
5. 风管法兰、加固框、支托吊架除锈后刷防锈漆两遍。
6. 风管保温本项目不作考虑。
7. 其他未尽事宜均视为与《全国统一安装工程预算定额》的要求相符。

通风空调设备部件附件数据表

字号	名 称	规格型号	长度/mm	单重/kg
1	空调器	分段组装 ZK-2000		3 000
2	矩形风管	500×300	图示	
3	渐缩风管	500×300/250×200	图示	
4	圆形风管	φ250	图示	
5	矩形蝶阀	500×300	200	13.85
6	矩形止回阀	500×300	200	15.00
7	圆形蝶阀	φ250	200	3.43
8	插板送风口	200×120		0.88
9	散流器	φ250	200	5.45
10	风管检查孔	310×260 T-614		4.00
11	温度测孔	T-615		0.50
12	软管接口	500×300	200	

答案:

问题1:

表 3 - 46 分部分项工程量清单表

序号	项目编码	项目名称及规格型号	计量单位	工程数量
1	略	分段级装空调器 ZK - 2000	kg	3 000
2	略	通风管道 500×300δ = 0.75	m²	38.40
3	略	通风回报缩管道 500×300/250×200δ = 0.75	m²	15
4	略	通风管道 φ250 δ0.75	m²	8.10
5	略	矩形蝶阀 500×300	个	2
6	略	矩形止回阀 500×300	个	2
7	略	圆形蝶阀 φ250	个	3
8	略	插板式送风口 200×120	个	16
9	略	散流器 φ250	个	3
10	略	通风工程检测、调试	系统	1

(1) 矩形风管 500×300 的工程量计算式:

$3 + (4.6 - 0.6) + 3 + 3 + 4 + 4 + 0.4 + 0.4 + 0.8 + 0.8 + 0.8 - 0.2 = 3 + 5 + 17 = 24$ m

$24 \times (0.5 + 0.3) \times 2 = 38.40$ m²

(2) 渐缩风管 500×300/250×200 的工程量计算式:

$6 + 6 = 12$ m

$12 \times 0.5 + 0.3 + 0.25 + 0.2) = 12 \times 1.25 = 15$ m²

(3) 圆形风管价 φ250 的工程量计算式:

$3 \times (3 + 0.44) = 3 \times 3.44 = 10.32$ m

$10.32 \times 3.14 \times 0.25 = 8.10$ m²

问题2:

表 3 - 47 分部分项工程量清单综合单价计算表

工程名称:(略)   计量单位:m²

项目编码:030902001001   工程数量:40

项目名称:矩形风管制安 500×300 镀锌钢板 δ0.75 咬口   综合单价:130.00 元

序号	工程内容	单位	数量	人工费	材料费	机械费	管理费	利润	小计
1	通风管道投案 500×300δ = 0.75	m²	40	560.00	800.00	80.00	—	—	—
2	镀锌钢板 δ0.75	m²	45.52	—	2 276.00	—	—	—	—
3	风管检查孔 310×260	kg	20.00	120.00	120.00	20.00	—	—	—
4	温度测定孔 DN50	个	4	60.00	40.00	20.00	—	—	—
5	风管法兰加固框吊托支架除锈	kg	200	20.00	6.00	14.00	—	—	—

序号	工程内容	单位	数量	其 中(元)					小计
				人工费	材料费	机械费	管理费	利润	
6	风管法兰加固框吊托支架刷防锈漆两遍	kg	200	40.00	4.00	56.00	—	—	—
7	防锈漆	kg	5.00	—	164.00	—	—	—	—
合　计		—	—	3 410.00	190.00	440.00	360.00	5 200.00	

(1)该项风管镀锌钢板耗用量的计算式:

$$40 \div 10 \times 11.38 = 45.52 \ m^2$$

(2)该项风管检查孔工程量的计算式:

$$5 \times 4 = 20 \ kg$$

(3)该项风管法兰、加固框、吊托支架刷油工程量的计算式:

$$40 \div 10 \times (52 \times 1.04) = 4 \times 50 = 200 \ kg$$

(4)该项风管法兰、加固框、吊托支架刷油时,防锈漆耗用量的计算式:

$$200 \div 100 \times 2.5 = 5 \ kg$$

【案例五】

某车间电气动力安装工程如图 3-29 所示。

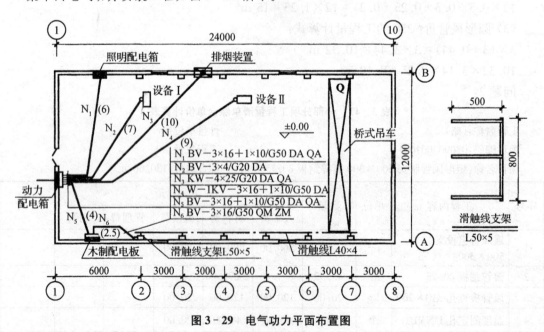

图 3-29　电气功力平面布置图

说明:

1. 室内外地坪标高相同(±0.00),图中尺寸标注均以 mm 计。

2. 配电箱、板尺寸:宽×高×厚

动力配电箱 600×400×250

照明配电箱 500×400×220

木制配电板 400×300×25

3. 滑触线支架安装在柱上标高+6.0 m处。

1. 动力箱、照明箱均为定型配电箱,嵌墙暗装,箱底标高为+1.4 m,木制配电板现场制作后挂墙明装,底边标高为+1.5 m,配电板上仅装置一铁壳开关。

2. 所有电缆、导线均穿钢保护管敷设,保护管除N6为沿墙、柱明配外,其他均为暗配,埋地保护管标高为-0.2 m。N6自配电板上部引至滑触线的电源配管,在②柱标高+6.0 m处,接一长度为0.5 m的弯管。

3. 两设备基础面标高+0.3 m,至设备电机处的配管管口高出基础面0.2 m,至排烟装置处的管口标高为+6.0 m。均连接一根长0.8 m同管径的金属软管。

4. 电缆计算预留长度时不计算电缆敷设弛度、波形弯度和交叉的附加长度。连接各设备处电缆、导线的预留长度为1.0 m,与滑触线连接处预留长度为1.5 m,电缆头为户内干包式,其附加长度不计。

5. 滑触线支架(L50×50×5,每米重3.77 kg)采用螺栓固定;滑触线(L40×40×4,每米重2.422 kg)两端设置指示灯。

6. 图3-12中管路旁括号内数字表示该管的平面长度。

问题:

依据《全国统一安装工程预算工程量计算规则》,计算表3-48"电气安装工程量计算表"中分项工程工程量,并将计量单位、工程量及其计算过程填入该表的相应栏目中。

注:计算结果保留两位小数。

答案:

表3-48 电气安装工程量计算表

序号	工程名称及其规格	计量单位	工程量	计算过程
1	配电箱安装	台	2	1+1
2	木制配电板安装	块	1	1
3	木制配电板制作	m²	0.12	0.4×0.3
4	钢管暗配 G20	m	27.1	N_2:7+(0.21.4)+0.2+0.3+0.2=9.3 N_3:10+(0.2+1.4)+0.2+6.0=17.8
5	钢管暗配 G50	m	27.8	N_1:6+(0.2+1.4)×2=9.2 N_4:9+(0.2+1.4)0.2+0.3+0.2=11.3 N_5:4+(0.2+1.4)+(0.2+1.5)=7.3
6	钢管明配 G50	m	7.2	N_6:2.5+(6-1.5-0.3)+0.5
7	金属软管 G20	m	1.6	0.8+0.8
8	金属软管 G50	m	0.8	0.8

续表

序号	工程名称及其规格	计量单位	工程量	计算过程
9	电缆敷设 $VV-3\times16+1\times10$	m	14.3	$N_4:11.3+2+1.0$
10	控制电缆敷设 $KVV-4\times2.5$	m	20.8	$N_3:17.8+2+1.0$
11	导线空管敷设 16 mm²	m	88.5	$N_1:(9.2+0.6+0.4+0.5+0.4)\times3=33.3$ $N_5:(7.3+0.6+0.4+0.4+0.3)\times3=27$ $N_6:(7.2+0.4+0.3+1.5)\times3=28.2$
12	导线穿管敷设 10 mm²	m	20.1	$N_1:9.2+0.6+0.4+0.5+0.4=11.1$ $N_5:7.3+0.6+0.4+0.4+0.3=9$
13	导线穿管敷设 4 mm²	m	33.9	$N_2:[9.3+(0.4+0.6)+1.0]\times3$
14	电缆终端头制作、 安装户内干包式 16 mm²	个	2	$N_4:1+1$
15	电缆终端头制作、 安装户内干包式 4 mm²	个	2	$N_3:1+1$
16	滑触线安装 $L40\times40\times4$	M	51	$(3\times5+1+1)\times3$
17	滑触线支架制作 $L50\times50\times5$	kg	52.03	$3.77\times(0.8+0.5\times3)6$
18	滑触线支架安装 $L50\times50\times5$	副	6	1×6
19	滑触线指示灯安装	套	2	$1+1$

【案例六】

某水泵站电气安装工程如图 3-29 所示,分项工程项目统一编码见表 3-49。

表 3-49　分项工程项目统一编码

项目编码	项目名称
略	低压开关柜
略	配电箱
略	电气配管
略	电气配线
略	电力电缆
略	电缆支架
略	工厂灯
略	电缆保护管
略	荧光灯

注:计算结果保留两位小数。

问题：

1. 计算分部分项工程量。依据《全国统一安装工程预算工程量计算规则》计算工程量，并将工程量及计算过程填入表3-50中未列出的分部分项工程项目的相应栏目中。

注：不考虑电缆敷设弛度、波形弯度和终端电缆头的附加长度。计算结果保留小数点后两位。

2. 编列工程量清单。依据《建设工程工程量清单计价规范》，按给定的统一项目编码，编列部分项目的分部分项工程量清单，将清单项目编码、计量单位填入表3-51"分部分项工程量清单"中。

3. 依据《建设工程工程量清单计价规范》编制"单位工程费汇总表"。设某工程按工程量清单计价，经计算分部分项工程量清单合价348 238元，措施项目清单合价24 322元，其他项目清单合计16 000元，规费8 962元，经测算，增值税、城市维护建设税、教育费附加和地方教育费附加的综合税率为3.413%，试编制单位工程费汇总表，并将有关数据和相关内容填入表3-52"单位工程费汇总表"中。

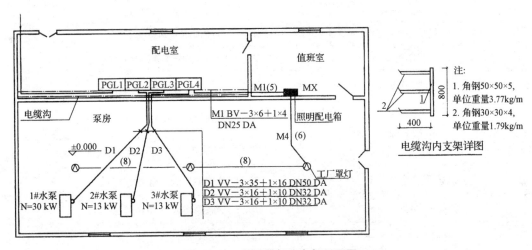

图3-30 水泵站部分电气平面图

说 明

1. 配电室内设4台PGL型低压开关柜，其尺寸(mm)：宽×高×厚：1 000×2 000×600，安装在10#基础槽钢上。

2. 电缆沟内设15个电缆支架，尺寸见支架详图所示。

3. 三台水泵动力电缆D1、D2、D3分别由PGL2、3、4低压开关柜引出，沿电缆沟内支架敷设，出电缆沟再改穿埋地钢管(钢管埋地深度-0.2 m)配至1#、2#、3#水泵电动机。其中：D1、D2、D3回路，沟内电缆水平长度分别为2 m、3 m、4 m；配管长度分别为15 m、12 m、13 m。连接水泵电机处电缆预留长度按1.0 m计。

4. 嵌装式照明配电箱MX，其尺寸(mm)：宽×宽×厚：500×400×220(箱底标高+1.40 m)。

5. 水泵房内设吸顶式工厂罩灯，由配电箱MX集中控制，以BV2.5 mm²导线穿φ15塑料管沿墙、顶板暗配。顶板敷管标高为+3.00 m。

6. 配管水平长度见图示括号内数字，单位：m。

答案：

问题1：

表 3-50　电气安装工程量计算表

序号	工程名称	计量单位	工程量	计算过程
1	低压配电柜 PGL	台	4	$1+1+1+1$
2	照明配电箱 MX	台	1	1
3	基础槽钢 10#	m	12.8	$[(1+0.6)\times2]\times4$
4	板式暗开关单控双联	套	1	该项不表达计算过程
5	板式暗开关单控三联	套	1	该项不表达计算过程
6	钢管暗配 DN50	m	15	该项不表达计算过程
7	钢管暗配 DN32	m	25	该项不表达计算过程
8	钢管暗配 DN25	m	6.6	该项不表达计算过程
9	塑料管暗配 ϕ 20	m	41.1	该项不表达计算过程
10	塑料管暗配 ϕ 15	m	23.2	$M: 3.0-1.4-0.4+6+8+8$
11	电缆敷设 VV$-3\times35+1\times16$	m	22	该项不表达计算过程
12	电缆敷设 VV$-3\times16+1\times10$	m	41.6	$D_2: 2+0.1+0.2+1.5+3+12+1$ $D_3: 2+0.1+0.2+1.5+4+13+1$
13	塑料铜芯线 6 mm²	m	32.4	该项不表达计算过程
14	塑料铜芯线 4 mm²	m	10.8	该项不表达计算过程
15	塑料铜芯线 2.5 mm²	m	141.8	该项不表达计算过程
16	工厂罩灯	套	3	该项不表达计算过程
17	吊链双管荧光灯	套	5	该项不表达计算过程
18	电缆支架制造安装	kg	77.46	$(0.4\times3\times1.79+0.8\times3.77)\times15$

问题2：

表 3-51　分部分项工程量清单

工程名称：电气安装工程

序号	项目编码	项目名称	计量单位	工程数量
1	略	低压配电柜 PGL	台	4
2	略	钢管暗配 DN25	m	6.6
3	略	电缆敷设 VV$-3\times35+1\times16$	M	22

续表

序号	项目编码	项目名称	计量单位	工程数量
4	略	电缆敷设 VV－3×16＋1×10	m	34.4
5	略	导线穿管敷设 BV－6	m	26.4
6	略	导线穿管敷设 BV－2.5	m	140
7	略	电缆支架制造安装	kg	77.46

问题 3：

表 3－52 单位工程费汇总表

序　号	项目名称	金额/元
1	分部分项工程量清单计价合计	348 238
2	措施项目清单计价合计	24 322
3	其他项目清单计价合计	16 000
4	规费	8 962
5	税金	13 567.43
合　计		411 089.43

【案例七】

某钢筋混凝土框架结构建筑物的某中间层楼面梁结构图如图 3－31 所示。已知抗震设防烈度为 7 度,抗震等级为三级,柱截面尺寸均为 500 mm×500 mm,梁断面尺寸如图 3－31 所示。梁、板、柱均采用 C30 商品混凝土浇筑。

问题:

1. 列式计算 KL5 梁的混凝土工程量。

2. 列表计算 KL5 梁的钢筋工程量。将计算过程及结果填入钢筋工程量计算表 3－53 中。已知势ϕ22 钢筋理论质量为 2.984 kg/m,ϕ20 钢筋理论质量为 2.47 kg/m,ϕ16 钢筋理论质量为 1.58 kg/m,ϕ8 钢筋理论质量为 0.395 kg/m。拉筋为 06 钢筋,其理论质量为 0.222 kg/m,纵向受力钢筋端支座的锚固长度按现行规范计算(纵筋伸到支座对边减去保护层弯折 15d),腰筋锚入支座长度为 15d,吊筋上部平直长度为 20d。箍筋加密区为 1.5 倍梁高,箍筋长度和拉筋长度均按外包尺寸每个弯钩加 11.9d 计算,拉筋间距为箍筋非加密区间距的两倍,混凝土保护层厚度为 25 mm。

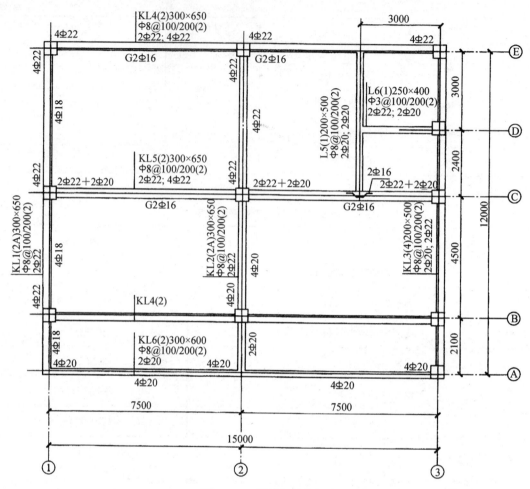

图 3-31　楼面梁结构图

表 3-53　KL5 梁钢筋工程量计算表

筋号	直径	钢筋图形	钢筋长度(根数)计算式	根数	单长/m	总长/m	总重/kg
合　计							

　　3. 根据表 3-54 现浇混凝土梁定额消耗量、表 3-55 各种资源市场价格和管理费、利润及风险费率标准(管理费率为人、材、机费用之和的 12%,利润及风险费率为人、材、机、管理费用之和的 4.5%),编制 KL5 现浇混凝土梁的工程量清单综合单价分析表(清单计价规范的项目编码为 010403002),见表 3-56。

表 3 - 54 混凝土梁定额消耗量

定 额 编 号			5 - 572	5 - 573
项 目		单位	混凝土浇筑	混凝土养护
人工	综合工日	工日	0.204	0.136
材料	C30 商品混凝土(综合)	m³	1.005	
	塑料薄膜	m²		2.412
	水	m³	0.032	0.108
	其他材料费	元	6.80	
机械	插入式振捣器	台班	0.050	

表 3 - 55 各种资源市场价格表

序 号	资源名称	单位	价格/元	备注
1	综合工日	工日	50.00	包括:技工、力工
2	C30 商品混凝土(综合)	m³	340.00	包括:搅拌、运输、浇灌
3	塑料薄膜	m²	0.40	
4	水	m³	3.90	
5	插入式振捣器	台班	10.74	

表 3 - 56 工程量清单综合单价分析表

工程名称: 　　　　　　　　　标段:

项目编码		项目名称		计量单位			
清单综合单价组成明细							
定额号	定额项目	计量单位	数量	单价/元				合价/元			
				人工费	材料费	机械费	管理费和利润	人工费	材料费	机械费	管理费和利润
人工单价			小 计								
元/工日			未计价材料/元								
清单项目综合单价/(元·m⁻³)											
材料费明细		主要材料名称、规格、型号		单位	数量	单价/元	合价/元	暂估单价/元	暂估合价/元		
		其他材料费/元(略)									
		材料费小计/元									

【解题要点】

本案例相关知识要点涉及《建设工程工程量清单计价规范》、各《工程量计算规范》和《全国统一建筑工程预算工程量计算规则》中有关框架梁钢筋工程量计算,且框架梁结构图采用了平面整体表示法。平面整体表示法中首先要求读者掌握集中标注内容的符号应用[如 KL5(2),$\phi 8@100/200(2)$,2Φ22,4Φ22 等],对于钢筋工程量计算过程的典型分类计算公式应能熟练应用(如箍筋、腰筋、拉筋、纵向受拉筋、通长筋、吊筋、构造筋等)。

答案:

问题1:

混凝土工程量:$0.3 \times 0.65 \times 7 \times 2 = 2.73 \ m^3$

问题2:

表 3-57　KL5 梁钢筋工程量计算表

筋号	直径	钢筋图形	钢筋长度(根度)计算式	根数	单长/m	总长/m	总重/kg
上下通长筋	22		$(15\ 000 - 500) + [(500 - 25) + 15 \times 22] \times 2$	6	16.11	96.66	288.433
端支座三分之一筋	20		$[(500 - 25) + 15 \times 20] + (7\ 500 - 500)/3$	4	3.108	12.433	30.710
中支座三分之一筋	20		$7\ 000/3 + 500 + 7\ 000/3$	2	5.167	10.333	25.523
梁侧构造钢筋	16		$7\ 500 - 500 + 15 \times 16 \times 2$	4	7.480	29.92	47.274
箍筋	8		长度:$(0.3 + 0.65) \times 2 - 8 \times 0.02 + \times 11.9 \times 0.008$ 根数:$\{[(1.5 \times 650 - 50)/100 + 1] \times 2 + (7\ 000 - 10 \times 100 \times 2)/200 - 1\} \times 2$	92	1.930	177.597	70.150
拉筋	6		长度:$300 - 20 \times 2 + 2 \times 11.9 \times 6$ 根数:$[(7\ 000 - 50 \times 2)/400 + 1] \times 2$	38	0.403	15.31	3.398
吊筋	16		$20 \times 16 \times 2 + 600 \times 1.414 \times 2 + 200 + 50 \times 2$	2	2.637	5.274	8.333
合　计							473.821

问题3：

表 3-58 工程量清单综合单价分析表

工程名称：某钢筋混凝土框架结构工程　　　　　　　　　　　　　标段：

项目编码	010403002001	项目名称	C30混凝土梁	计量单位	m³

				清单综合单价组成明细						
定额号	定额项目	计量单位	数量	单价/元				合价/元			
				人工费	材料费	机械费	管理费和利润	人工费	材料费	机械费	管理费和利润
5-572	混凝土浇筑	m³	1	10.20	341.82	0.537	60.08	10.20	341.82	0.537	60.08
5-573	混凝土养护	m³	1	6.80	1.39		1.40	6.80	1.39		1.40
人工单价		小　计						17.00	343.21	0.537	61.48
元/工日		未计价材料/元									
清单项目综合单价/(元·m⁻³)								430.19			

材料费明细	主要材料名称、规格、型号	单位	数量	单价/元	合价/元	暂估单价/元	暂估合价/元
	C30商品混凝土	m³	1.005	340.00	341.70		
	其他材料费/元（略）						
	材料费小计/元						

【案例八】

本试题分三个专业（Ⅰ.土建工程、Ⅱ.工业管道安装工程、Ⅲ.电气安装工程），请任选其中一题作答。

Ⅰ.土建工程

某别墅部分设计如图3-31～图3-32所示。墙体除注明外均为240mm厚。坡屋面构造做法：钢筋混凝土屋面板表面清扫干净，素水泥浆一道，20mm厚1:3水泥砂浆找平，刷热防水膏，采用20mm厚1:3干硬性水泥砂浆防水保护层，25mm厚1:1:4水泥石灰砂浆铺瓦屋面。卧室地面构造做法：素土夯实，60mm厚C10混凝土垫层，20mm厚1:2水泥砂浆抹面压光。卧室楼面构造做法：150mm现浇钢筋混凝土楼板，素水泥浆一道，20mm厚1:2水泥砂浆抹面压光。

问题：

1. 依据《建筑工程建筑面积计算规范》的规定，计算别墅的建筑面积。将计算过程及计量单位、计算结果填入表3-66"建筑面积计算表"。

2. 依据《建设工程工程量清单计价规范》计算卧室（不含卫生间）楼面、地面工程量，计算坡屋面工程量。将计算过程及结果填入表3-67"分部分项工程量计算表"。

3. 依据《建设工程工程量清单计价规范》编制卧室楼面、地面，坡屋面工程的分部分项工程量清单，填入表3-68"分部分项工程量清单"（水泥砂浆楼地面的项目编码：略，瓦屋面的项目编码:略)。

4. 依据《建设工程工程量清单计价规范》编制"单位工程费汇总表"。假设别墅部分项目的分部分项工程量清单计价合计 207 822 元,其中人工费 41 560 元;措施项目清单计价合价 48 492 元;其他项目清单计价合计 12 123 元;规费以人工费为基数计取,费率为 30%;增值税率为不含税的人材机费、管理费、利润、规费之和的 3%,其综合税率按 3.413% 计算。将有关数据和相关内容填入表 3-69"单位工程费汇总表"。

(计算结果均保留 2 位小数)

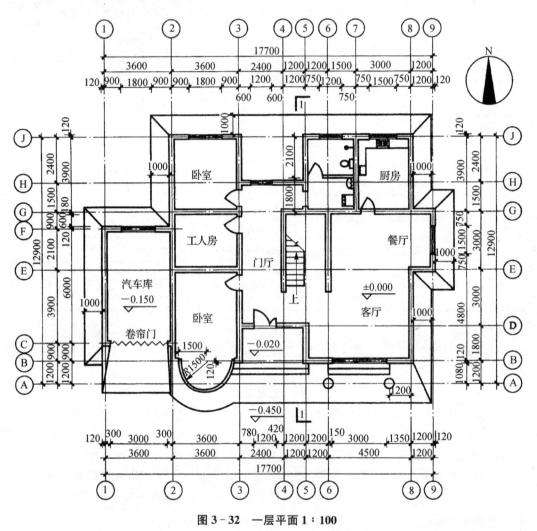

图 3-32　一层平面 1∶100

注:弧形落地窗半径 R=1 500 mm(为 B 轴外墙外边线到弧形窗边线的距离,弧形窗的厚度忽略不计)。

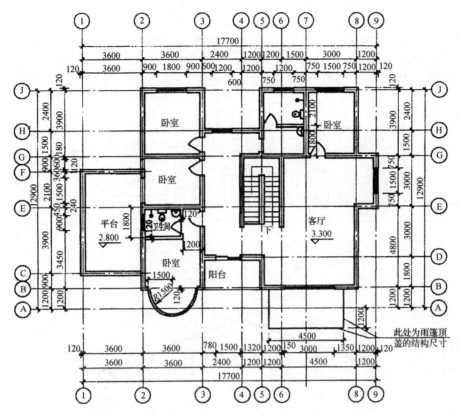

图 3 - 33　二层平面图 1：100

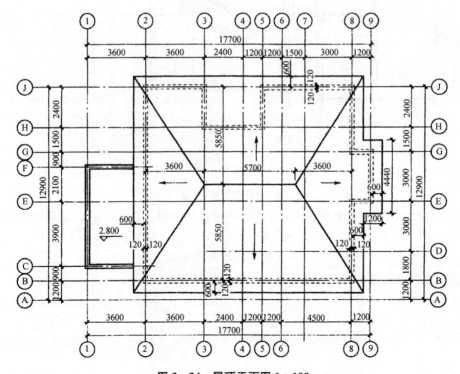

图 3 - 34　屋顶平面图 1：100

图 3－35　南立面图 1∶100

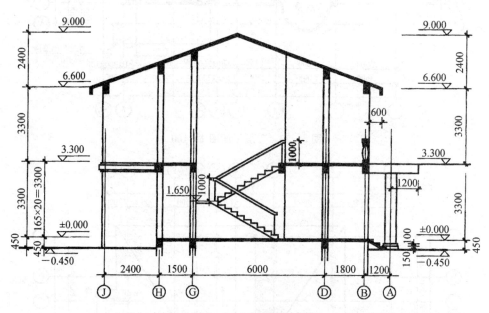

图 3-36　1—1 剖面图 1∶100

Ⅱ. 管道安装工程

某建设项目为两栋楼房建设施工,第一栋是商住楼工程,为三层结构,建筑高度 10.8 m,层高 3.6 m,施工图如图 3-36 所示,图例见表 3-59。工程消防设计说明如下:

1. 本设计室内标高 ±0.000 为建筑施工图中所定标高。

2. 图中所注的标高尺寸以"m"计算,其余以"mm"计算。

3. 室内消灭栓安装高度为栓口中心距楼(地)面 0.9 m,出水方向与设置消火栓的墙面呈 90°。

4. 本设计中消火栓箱选用 SGY24 型成套产品,室内消火栓采用 SN65 型(C19 枪,带长 25 m)。

5. 室内消防水管采用镀锌钢管,螺扣连接,涂刷银色调和漆两遍。

6. 室外消防水泵结合器安装详见 GB 865164—7—20。

7. 室外地上式消火栓安装详见 GB 885164—4。

第二栋为砖混结构住宅楼,建筑面积为 2 232.68 m²。包工包料。

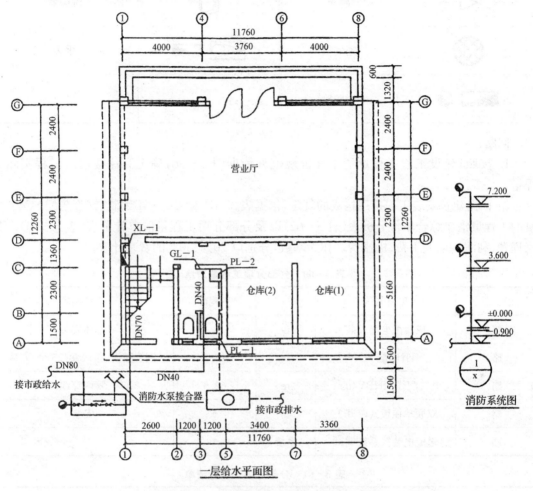

图 3‑37　一层给水排水平面图及消防系统图

表 3‑59　图例

图　例	说　明	图　例	说　明
—— G ——	给水管		止回阀
—— P ——	排水管		地漏
	截止阀		蹲(坐)式大便器

续表

图　例	说　明	图　例	说　明
▷◁ ↑	闸阀	▯	洗脸盆
⊕	通气帽	◁⊘ ◁	水表
◣ ◐	消防栓		

问题：

1. 按照《建设工程工程量清单计价规范》，依据图 3-36，确定商住楼消防工程实际工程量。

2. 根据建筑安装工程费用构成的规定，依据表 3-60 和表 3-61 编制"钢管暗配 SC40"项目的工程量清单综合单价分析表（表 3-62）以及分部分项工程量清单计价表（表 3-63）。其管理费、利润均以人工费、机械费之和为基数，分别以 20%、30% 的费率计取。

表 3-60　分部分项工程量清单

项目编码	项目名称	单位	工程师	工作内容
略	成套配电箱安装	台	1	本体安装
略	钢管暗配 SC40	m	12.2	钢管敷设，接线盒(25 个)安装
略	电气配线 NHBV4mm²	m	62.5	管内穿线
略	双联单控板式暗开关	套	5	安装
略	送配电装置系统调试	系统	1	

表 3-61　分部分项工程量清单

序号	项目名称	单位	直接工程费/元			主材	
			人工费	材料费	机械费	消耗量	单价/元
1	成套配电箱安装	台	60.64	36.11		1.0	365
2	钢管暗配 SC40	100 m	502.32	117.67	37.28	103	12.5
3	电气配线 NHBV4 mm²	100 m	23.58	12.26		110	1.7
4	双联单控板工暗开关	10 套	29.98	2.23		10.2	3.5
5	送配电装置系统调试	系统	119.40	2.33	58.29		
6	接线盒暗装	10 个	15.16	7.09		10.2	2.2

表 3-62　工程量清单综合单价分析

工程名称：　　　　　　　　　　　　　　标段：　　　　　　　第　页　共　页

项目编码			项目名称			计量单位		m²			
清单综合单价组成明细											
定额编号	定额名称	定额单位	数量	单价/元				合价/元			
				人工费	材料费	机械费	管理费和利润	人工费	材料费	机械费	管理费和利润
人工单价			小　计								
元/工日			未计价材料(元)								
清单项目综合单价											
材料费明细	主要材料名称、规格、型号				单位	数量	单价/元	合价/元	暂估单价/元	暂估合价/元	
	其他材料费/(元)(略)										
	材料费小计/(元)										

表 3-63　分部分项工程量清单与计价

工程名称：　　　　　　　　　　　　　　标段：　　　　　　　第　页　共　页

序号	项目编码	项目名称	项目特征描述	计量单位	工程量	金额(元)		
						综合单价	合价	其中:暂估价

Ⅲ．电气安装工程

某别墅局部照明系统 1 回路如图 3-38 和图 3-39 所示。

表 3-64 中数据为核照明工程的相关费用：

表 3-64　分部分项工程量清单与计价

序号	项目名称	计量单位	安装费/元			单价/元	损耗率/%
			人工费	材料费	机械使用费		
1	镀锌钢管暗配 DN20	m	1.28	0.32	0.18	3.50	3
2	照明线路管内穿线 BV2.5 mm²	m	0.23	0.18	0	1.50	16
3	暗装接线盒	个	1.05	2.15	0	3.00	2
4	暗装开关盒	个	1.12	1.00	0	3.00	2

管理费和利润分别按人工费的 65% 和 35% 计。

分部分项工程量清单的统一编码见表 3-65。

表 3-65 项目编码表

项目编码	项目名称	项目编码	项目名称
略	电气配管	略	小电器
略	电气配线	略	装饰灯
略	配电箱	略	普通吸顶灯及其他灯具
略	控制开关	略	控制桌

问题:

1. 根据图示内容和《建设工程工程量清单计价规范》的规定,计算相关工程量和编制分部分项工程量清单。将配管和配线的计算式列出,并填写表 3-73"分部分项工程量清单"。

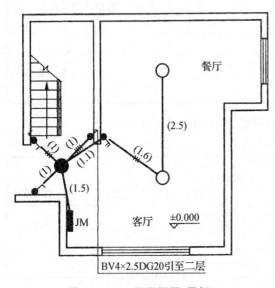

图 3-38 一层平面图(局部)

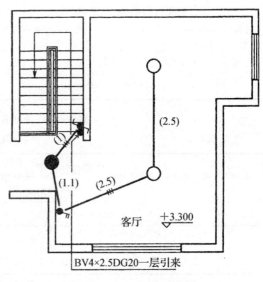

图 3-39 二层平面图(局部)

说明:

1. 照明配电箱 JM 为嵌入式安装。

2. 管路均采用镀锌钢管 DN20 沿顶板、墙暗配,一、二层顶板内敷管标高分别为 3.20 m 和 6.50 m,管内穿绝缘导线 BV2.5 mm²。

3. 配管水平长度见图示括号内数字,单位为 m。

序号	图例	名称、型号、规格	备注
1	▬	照明配电箱 JM 600 mm×400 mm×120 mm(宽×高×厚)	箱底标高 1.6 m
2	○	装饰灯 FZS-164　1×100 W	吸顶
3	●	圆球罩灯 JXD1-1　1×40 W	吸顶
4	单联单控暗开关 10 A　250 V		安装高度 1.3 m
5	双联单控暗开关 10 A　250 V		
6	单联双控暗开关 10 A　250 V		

2. 假设镀锌钢管 DN20 暗配和管内穿绝缘导线 BV2. 5 mm² 清单工程量分别为 30 m 和 80 m,依据上述相关费用数据计算以上两个项目的综合单价,并分别填写表 3 - 74 和表 3 - 75 "分部分项工程量清单综合单价计算表"。

3. 依据问题 2 中计算所得的数据进行综合单价分析,将电气配管(镀锌钢管 DN20 暗配)和电气配线(管内穿绝缘导线 BV2. 5 mm²)两个项目的综合单价及其组成计算后填写表 3 - 76 "分部分项工程量清单综合单价分析表"。

(计算过程和结果均保留 2 位小数)

【解题要点】

本例是近几年考试中经常出现的工程计量与工程计价的综合题型。一般包括:工程图、工程量、综合单价、清单编制、费用形成五个环节。结合工程实践的考核要求增加了题型难度。解题时读者应注意以下几个问题:

1. 熟悉图纸,熟悉与图纸有关的说明、识图、析图、算图、审图是案例分析考试的基本要求,读者应掌握"顺时针法","先横后竖,先上后下,先左后右"的经验方法。

2. 工程量计算要注意工程量计算规则、计量单位、项目特征描述的统一与规范。特别要注意工程量清单项目工程量计算规则是按工程实体尺寸净量计算,不考虑施工方法和加工余量。

3. 综合单价和费用构成计算的关键要注意其构成与计算基础在试题中的约定。

分部分项工程综合单价 = (1)人工费 + (2)机械使用费 + (3)材料费 + (4)管理费 + (5)利润。其中,(4)可以(1) + (2) + (3),(1)或(1) + (2)为计算基础,(5) 可以(1) + (2) + (3) + (4)、(1)或(1) + (2)为计算基础。

近年来出现给出综合单价、相关费率反求(1) + (2) + (3)或费率调整确定新单价的形式,应引起注意工程清单费用 = (1)分部分项工程费用 + (2)措施项目费用 + (3)其他项目费 + (4)规费 + (5)税金。

其中,(1)、(2)、(3)之和称为计价项目费用,它包含了管理费、利润,但不包含规费和税金。(4) 是以(1) + (2) + (3)或(1)为基础进行计算。(5) 是以(1) + (2) + (3) + (4)为基础进行计算。

4. 管道安装工程工程量计算过程的难点是识图算量,特别是图例符号的识别与实际施工过程要求基本相同。此类题型中图例与设计说明应细心阅读,在分部分项工程量清单与计价填写过程中应特别注意项目特征描述的准确性。

答案:

Ⅰ. 土建工程

问题 1:

表 3 - 66 建筑面积计算表

序号	部位	计量单位	建筑面积	计算过程
1	一层	m²	172. 66	$3.6 \times 6.24 + 3.84 \times 11.94 + 3.14 \times 1.5^2 \times 1/2 + 3.36 \times 7.74 + 5.94 \times 11.94 + 1.2 \times 3.24 = 172.66$
2	二层	m²	150. 20	$3.84 \times 11.94 + 3.14 \times 1.5^2 \times 1/2 + 3.36 \times 7.74 + 5.94 \times 11.94 + 1.2 \times 3.24 = 150.20$

序号	部位	计量单位	建筑面积	计算过程
3	阳台	m²	3.02	$3.36 \times 1.8 \times 1/2 = 3.02$
4	雨篷	m²	5.13	$(2.4 - 0.12) \times 4.5 \times 1/2 = 5.13$
	合计	m²	331.01	

计算过程中墙厚可直接加减在计算尺寸上。

问题2：

表 3-67 分部分项工程量计算表

序号	分项工程名称	计量单位	工程数量	计算过程
1	卧室地面	m²	31.87	$3.36 \times 3.66 + 3.36 \times 4.56 + 3.14 \times 1.5^2 + 0.24 \times 3 = 31.87$
2	卧室楼面	m²	47.18	$3.36 \times 3.66 + 3.36 \times 2.76 + 3.36 \times 4.56 + 3.14 \times 1.5^2 \times 1/2 + 0.24 \times 3 - 1.74 \times 2.34 + 2.76 \times 3.66 = 47.18$
3	屋面	m²	211.17	$[(5.7 + 14.34) \times \sqrt{2.4^2 + (5.85 + 0.12 + 0.6)^2 \times 2}]/2 +$ $[13.14 \times \sqrt{2.4^2 + (3.6 + 0.12 + 0.6)^2 \times 2}]/2 +$ $= 140.17 + 64.91 + 6.09 = 211.17$ 其中：$14.34 = 3.6 + 2.4 + 1.2 + 1.2 + 4.5 + 0.72 \times 2$ $\quad\quad\ 13.14 = 1.8 + 3 + 3 + 1.5 + 2.4 + 0.72 \times 2$

问题3：

表 3-68 分部分项工程量清单表

序号	项目编码	项目名称及特征	计量单位	工程数量
1	020101001001	水泥砂浆地面： 1. 垫层：素土夯实，60 mm 厚 C10 混凝土 2. 面层：20 mm 厚 1：2 水泥砂浆面压光	m²	31.87
2	020101001002	水泥砂浆楼面 面层：素水泥浆一道，20 mm 厚 1：2 水泥砂浆面压光	m²	47.18
3	010701001001	瓦屋面： 1. 找平层：素水泥浆一道，20 mm 厚 1：3 水泥砂浆 2. 防水保护层：刷热防水膏，20 mm 厚 1：3 干硬水泥砂浆 3. 面层：25 mm 厚 1：1：4 水泥厂灰砂浆铺瓦屋面	m²	211.08

问题4：

表 3 - 69 单位工程费汇总表

序 号	项目名称	金额/元
1	分部分项工程量清单计价合计	207 822
2	措施项目清单计价合计	48 492
3	其他项目清单计价合计	12 123
4	规费	12 468
5	税金	9 587. 29
合 计		290 492. 29

Ⅱ. 管道安装工程

问题1：

(1) 锌钢管螺扣连接 DN80；

根据图 3 - 36 一层给水排水平面图，按比例量取接市政给水的引水管水平干管：

$$1. 8 + 2. 5 = 4. 3 \text{ m}$$

(2) 镀锌钢管螺扣连接 DN70；

根据图 3 - 36 一层给水排水平面图，接消防水泵接合器的水平干管：

$$0. 8 + 8. 1 = 8. 9 \text{ m}$$

根据图 3 - 36 消防系统图的标高，接消防水泵接合器的立管：

$$0. 9 + 7. 2 + 0. 9 = 9. 0 \text{ m}$$

根据图 3 - 36 一层给水排水平面图按比例量取，接消防水泵结合器的支管：

$$(0. 7 + 0. 3) \times 3 = 3. 0 \text{ m}$$

合计： $\qquad 8. 9 + 9. 0 + 3. 0 = 90. 9 \text{ m}$

根据消防系统图 3 - 36 及表 3 - 59 得到：

(3) 螺纹闸阀 DN80：1 个；

(4) 室外地上消火栓：1 套；

(5) 消防水泵接合器（地上式）：1 套；

(6) 室内消火栓（单出口 SN65 ）：3 套。

问题 2:

表 3-70　工程量清单综合单价分析

工程名称:　　　　　　　　标段:　　　　　　　　第　页　共　页

项目编码	略		项目名称	钢管暗配 SC40	计量单位		m	
清单综合单价组成明细								

定额编号	定额名称	定额单位	数量	单价/元				合价/元			
				人工费	材料费	机械费	管理费和利润	人工费	材料费	机械费	管理费和利润
	钢管暗配 SC40	100 m	0.01	502.32	117.67	37.28	269.80	5.02	1.18	0.37	2.70
	接线盒暗装	10 个	0.205	15.16	7.09		7.58	3.11	1.45		1.55
人工单价		小　计						8.13	2.63	0.37	4.25
元/工日		未计价材料/元						17.48			
清单项目综合单价								32.86			

材料费明细	主要材料名称、规格、型号	单位	数量	单价/元	合价/元	暂估单价/元	暂估合价/元
	钢管	m	1.03	12.50	12.88		
	接线盒	个	2.09	2.20	4.60		
	其他材料费/元(略)	—		—			
	材料费小计/元	—		17.48	—		

表 3-71　分部分项工程量清单与计价

工程名称:　　　　　　　　标段:　　　　　　　　第　页　共　页

序号	项目编码	项目名称	项目特征描述	计量单位	工程量	金额(元)		
						综合单价	合计	其中:暂估价
1	略	成套配电箱安装	成套配电箱本体安装	台	1	492.07	492.07	
2	略	钢筋暗配	钢管暗配 SC40,钢管敷设,接线盒(25个)安装	m	12.2	32.86	400.89	
3	略	电气配线	电气配线 NHBV4 mm²	m	62.5	2.35	146.88	
4	略	双联单控板式暗开关	双联单控板式暗开关装	套	55	8.29	41.45	
5	略	送、配电装置系统调试		系统	1	268.87	268.87	
合　计							1 350.16	

Ⅲ．电气安装工程

问题1：

1. 镀锌钢管 DN20 暗配工程量计算：

一层：$(1.5+3.2-1.6-0.4)+(1+3.2-1.3)+(1+3.2-1.3)+(1+0.1+1.3)+$
　　　$(1.1+3.2-1.3)+(1.6+3.2-1.3)+2.5=19.9$ m²

二层：$(1+3.2-1.3)+(1.1+3.2-1.3)+(2.5+3.2-1.3)+2.5=12.8$ m

合计：$19.9+12.8=32.7$ m

2. 管内穿线 BV2.5 mm² 工程量计算：

二线：$[(1.5+3.2-1.6-0.4)+(1+3.2-1.3)+(1.1+3.2-1.3)+2.5+(1.1+3.2$
　　　$-1.3)+2.5]\times2=33.2$ m

三线：$[(1+3.2-1.3)+(1.6+3.2-1.3)+(1+3.2-1.3)+(2.5+3.2-1.3)]\times3$
　　　$=41.1$ m

四线：$(1+0.1+1.3)\times4=9.6$ m

合计：$33.2+41.1+9.6=83.9$ m

表 3-72　分部分项工程量清单表

工程项目：别墅照明工程

序号	项目编码	项目名称及特征	计量单位	工程数量
1	略	配电箱 照明配电箱 JM 嵌入式安装	台	1
2	略	电气配管 镀锌钢管 DN20 暗配 包括灯头盒 6 个、开关盒 5 个	m	32.7
3	略	电气配线 管内穿绝缘导线 BV2.5 mm²	m	83.9
4	略	小电器 单联单控暗开关 10 A　250 V	个	1
5	略	小电器 双联单控暗开关 10 A　250 V	个	2
6	略	小电器 单联双控暗开关 10 A　250 V	个	2
7	略	装饰灯 装饰灯 FZS-164　1×100 W	套	4
8	略	普通吸顶灯及其他灯具 圆球罩灯 JXDI-1 1×40 W	套	2

问题2：

表3-73　分部分项工程量清单综合单价计算表

工程名称：别墅照明工程　　　　　　　　　　　　　计量单位：m
项目编码：略　　　　　　　　　　　　　　　　　　工程数量：30
项目名称：电气配管　镀锌钢管DN20　　　　　　　暗配综合单价：9.18元

| 序号 | 工程内容 | 单位 | 数量 | 其中/元 | | | | | 小计/元 |
				人工费	材料费	机械使用费	管理费	利润	
1	镀锌钢管DN20暗配	m	30	38.40	9.60	5.40	24.96	13.44	91.80
	镀锌钢管DN20	m	30.9		108.15				108.15
2	暗装接线盒	个	6	6.30	12.90	0	4.10	2.21	25.51
	接线盒	个	6.12		18.36				18.36
3	暗装开关盒	个	5	5.60	5.00	0	3.64	1.96	16.20
	开关盒	个	5.10		15.30				15.30
合　计				50.3	169.31	5.40	32.70	17.61	275.32

注：有主材的，安装费和主材分行填入。

表3-74　分部分项工程量清单综合单价计算表

工程名称：别墅照明工程　　　　　　　　　　　　　计量单位：m
项目编码：略　　　　　　　　　　　　　　　　　　工程数量：80
项目名称：电气配管　管内穿绝缘导线BV2.5 mm²　综合单价：2.44元

| 序号 | 工程内容 | 单位 | 数量 | 其　中/元 | | | | | 小计/元 |
				人工费	材料费	机械使用费	管理费	利润	
1	管内穿线BV2.5 mm²	m	82	18.86	14.76	0	12.26	6.60	52.48
	绝缘导线BV2.5 mm²	m	95.12		142.68				142.68
合　计				18.86	157.44	0	12.26	6.60	195.16

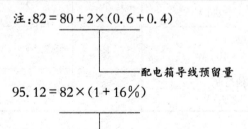

注：$82 = 80 + 2 \times (0.6 + 0.4)$

配电箱导线预留量

$95.12 = 82 \times (1 + 16\%)$

考虑开关盒、接线盒导线预留量和损耗有主材的，安装费和主材分两行填入。

问题3：

表3-75 分部分项工程量清单综合单价计算表

工程名称：别墅照明工程

序号	项目编码	项目名称	工程内容	综合单价组成					综合单价/元
				人工费	材料费	机械使用费	管理费	利润	
1	略	电气配管	镀锌钢管DN20暗配包括接线盒6个，开关盒5个，安装、接地	1.68	5.64	0.18	1.09	0.59	9.18
2	略	电气配线	管内穿绝缘导线BV2.5 mm²	0.24	1.97	0	0.15	0.08	2.44

【案例七】管道安装工程

1. 某办公楼卫生间给排水系统工程设计，如图3-40和图3-41所示。

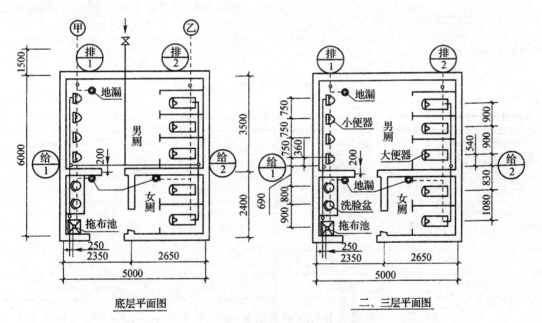

图3-40 某办公楼卫生间平面图

给水管道系统及卫生器具以及分部分项工程量清单项目的统一编码，见表3-76。

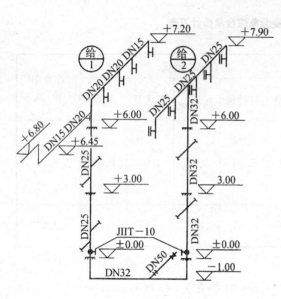

某办公楼卫生间给水系统图

（一、二层同三层）

图 3-41　某办公楼卫生间给水系统图

说　明

1. 图示为某办公楼卫生间，共三层，层高为 3 m，图中平面尺寸以 mm 计，标高均以 m 计。墙体厚度为 240 mm。
2. 给水管道均为镀锌钢管，螺纹连接。给水管道与墙体的中心距离为 200 mm。
3. 卫生器具全部为明装，安装要求均符合《全国统一安装工程预算定额》所指定标准图的要求，给水管道工程量计算至与大便器、小便器、洗面盆支管连接处止。其安装方式为：蹲式大便器为手压阀冲洗，挂式小便器为延时自闭式冲洗阀；洗脸盆为普通冷水嘴；混凝土拖布池 500 mm×600 mm 落地式安装，普通水龙头，排水地漏带水封；立管检查口设在一、三层排水立管上，距地面 0.5 m 处。
4. 给排水管道穿外墙均采用防水钢套管，穿内墙及楼板均采用普通钢套管。
5. 给排水管道安装完毕，按规范进行消毒、冲洗、水压试验和试漏。

表 3-76　工程量清单项目统一编码

项目编码	项目名称	项目编码	项目名称
031001001	镀锌钢管	031001002	钢管
031001005	承插铸铁管	031003001	螺纹阀门
031003003	焊接法兰阀门	031004003	洗脸盆
031004006	大便器	031004007	小便器
031004008	排水栓	031004008	水龙头
031004008	地漏	031004008	地面扫除口

2. 某单位参与投标一个碳钢设备制作安装项目，该设备净重 1 000 kg，其中：设备简体部分净重 750 kg，封头、法兰等净重为 250 kg。该单位根据类似设备制作安装资料确定本设备制作安装有关数据如下：

（1）设备简体制作安装钢材损耗率为 8%，封头、法兰等钢材损耗率为 50%。钢材平均价格为 6 000/t。其他辅助材料费为 2 140 元。

（2）基本用工：基本工作时间为 100 h，辅助工作时间为 24 h，准备与结束工作时间为 20 h，其他必须耗用时间为工作延续时间的 10%。其他用工（包括超运距和辅助用工）为 5 个工日。人工幅度差为 12%。综合工日单价为 50 元。

（3）施工机械使用费为 2 200 元。

（4）企业管理费、利润分别按人工费的 60%、40% 计算。

问题：

（1）根据图 3－39 和图 3－40 所示，按照《建设工程工程量清单计价规范》及其有关规定，完成以下内容：

① 计算出所有给排水管道的清单工程量，并写出其计算过程。

② 编列出给水管道系统及卫生器具的分部分项工程量清单项目，相关数据填入表 3－77"分布分项工程量清单表"内。

（2）根据背景 2 的数据，计算碳钢设备制作安装工程的以下内容，并写出其计算过程。

① 计算该设备制作安装需要的钢材、钢材综合损耗率、材料费用。

② 计算该设备制作安装的时间定额（基本用工），该台设备制作安装企业所消耗工日数量、人工费用。

③ 计算出该设备制作安装的工程量清单综合单价。（计算结果均保留两位小数）

表 3－77 分部分项工程量清单

序号	项目编码	项目名称	计量单位	工程数量

【解题思路】

本题为计量与计价题型。重点考核考生的识图能力，要求考生能够准确从图中读出相应构件的数量及尺寸，然后汇总填入相应表格中，进而求出综合单价。

【答案】

问题 1：

① 给水管道工程量的计算：

DN50 的镀锌钢管工程量的计算式：

$1.5+(3.6-0.2)=1.5+3.4=4.9$ m

DN32 的镀锌钢管工程量的计算式：

（水平管：$5-0.2-0.2$）+［立管：（左 $1+0.45$）+（右二 $+1.9+3$）］$=4.6+7.35=11.95$ m

DN25 的镀锌钢管工程量的计算式：

（立管 1：$6.45-0.45$）+（立管 2：$7.9-4.9$）+［水平 2：$(1.08+0.83+0.54+0.9+0.9)\times3$］$=6+3+12.75=21.75$ m

DN20 的镀锌钢管工程量的计算式：

［立管：$(7.2-6.45)$］+［水平管：$(0.69+0.8)+(0.36+075+0.75)$］$\times3=0.75+10.05=10.8$ m

DN15 的镀锌钢管工程量的计算式：

［$0.91+0.25+(6.8-6.45)+0.75$］$\times3=2.26\times3=6.78$ m

② 相关数据见表 3－78。

表 3-78 分部分项工程量清单表

序号	项目编码	项目名称	计量单位	工程数量
1	031001001001	室内给水管道 DN50 镀锌管道 螺纹连接 普通钢套管	m	4.9
2	031001001002	室内给水管道 DN32 镀锌管道 螺纹连接 普通钢套管	m	11.95
3	031001001003	室内给水管道 DN25 镀锌管道 螺纹连接 普通钢套管	m	21.75
4	031001001004	室内给水管道 DN20 镀锌管道 螺纹连接 普通钢套管	m	10.8
5	031001001005	室内给水管道 DN15 镀锌管道 螺纹连接 普通钢套管	m	6.78
6	031003001001	螺纹阀门 DN50	个	1
7	031003001002	螺纹阀门 J11T-10DN32	个	2
8	031004003001	洗脸盆 普通冷水嘴(上配水)	组	6
9	031004006001	大便器 手压阀冲洗	套	15
10	031004007001	小便器 延时自闭式阀冲洗	套	12
11	031004008001		个	3
12	031004008002		个	12

问题 2:

① 设备制作安装所需钢材:

$$0.75 \times (1 + 8\%) + 0.25 \times (1 + 50\%) = 1.185 \text{ t}$$

设备制作安装的钢材综合损耗率:

$$(1.185 - 1) \times 100\% = 18.5\%$$

该设备制作安装的材料费:

$$1.185 \times 6\,000 + 2\,140 = 9\,250 \text{ 元}$$

② 该设备制作安装的时间定额:

设制作安装设备所用的工作延续时间为 x

即 $x = (100 + 24 + 20) + 10\%x$

$x = 160 \text{ h/台} = 20 \text{ 工日/台}$

设备制作安装企业所消耗的工日数量:

(时间定额 + 其他用工) × (1 + 人工幅度差) = $(20 + 5) \times (1 + 12\%) = 25 \times 1.12 = 28$ 工日

该设备制作安装的人工费用:

$$28 \times 50 = 1\,400 \text{ 元}$$

③ 该设备制作安装工程量清单的综合单价:

人工费 + 材料费 + 机械费 + 企业管理费 + 利润

$$= 1\ 400 + 9\ 250 + 2\ 200 + (140 \times 60\%) + (1\ 400 \times 40\%)$$

$$= 1\ 400 + 9\ 250 + 2\ 200 + 840 + 560 = 14\ 250\ \text{元}$$

【案例八】

某消防泵房动力安装工程如图 3-42 所示。

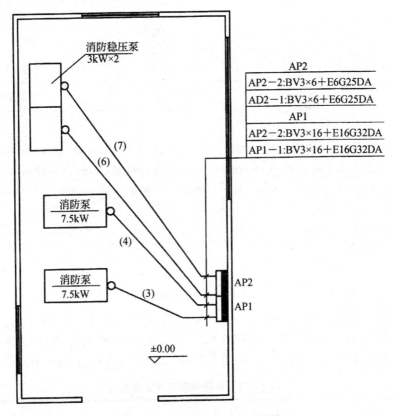

图 3-42 消防泵房动力平面图

说明：

1. 动力配电箱 AP1 和 AP2 尺寸均为 1 700×800×300(高×宽×厚)，落地式安装。

2. 配管水平长度见图示括号内数字，单位为 m。

3. AP1、AP2 为定型动力配电箱，落地式安装，电源由双电源切换箱引来。

4. 4 台设备基础顶面标高均为 0.3 m，埋地管标高为 -0.1 m，其至设备电机的管高出基础顶面 0.1 m，均连接回根长 0.8 m 同管径的金属软管，导线出管口后的预留长度均为 1 m。配电箱端管口标高 0.1 m。

5. 表 3-40 中数据为报价企业计算该动力安装工程的相关定额费用。管理费和利润分别按人工费的 55%和 45%计。

表 3-79 动力安装工程的相关定额费用

定额项目名称	计量单位	安装费/元			主 材	
		人工费	辅材费	机械使用费	单价/元	损害率/%
管内穿线、动力线路 BV6 mm²	m	0.46	0.15	0	3.20	5

6. 分部分项工程量清单的统一编码见表 3-80。

表 3-80　分部分项工程量清单的统一编码

项目编码	项目名称	项目编码	项目名称
030411001	电气配管	03046006	电动机检查接线与调试低压交流异步电动机
030411004	电气配线	030404017	配电箱
030404031	小电气	030404015	控制台
030404019	控制开关	030404001	控制屏

问题：

（1）根据图示内容和《建设工程工程量清单计价规范》CB 50500—2013 的规定，计算相关工程量和编制分部分项工程量清单，其中配管配线应列式计算，并填写分部分项工程量清单。

（2）计算每米穿线清单工程量的导线工程量，并填入分部分项工程量清单综合单价计算表。

（计算过程和结果均保留两位小数）

答案：

问题 1：

1. 钢管 A25 工程量：$7+6+(0.1+0.3+0.1+0.1+0.1)\times 2=14.4$ m
2. 钢管 A32 工程量：$4+3+(0.1+0.3+0.1+0.1+0.1)\times 2=8.4$ m
3. 导线 BV6 mm² 工程量：$14.4\times 4+1\times 2\times 4+(1.7+0.8)\times 2\times 4=85.6$ m
4. 导线 BV16 mm² 工程量：$8.4\times 4+1\times 2\times 4+(1.7+0.8)\times 2\times 4=61.6$ m

表 3-81　分部分项工程量清单

序号	项目编码	项目名称	项目特征	计量单位	数量
1	030404017001	配电箱	动力配电箱 AP1 落地式安装	台	1
2	030404017002	配电箱	动力配电箱 AP2 落地式安装	台	1
3	030411001001	电气配管	钢管 A25 暗配	m	14.4
4	030411001002	电气配管	钢管 A32 暗敷	m	8.4
5	030412003001	电气配管	管内穿线 BV6 mm²	m	85.6
6	030412003002	电气配管	管内穿线 BV16 mm²	m	61.6
7	030406006001	电机检查接线与调试	低压交流异步电机 3 kW	台	2
8	030406006002	电机检查接线与调试	低压交流异步电动机 7.5 kW	台	2

问题2：

表 3 - 82　分部分项工程量清单综合单价计算表

工程名称：消防泵房动力工程

项目编码	030411003001		项目名称		电器配线		计量单位		m
清单综合单价组成明细									
定额编号	定额项目名称	计量单位	数量	单价/元				合价/元			
				人工费	材料费	机械费	管理费和利润	人工费	材料费	机械费	管理费和利润
	管内穿线	m	1	0.46	0.15	0	0.46	0.46	0.15	0	0.46
清单综合单价组成明细											
人工单价			小计					0.46	0.15	0	0.46
元/工日			未计价材料费					3.36			
清单项目综合单价/元								4.43			

材料费明细	主要材料名称、规格、型号	单位	数量	单价/元	合价/元	暂估单价/元	暂估合价/元
	塑料铜芯线 BV6 mm^2	m	1.05	3.20	3.36		
	其他材料费/元						
	材料费小计/元				3.36		

第四章　建设工程招标与投标

扫码获取更
多精彩内容

内容提示

1. 招投标的基本法规知识；
2. 招标必须具备的基本条件；
3. 如何编制和发售招标文件；
4. 建设项目施工投标资格要求；
5. 建设项目投标文件的编制。

 知识要点

知识点一：招标基本法规知识

一、建设项目招标范围及招标方式分类

招标公告是要约邀请，而投标是要约，中标通知书是承诺。我国建设工程施工招标投标从竞争程度进行分类，可分为公开招标和邀请招标。建设项目招标范围及招标方式分类见表4-1。

表4-1　建设项目招标范围及招标方式分类

知识点		掌握主要内容
建设项目招标范围	强制招标项目	1. 大型基础设施、公用事业等关系社会公共利益、公众安全的项目； 2. 全部或者部分使用国有资金投资或国家融资的项目； 3. 使用国际组织或者外国政府贷款、援助资金的项目
	不可招标项目	1. 涉及国家安全、国家秘密或者抢险救灾而不适宜招标的； 2. 属于利用扶贫资金实行以工代赈需要使用农民工的； 3. 施工主要技术采用特定的专利或者专有技术的； 4. 施工企业自建自用的工程，且该施工企业资质等级符合工程要求的； 5. 在建工程追加的附属小型工程或者主体加层工程，原中标人仍具备承包能力的； 6. 法律、行政法规规定的其他情形

知识点			掌握主要内容
招标方式分类	按竞争程度分	公开招标	国家重点建设项目、地方重点项目以及全部使用国有资金投资或者国有资金投资占控股或者主导地位的工程建设项目,应当公开招标
		邀请招标	1. 项目技术复杂或有特殊要求,只有少量几家潜在投标人可供选择的; 2. 受自然地域环境限制的; 3. 涉及国家安全、国家秘密或者抢险救灾,适宜招标但不宜公开招标的; 4. 拟公开招标的费用与项目的价值相比,不值得的; 5. 法律、法规规定不宜公开招标的
	按招标组织形式分	自行招标	招标人具有编制招标文件和组织评标能力,且进行招标项目的相应资金或资金来源已经落实,可以自行办理招标事宜
		委托招标	不具备自行招标条件的,招标人应当委托具有相应资格的工程招标代理机构代理招标
	按招标范围分	国际招标	指符合招标文件规定的国内、国外法人或其他组织,单独或联合其他法人或者其他组织参加投标,并按招标文件规定的币种结算的招标活动
		国内招标	指符合招标文件规定的国内法人或其他组织,单独或联合其他国内法人或其他组织参加投标,并用人民币结算的招标活动

二、建设项目施工招标一般流程

建设项目施工招标的一般流程包括:招标活动的准备工作,资格预审公告或招标公告的编制与发布,资格审查,编制和发售招标文件,踏勘现场与召开投标预备会,建设项目施工投标,开标、评标、定标、签订合同。考生应注意掌握以建设项目施工招标一般流程为核心内容的辨识题及问答题。建设项目施工公开招标程序如图 4-1 所示,建设项目施工招标一般流程见表 4-2。

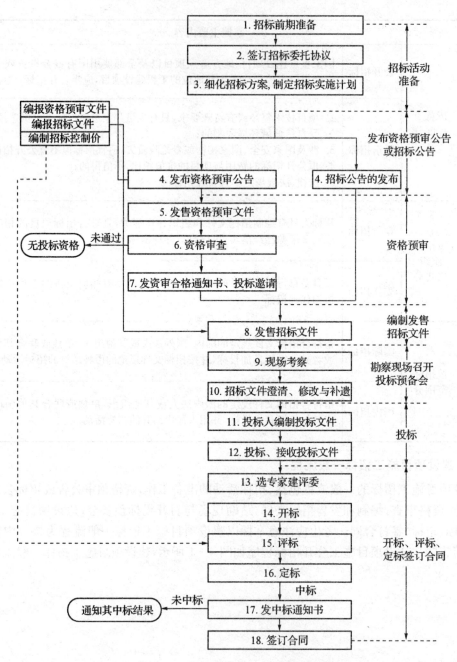

图 4-1 建设项目施工公开招标程序

表 4-2　建设项目施工招标一般流程

一般工作阶段	主要内容	
招标活动的准备工作	招标必须具备的基本条件	招标人已经依法成立;初步设计及概算应当履行审批手续的,已经批准;招标范围、招标方式和招标组织形式等应当履行核准手续的,已经核准;有相应资金或资金来源已经落实;有招标所需的设计图纸及技术资料
	确定招标方式	按要求,确定公开招标还是邀请招标
资格预审公告或招标公告的编制与发布	资格预审公告	招标条件;项目概况与招标范围;申请人的资格要求;明确采用合格制或有限数量制;指出获取资格预审文件的地点、时间和费用;说明递交资格预审申请文件的截止时间;发布公告的媒介;联系方式
	招标公告(若未进行资格预审,可以单独发布招标公告)	招标条件;项目概况与招标范围;投标人资格要求;招标文件的获取;投标文件的递交;发布公告的媒介;联系方式
资格审查	发出资格预审文件	
	投标人提交资格预审申请文件	
	对投标申请人的审查和评定	包括基本资格审查和专业资格审查
	发出通知与申请人确认	通过资格预审的申请人收到投标邀请书后,应在规定的时间内以书面形式明确表示是否参加投标。在规定时间内未表示是否参加投标或明确表示不参加投标的,不得再参加投标
编制和发售招标文件	投标人购买招标文件的费用,不论中标与否都不予退还 招标文件的澄清将在规定的投标截止时间 15 天前以书面形式发给所有购买招标文件的投标人,但不指明澄清问题的来源。如果澄清发出的时间距投标截止时间不足 15 天,相应延长投标截止时间	
踏勘现场与召开投标预备会	踏勘现场	踏勘现场一般安排在投标预备会前的 1~2 天;招标人不得单独或者分别组织任何一个投标人进行现场踏勘;投标人踏勘现场发生的费用自理
	召开投标预备会(目的在于澄清招标文件中的疑问,解答投标人对招标文件和勘查现场中所提出的疑问)	收到投标人提出的疑问后,应以书面形式进行解答,并将解答同时送达所有获得招标文件的投标人; 收到提出的疑问后,通过投标预备会进行解答,并以书面形式同时送达所有获得招标文件的投标人

一般工作阶段	主要内容		
建设项目施工投标	资格要求	法人或者其他组织	
	投标文件的编制与递交	投标截止时间	投标人应在投标文件的截止时间前,将投标文件密封送达投标地点
		投标保证金	其数额不得超过投标总价的 2%。投标人不按要求提交投标保证金的,其投标文件作废标处理。招标人与中标人签订合同后 5 个工作日内,向未中标的投标人和中标人退还投标保证金。出现下列情况的,投标保证金将不予返还: 1. 投标人在规定的投标有效期内撤销或修改其投标文件; 2. 中标人在收到中标通知书后,无正当理由拒签合同协议书或未按招标文件规定提交履约担保
		投标有效期	投标有效期从投标截止时间起开始计算。一般项目投标有效期为 60～90 天,大型项目为 120 天左右。投标保证金的有效期应与投标有效期保持一致
	联合体投标	1. 联合体各方应按招标文件提供的格式签订联合体协议书,明确联合体牵头人和各方权利义务,牵头人代表联合体成员负责投标和合同实施阶段的主办、协调工作,并应当向招标人提交由所有联合体成员法定代表人签署的授权书; 2. 联合体各方签订共同投标协议后,不得再以自己名义单独投标,也不得组成新的联合体或参加其他联合体在同一项目中投标; 3. 联合体各方应具备承担本施工项目的资质条件、能力和信誉,通过资格预审的联合体,其各方组成结构或职责以及财务能力、信誉情况等资格条件不得改变; 4. 由同一专业的单位组成的联合体,按照资质等级较低的单位确定资质等级; 5. 联合体投标的,应当以联合体各方或者联合体中牵头人的名义提交投标保证金。以联合体中牵头人名义提交的投标保证金,对联合体各成员具有约束力		
开标	开标的时间和地点	开标应当在招标文件确定的提交投标文件截止时间的同一时间公开进行; 开标地点应当为招标文件中投标人须知前附表中预先确定的地点	
	招标人不予受理的投标	1. 逾期送达的或者未送达指定地点的; 2. 未按招标文件要求密封的	

一般工作阶段		主要内容
评标	评标委员会的组建	评标委员会由招标人负责组建,由招标人或其委托的招标代理机构熟悉相关业务的代表,以及有关技术、经济等方面的专家组成,成员人数为5人以上的单数,其中技术、经济等方面的专家不得少于成员总数的2/3 确定评标专家,可以采取随机抽取或者直接确定的方式
	招标人不予受理的投标	1. 逾期送达的或者未送达指定地点的; 2. 未按招标文件要求密封的
	评标方法	1. 最低投标价法; 2. 综合评估法
中标	中标条件	1. 能够最大限度满足招标文件中规定的各项综合评价标准; 2. 能够满足招标文件的实质性要求,并且经评审的投标价格最低;但是投标价格低于成本的除外
	中标人的确定	对使用国有资金投资或者国家融资的项目,招标人应当确定排名第一的中标候选人为中标人。排名第一的中标候选人放弃中标,因不可抗力提出不能履行合同,或者招标文件规定应当提交履约保证金而在规定的期限内未能提交的,招标人可以确定排名第二的中标候选人为中标人。排名第二的中标候选人因上述同样原因不能签订合同的,招标人可以确定排名第三的中标候选人为中标人; 招标人可以授权评标委员会直接确定中标人; 招标人不得向中标人提出压低报价、增加工作量、缩短工期或其他违背中标人意愿的要求,以此作为发出中标通知书和签订合同的条件
	中标通知书的发出	招标人应当向中标人发出中标通知书,并同时将中标结果通知所有未中标的投标人
签订合同	签订时间	招标人和中标人应当自中标通知书发出之日起30天内,根据招标文件和中标人的投标文件订立书面合同。招标人与中标人签订合同后5个工作日内,应当向中标人和未中标的投标人退还投标保证金

【案例一】

某国有资金建设项目,采用公开招标方式进行施工招标,业主委托具有相应招标代理和造价咨询的中介机构编制了招标文件和招标控制价。

该项目招标文件包括如下规定:

(1)招标人不组织项目现场踏勘活动。

(2)投标人对招标文件有异议的,应当在投标截止时间10日前提出,否则招标人拒绝回复。

(3)投标人报价时必须采用当地建设行政管理部门造价管理机构发布的计价定额中分部分项工程人工、材料、机械台班消耗量标准。

(4)招标人将聘请第三方造价咨询机构在开标后评标前开展清标活动。

（5）投标人报价低于招标控制价幅度超过30％的，投标人在评标时须向评标委员会说明报价较低的理由，并提供证据；投标人不能说明理由、提供证据的，将认定为废标。

在项目的投标及评标过程中发生以下事件：

事件1：投标人A为外地企业，对项目所在区域不熟悉，向招标人申请希望招标人安排一名工作人员陪同踏勘现场。招标人同意安排一位普通工作人员陪同投标。

事件2：清标发现，投标人A和投标人B的总价和所有分部分项工程综合单价相差相同的比例。

事件3：通过市场调查，工程清单中某材料暂估单价与市场调查价格有较大偏差，为规避风险，投标人C在投标报价计算相关分部分项工程项目综合单价时采用了该材料市场调查的实际价格。

事件4：评标委员会某成员认为投标人D与招标人曾经在多个项目上合作过，从有利于招标人的角度，建议优先选择投标人D为中标候选人。

问题：

（1）请逐一分析项目招标文件包括的（1）～（5）项规定是否妥当，并分别说明理由。

（2）事件1中，招标人的做法是否妥当？并说明理由。

（3）事件2中，评标委员会应该如何处理？并说明理由。

（4）事件3中，投标人C的做法是否妥当？并说明理由。

（5）事件4中，该评标委员会成员的做法是否妥当？并说明理由。

解题思路：

本题目是一道招标程序的综合题目。其中招标程序涉及招标过程中若干需要考生重点在意的知识点，需要考生结合教材的相关知识进行综合分析，并给出答案。

答案：

问题1：

① 妥当，《招标投标法》第二十一条规定，招标人根据招标项目的具体情况，可以组织潜在投标人踏勘项目现场。《中华人民共和国招标投标法实施条例》第二十八条规定，招标人不得组织单个或部分潜在投标人踏勘项目现场，因此招标人不可以组织项目现场踏勘。

② 妥当，《中华人民共和国招标投标法实施条例》第二十二条规定，潜在投标人或者其他利害关系人对资格预审文件有异议的，应当在提交资格预审申请文件截止时间2日前提出；对招标文件有异议的，应当在投标截止时间10日前提出。招标人应当自收到异议之日起3日内作出答复；作出答复前，应当暂停招标投标活动。

③ 不妥当，投标报价由投标人自主确定，招标人不能要求投标人采用指定的人、材、机消耗量标准。

④ 妥当，清标工作组应该由招标人选派或者邀请熟悉招标工程项目情况和招标投标程序，专业水平和职业素质较高的专业人员组成，招标人也可以委托工程招标代理单位、工程造价咨询单位或者监理单位组织具备相应条件的人员组成清标工作组。

⑤ 不妥当，不是低于招标控制价而是适用于低于其他投标报价或者标底、成本的情况。《评标委员会和评标方法暂行规定》第二十一条规定，在评标过程中，评标委员会发现投标人的报价明显低于其他投标报价或者在设有标底时明显低于标底的，使得其投标报价可能低于其个别成本的，应当要求该投标人做出书面说明并提供相关证明材料。投标人不能合理说明或

者不能提供相关证明材料的,由评标委员会认定该投标人以低于成本报价竞标,其投标应作为废标处理。

问题2:

事件1中,招标人的做法不妥当。根据《中华人民共和国招标投标法实施条例》第二十八条规定,招标人不得组织单个或部分潜在投标人踏勘项目现场,因此,招标人不能安排一名工作人员陪同踏勘现场。

问题3:

评标委员会应该把投标人A和B的投标文件作为废标处理。

有下列情形之一的,视为投标人相互串通投标:

① 不同投标人的投标文件由同一单位或者个人编制;

② 不同投标人委托同一单位或者个人办理投标事宜;

③ 不同投标人的投标文件载明的项目管理成员为同一人;

④ 不同投标人的投标文件异常一致或者投标报价呈规律性差异;

⑤ 不同投标人的投标文件相互混装;

⑥ 不同投标人的投标保证金从同一单位或者个人的账户转出。

问题4:

不妥当,暂估价不能变动和更改。当招标人提供的其他项目清单中列示了材料暂估价时,应根据招标人提供的价格计算材料费,并在分部分项工程量清单与计价表中表现出来。

问题5:

不妥当,根据《中华人民共和国招标投标法实施条例》第四十九条规定,评标委员会成员应当依照《招标投标法》和本条例的规定,按照招标文件规定的评标标准和方法,客观、公正地对投标文件提出评审意见。招标文件没有规定的评标标准和方法不得作为评标的依据。评标委员会成员不得私下接触投标人,不得收受投标人给予的财物或者其他好处,不得向招标人征询确定中标人的意向,不得接受任何单位或者个人明示或者暗示提出的倾向或者排斥特定投标人的要求,不得有其他不客观、不公正履行职务的行为。

【案例二】

【背景】某国有资金投资的某重点工程项目计划于2013年7月8日开工,招标人拟采用公开招标方式进行项目施工招标,并委托某具有招标代理和造价咨询资质的招标代理机构编制该项目的标底和最低投标限价。该机构还接受了该项目投标人D的投标文件的编制。招标过程中发生了以下事件:

事件1:2013年1月8日,已通过资格预审的A、B、C、D、E五家施工承包商拟参与该项目的投标,招标人规定1月20—23日为招标文件发售时间。2月6日下午4时为投标截止时间。投标有效期自投标文件发售时间算起总计60天。

事件2:考虑该项目的估算价格为10 000万元,所以投标保证金统一定为200万元,其有效期从递交投标文件时间算起总计60天。

事件3:评标委员会成员由7人组成,其中当地招标监督管理办公室1人、公证处1人、招标人1人、技术经济方面专家4人。评标时发现E企业投标文件虽无法定代表人签字和委托人授权书,但投标文件均已有项目经理签字并加盖了单位公章。评标委员会于4月28日提出了书面评标报告。C、A企业分列综合得分第一、第二名。

事件 4:4 月 30 日招标人向 C 企业发出了中标通知书,5 月 2 日 C 企业收到中标通知书,双方于 6 月 1 日签订了书面合同。6 月 15 日,招标人向其他未中标企业退回了投标保证金。

问题:

(1) 该项目招标人和招标代理机构有何不妥之处,说明理由。

(2) 请指出事件 1 的不妥之处,说明理由。

(3) 请指出事件 2 的不妥之处,说明理由。

(4) 请指出事件 3 的不妥之处,说明理由。

(5) 请指出事件 4 的不妥之处,说明理由。

解题思路:

本案例主要考查招标投标程序从发出投标邀请书到签订合同之间的各种问题,要求根据《招标投标法》和其他有关法律法规的规定,正确分析工程招标投标过程中存在的问题。

答案:

问题 1:

该项目招标人委托某具有招标代理和造价咨询资质的招标代理机构编制该项目的最低投标限价做法不妥当。因为按有关规定:招标人不得规定最低投标限价。

该项目招标代理机构接受了该项目投标人 D 的投标文件的编制的做法不妥当。因为按有关规定,接受委托编制标底的中介机构不得参加受托编制标底项目的投标,也不得为该项目的投标人编制投标文件或者提供咨询。

问题 2:

事件 1 存在以下不妥之处:

① 1 月 20—23 日为招标文件发售时间不妥,因为按有关规定:资格预审文件或招标文件的发售期不得少于 5 日。

② 2 月 6 日下午 4 时为投标截止时间的做法不妥当,按照有关规定:依法必须进行招标的项目,自招标文件开始发出之日起至投标人提交投标文件截止之日,最短不得少于 20 日。

③ 投标有效期自投标文件发售时间算起总计 60 天的做法不妥当,按照有关规定:投标有效期应从提交投标文件的截止之日起算。

问题 3:

事件 2 不妥之处:投标保证金有效期应当与投标有效期一致,从投标文件截止时间算起。

问题 4:

事件 3 中评标委员会成员的组成存在如下问题:

① 评标委员会成员中有当地招标投标监督管理办公室人员不妥,因招标投标监督管理办公室人员不可参加评标委员会;

② 评标委员会成员中有公证处人员不妥,因为公证处人员不可参加评标委员会;

③ 评标委员会成员中技术、经济等方面的专家只有 4 人不妥,因为按照规定,评标委员会中技术、经济等方面的专家不得少于成员总数的 2/3,由 7 人组成的评标委员会中技术、经济方面的专家必须要有 5 人或 5 人以上。

E 企业的投标文件均已有项目经理签字的做法不妥。因为按有关规定:投标文件应有企业法人的签字。如有授权书,则妥当。

问题 5：

事件 4 存在以下不妥之处：

① 4 月 30 日招标人向 C 企业发出了中标通知书的做法不妥。因为按有关规定：依法必须进行招标的项目，招标人应当在收到评标报告之日起 3 日内公示中标候选人，公示期不得少于 3 日。

② 合同签订的日期违规。按有关规定，招标人和中标人应当自中标通知书发出之日起 30 日内，按照招标文件和中标人的投标文件订立书面合同，即招标人必须在 5 月 30 日前与中标单位签订书面合同。

③ 6 月 15 日，招标人向其他未中标企业退回了投标保证金的做法不妥。因为按有关规定：招标人最迟应当在书面合同签订后 5 日内向中标人和未中标的投标人退还投标保证金及银行同期存款利息。

知识点二：招标控制价

1. 招标控制价是招标人根据国家或省级、行业建设主管部门颁发的有关计价依据和办法，按设计施工图纸计算的，对招标工程限定的最高工程造价。招标控制价的相关规定：

（1）国有资金投资的工程建设项目应实行工程量清单招标，并应编制招标控制价。

（2）招标控制价超过批准的概算时，招标人应将其报原概算审批部门审核。

（3）投标人的投标报价高于招标控制价的，其投标应予以拒绝。

（4）招标控制价应由具有编制能力的招标人或受其委托，具有相应资质的工程造价咨询人编制。

（5）招标控制价应在招标文件中公布，不应上调或下浮，招标人应将招标控制价及有关资料报送工程所在地工程造价管理机构备查。

（6）投标人经复核认为招标人公布的招标控制价未按照《建设工程工程量清单计价规范》的规定进行编制的，应在开标前 5 日向招投标监督机构或（和）工程造价管理机构投诉。

2. 招标控制价的编制内容包括分部分项工程费、措施项目费、其他项目费、规费和税金，各个部分有不同的计价要求。招标控制价的编制要点：

（1）分部分项工程费应根据招标文件中的分部分项工程量清单及有关要求，按《建设工程工程量清单计价规范》有关规定确定综合单价计价。

（2）措施项目费中的安全文明施工费应当按照国家或省级、行业建设主管部门的规定标准计价。措施项目应按招标文件中提供的措施项目清单确定。

（3）其他项目费中的暂列金额一般可以分部分项工程费的 10％～15％为参考；暂估价按有关计价规定估算；计日工中的人工单价和施工机械台班单价、材料单价应按工程造价管理机构公布的单价计算；未发布材料单价的材料，其价格应按市场调查确定的单价计算；总承包服务费应按照省级或行业建设主管部门的规定计算。

（4）规费和税金必须按国家或省级、行业建设主管部门的规定计算。

知识点三：投标文件的编制及投标程序

建设项目施工投标程序包括：投标报价的前期工作，调查询价，投标报价的编制，确定投标报价策略。

1. 常用的投标策略

常用的投标策略有不平衡报价法、多方案报价法、增加建议方案法、突然降价法、无利润报价法、联合体投标等。部分投标报价策略的适用范围及内容见表 4-3。

表 4-3 投标报价策略的选择与应用

投标报价策略	应用内容
不平衡报价法	工程项目总报价基本确定后,通过调整内部各个项目的报价,以期既不提高总报价、不影响中标,又能在结算时得到更理想的经济效益。具体应用如下: 1. 能够早日结算的项目可以适当提高报价;后期工程项目如设备安装、装饰工程等的报价可适当降低; 2. 预计今后工程量会增加的项目,单价适当提高。而将来工程量有可能减少的项目单价降低; 3. 设计图纸不明确、估计修改后工程量要增加的,可以提高单价,而工程内容说明不清楚的,则可以降低一些单价,在工程实施阶段通过索赔再寻求提高单价的机会; 4. 暂定项目要作具体分析。如果工程分标,该暂定项目也可能由其他投标人施工时,则不宜报高价,以免抬高总报价; 5. 单价与包干混合制合同中,招标人要求有些项目采用包干报价时,宜报高价。其余单价项目则可适当降低; 6. 有时招标文件要求投标人对工程量大的项目报"综合单价分析表",投标时可将单价分析表中的人工费及机械设备费报得较高,而材料费报得较低
多方案报价法	对于一些招标文件,如果发现工程范围不很明确,条款不清楚或很不公正,或技术规范要求过于苛刻时,则要在充分估计投标风险的基础上,按多方案报价法处理; 在满足原招标文件规定技术要求的条件下,不仅对原方案提出报价,还可以提出新的方案进行报价。报价时要对两种方案进行技术与经济的对比,新方案比原方案报价应低些,以利于中标
突然降价法	投标人对招标方案提出报价后,在充分了解投标信息的前提下,通过优化施工组织设计、加强内部管理、降低费用消耗的可能性分析,在投标截止日截止时间之前,突然提出一个比原报价降低的新报价,以利于中标
无利润报价	缺乏竞争优势的承包商,在不得已的情况下,只好在报价时根本不考虑利润而去夺标; 1. 有可能在得标后,将大部分工程分包给索价较低的一些分包商; 2. 对于分期建设的项目,先以低价获得首期工程,而后赢得机会创造第二期工程中的竞争优势,并在以后的实施中盈利; 3. 较长时期内,投标人没有在建的工程项目,如果再不得标,就难以维持生存

2. 投标报价原则

有些工程项目的分项工程,招标人可能要求按某一方案报价,而后再提供几种可供选择方案的比较报价。投标时,应对不同规格情况下的价格都进行调查,对于将来有可能被选择使用的规格应适当提高其报价;对于技术难度大或其他原因导致的难以实现的规格,可将价格有意抬高得更多一些,以阻挠招标人选用。

如果是单纯报计日工单价,而且不计入总价中,可以报高些。但如果计日工单价要计入总报价时,则需具体分析是否报高价,以免抬高总报价。

暂定金额的报价情况:① 招标人规定了暂定金额的分项内容和暂定总价款,投标时应当对暂定金额的单价适当提高。② 招标人列出了暂定金额的项目的数量,但并没有限制这些工程量的估价总价款,要求投标人既列出单价,也应按暂定项目的数量计算总价。这类工程量可以采用正常价格。如果投标人估计今后实际工程量肯定会增大,则可适当提高单价,使将来可增加额外收益。

　　总承包商通常应在投标前先取得分包商的报价,选择其中一家信誉较好、实力较强和报价合理的分包商签订协议,同意该分包商作为本分包工程的唯一合作者,并将分包商的姓名列到投标文件中,但要求该分包商相应地提交投标保函。如果该分包商认为总承包商确实有可能得标,也许愿意接受这一条件。这种把分包商的利益同投标人捆在一起的做法,不但可以防止分包商事后反悔和涨价,还可能迫使分包时报出较合理的价格,以便共同争取得标。

　　建设项目施工投标工程量清单报价的程序,如图4-2所示。

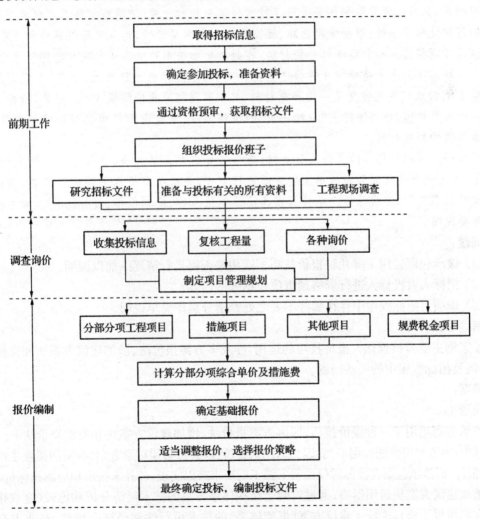

图4-2　施工投标工程量清单报价的程序

 本章典型案例

【案例三】

【背景】某公开招标工程采用资格预审,其中 A 承包商通过资格预审后,对招标文件进行了仔细分析,发现业主所提出的工期要求过于苛刻,且合同条款中规定每施延 1 天工期罚合同价的 1‰。若要保证实现该工期要求,必须采取特殊措施,从而大大增加成本;还发现原设计结构方案采用框架剪力墙体系过于保守。

因此,该承包商在投标文件中说明业主的工期要求难以实现,因而按自己认为的合理工期(比业主要求的工期增加 6 个月)编制施工进度计划并据此报价;还建议将框架剪力墙体系改为框架体系,并对这两种结构体系进行了技术经济分析和比较,证明框架体系不仅能保证工程结构的可靠性和安全性、增加使用面积、提高空间利用的灵活性,而且可降低造价约 3%。

该承包商将技术标和商务标分别封装,在封口处加盖本单位公章和项目经理签字后,在投标截止日期前 1 天上午将投标文件报送业主。次日(即投标截止日当天)下午,在规定的开标时间前 1 h,该承包商又递交了一份补充材料,其中声明将原报价降低 4%。但是,招标单位的有关工作人员认为,根据国际上"一标一投"的惯例,一个承包商不得递交两份投标文件,因而拒收承包商的补充材料。

开标会由市招投标办的工作人员主持,市公证处有关人员到会,各投标单位代表均到场。开标前,市公证处人员对各投标单位的资质进行审查,并对所有投标文件进行审查,确认所有投标文件均有效后,正式开标。主持人宣读投标单位名称、投标价格、投标工期和有关投标文件的重要说明。

问题:

(1)该承包商运用了哪几种报价技巧?运用是否得当?请逐一加以说明。

(2)招标人对投标人进行资格预审应包括哪些内容?

(3)该项目招标程序中存在哪些不妥之处?请分别作简单说明。

解题思路:

本案例主要考核投标人报价技巧的运用,涉及多方案报价法、增加建议方案法和突然降价法,还涉及招标程序中的一些问题。

答案:

问题 1:

该承包商运用了三种报价技巧,即多方案报价法、增加建议方案法和突然降价法。

其中,多方案报价法运用不当,因为运用该报价技巧时,必须对原方案(本案例指业主的工期要求)报价,而该承包商在投标时仅说明了该工期要求难以实现,却并未报出相应的投标价。

增加建议方案法运用得当,通过对两个结构体系方案的技术经济分析和比较(这意味着对两个方案均报了价),论证了建议方案(框架体系)的技术可行性和经济合理性,对业主有很强的说服力。

突然降价法也运用得当,原投标文件的递交时间比规定的投标截止时间仅提前 1 天多,这既是符合常理的,又为竞争对手调整、确定最终报价留有一定的时间,起到了迷惑竞争对手的作用。若提前时间太多,会引起竞争对手的怀疑,而在开标前 1 h 突然递交一份补充文件,这

时竞争对手已不可能再调整报价了。

问题2：

招标人对投标人进行资格预审应包括以下内容：

① 投标人签订合同的权利：营业执照和资质证书；

② 投标人履行合同的能力：人员情况、技术装备情况、财务状况等；

③ 投标人目前的状况：投标资格是否被取消、账户是否被冻结等；

④ 近三年情况：是否发生过重大安全事故和质量事故；

⑤ 法律、行政法规规定的其他内容。

问题3：

该项目招标程序中存在以下不妥之处：

① "招标单位的有关工作人员拒收承包商的补充材料"不妥，因为承包商在投标截止时间之前所递交的任何正式书面文件都是有效文件，都是投标文件的有效组成部分，也就是说，补充文件与原投标文件共同构成一份投标文件，而不是两份相互独立的投标文件。

② "开标会由市招投标办的工作人员主持"不妥，因为开标会应由招标人（招标单位）或招标代理人主持，并宣读投标单位名称、投标价格、投标工期等内容。

③ "开标前，市公证处人员对各投标单位的资质进行了审查"不妥，因为公证处人员无权对承包商资格进行审查，其到场的作用在于确认开标的公正性和合法性（包括投标文件的合法性），资格审查应在投标之前进行（背景资料说明了承包商已通过资格预审）。

④ "公证处人员对所有投标文件进行审查"不妥，因为公证处人员在开标时只是检查各投标文件的密封情况，并对整个开标过程进行公证。

⑤ "公证处人员确认所有投标文件均有效"不妥，因为该承包商的投标文件仅有投标单位的公章和项目经理的签字，而无法定代表人或其代理人的签字或盖章，应当作为废标处理。

【案例四】

某大型工程项目由政府投资建设，业主委托某招标代理公司代理施工招标。招标代理公司确定该项目采用公开招标方式招标，招标公告在当地政府规定的招标信息网上发布。招标文件中规定：投标担保可采用投标保证金或投标保函方式担保。评标方法采用经评审的最低投标价法。投标有效期为90天。

业主对招标代理公司提出以下要求：为了避免潜在的投标人过多，项目招标公告只在本市日报上发布，并采用邀请招标方式招标。

项目施工招标信息发布以后，共有12家潜在的投标人报名参加投标。业主认为报名参加投标的人数太多，为减少评标工作量，要求招标代理公司仅对报名的潜在投标人的资质条件、业绩进行资格审查。

开标后发现：

(1) A投标人的投标报价为8 000万元，为最低投标价，经评审后推荐其为中标候选人；

(2) B投标人在开标后又提交了一份补充说明，提出可以降价5%；

(3) C投标人提交的银行投标保函有效期为70天；

(4) D投标人投标文件的投标函盖有企业及企业法定代表人的印章，但没有加盖项目负责人的印章；

(5) E投标人与其他投标人组成了联合体投标，附有各方资质证书，但没有联合体共同投标协议书；

(6) F 投标人的投标报价最高,故 F 投标人在开标后第二天撤回了其投标文件。

经过标书评审,A 投标人被确定为中标候选人。发出中标通知书后,招标人和 A 投标人进行合同谈判,希望 A 投标人能再压缩工期、降低费用。经谈判后双方达成一致:不压缩工期,降价 3%。

问题:

(1) 业主对招标代理公司提出的要求是否正确? 说明理由。

(2) 分析 A、B、C、D、E 投标人的投标文件是否有效? 说明理由。

(3) F 投标人的投标文件是否有效? 对其撤回投标文件的行为应如何处理?

(4) 该项目施工合同应该如何签订? 合同价格应是多少?

解题思路:

答题时应根据项目招标程序,对背景资料逐一识别,分别回答,不仅要指出正确或错误之处,还要说明理由,切忌笼统作答。

答案:

问题1:

① "业主提出招标公告只在本市日报上发布"不正确。

理由:公开招标项目的招标公告,必须在指定媒介发布,任何单位和个人不得非法限制招标公告的发布地点和发布范围。

② "业主要求采用邀请招标"不正确。

理由:因该工程项目由政府投资建设,相关法规规定:"全部使用国有资金投资或者国有资金投资占控股或者主导地位的项目",应当采用公开招标方式招标。如果采用邀请招标方式招标,应由有关部门批准。

③ "业主提出的仅对报名的潜在投标人的资质条件、业绩进行资格审查"不正确。

理由:资格审查的内容还应包括信誉、技术、拟投入人员、拟投入机械、财务状况等。

问题2:

① A 投标人的投标文件有效。

② B 投标人的投标文件有效。但补充说明无效,因开标后投标人不能变更(或更改)投标文件的实质性内容。

③ C 投标人的投标文件无效,因为投标保函的有效期应与投标有效期 90 天一致。

④ D 投标人投标文件有效。

⑤ E 投标人的投标文件无效。因为组成联合体投标的,投标文件应附联合体各方共同投标协议。

问题3:

F 投标人的投标文件有效。招标人可以没收其投标保证金,给招标人造成损失超过投标保证金的,招标人可以要求其赔偿。

问题4:

① 该项目应自中标通知书发出后 30 日内,按招标文件和 A 招标人的投标文件签订书面合同,双方不得再签订背离合同实质性内容的其他协议。

② 合同价格应为 8 000 万元。

【案例五】

某市重点工程项目计划投资 4 000 万元,采用工程量清单方式公开招标。经资格预审后,有 A、B、C 共 3 家合格投标人。该 3 家投标人分别于 10 月 13—14 日领取了招标文件,同时按要求递交投标保证金 50 万元、购买招标文件费 500 元及购买施工图纸费 400 元。

招标文件规定:投标截止时间为 10 月 31 日,投标有效期截止时间为 12 月 30 日,投标保证金有效期截止时间为次年 1 月 30 日。招标人对开标前的主要工作安排为:10 月 16—17 日,由招标人分别安排各投标人踏勘现场;10 月 20 日,举行投标预备会,会上主要对招标文件和招标人能提供的施工条件等内容进行答疑,考虑各投标人所拟定的施工方案和技术措施不同,将不对施工图做任何解释。各投标人按时递交了投标文件,所有投标文件均有效。

评标办法规定,商务标权重 60 分(包括总报价 20 分、分部分项工程综合单价 10 分、其他内容 30 分),技术标权重 40 分。

(1)总报价的评标方法是,评标基准价等于各有效投标总报价的算术平均值下浮 2 个百分点。当投标人的投标总价等于评标基准价时得满分,投标总价每高于评标基准价 1 个百分点时扣 2 分,每低于评标基准价 1 个百分点时扣 1 分。

(2)分部分项工程综合单价的评标方法是,在清单报价中按合价大小抽取 5 项(每项权重 2 分),分别计算平均综合单价,投标人所报单价在平均综合单价的 95%～102% 范围内得满分,超出该范围的,每超出 1 个百分点扣 0.2 分。

各投标人总报价和抽取的异形梁 C30 混凝土综合单价见表 4-4。

表 4-4　投标数据表

投标人	A	B	C
总报价/万元	3 179.00	2 998.00	3 213.00
异形梁 C30 混凝土综合单价/元·m³	356.20	351.50	385.80

除总报价之外的其他商务标(已包括异形梁 C30 混凝土等五项综合单价得分在内)和技术标指标评标得分见表 4-5。

表 4-5　商务标和技术标得分表

投标人	A	B	C
商务标(除总报价之外)得分	32	29	28
技术标得分	30	35	37

问题:

(1)在该工程开标之前所进行的工作有哪些不妥之处? 说明理由。

(2)列式计算总报价和异形梁 C30 混凝土综合单价的报价平均值,并计算各投标人得分。(计算结果保留两位小数)

(3)列式计算各投标人的总得分,根据总得分的高低确定第一中标候选人。

(4)评标工作于 11 月 1 日结束并于当天确定中标人。11 月 2 日招标人向当地主管部门提交了评标报告;11 月 10 日招标人向中标人发出中标通知书;12 月 1 日双方签订了施工合同;12 月 3 日招标人将未中标结果通知给另两家投标人,并于 12 月 9 日将投标保证金退还给未中标人。请指出评标结束后招标人的工作有哪些不妥之处？并说明理由。

解题思路：

细心阅读案例背景材料，正确理解关键词语的含义。掌握综合评分法的原则。

答案：

问题1：

① 要求投标人领取招标文件时递交投标保证金和施工图纸费不妥，因为投标保证金应在递交投标文件时递交，施工图纸可以收押金，但不能收费用。

② 投标截止时间不妥，因为根据规定，从招标文件发出到投标截止时间不能少于20天。

③ 踏勘现场安排不妥，因为根据规定，招标人不得单独或者分别组织任何一个投标人进行现场踏勘。

④ 投标预备会上对施工图纸不作任何解释不妥，因为招标人应就图纸进行交底和解释。

问题2：

① 总报价平均值 = (3 179 + 2 998 + 3 213)/3 = 3 130 万元

评标基准价 = 3 130 × (1 − 2%) = 3 067.4 万元

② 异形梁 C30 混凝土综合单价报价平均值 = (356.20 + 351.50 + 385.80)/3 = 364.50 元/m^3

总报价和 C30 混凝土综合单价评分见表 4 - 6。

表 4 - 6　部分商务标指标评分表

评标项目	投标人	A	B	C
总报价评分	总报价/万元	3 179.00	2 998.00	3 213.00
	总报价占评分基准价百分比/%	103.64	97.74	104.75
	扣分	7.28	2.26	9.50
	得分	12.72	17.74	10.50
C30 混凝土综合单价评分	综合单价/(元·m^{-3})	356.20	351.50	385.80
	综合单价占平均值/%	97.72	96.43	105.84
	扣分	0	0	0.77
	得分	2.00	2.00	1.23

问题3：

投标人 A 的总得分：30 + 12.72 + 32 = 74.72 分

投标人 B 的总得分：35 + 17.74 + 29 = 81.74 分

投标人 C 的总得分：37 + 10.50 + 28 = 75.50 分

所以第一中标候选人为 B 投标人。

问题4：

(1) 招标人向主管部门提交的书面报告时间及内容不妥，应该是自发出中标通知书之日起 15 日内，向有关行政监督部门提交报告招投标情况的书面报告。

(2) 招标人仅向中标人发出中标通知书不妥，还应将中标结果通知未中标人。

(3) 招标人通知未中标人的时间不妥，应在向中标人发出中标通知书的同时通知未中标人。

（4）退还未中标人的投标保证金时间不妥，招标人应在与中标人签订合同后的 5 个工作日内向未中标人退还投标保证金。

【案例六】

某工业项目厂房主体结构工程的招标公告中规定，投标人必须为国有一级总承包企业，且近 3 年内至少获得过 1 项该项目所在省优质工程奖；若采用联合体形式投标，必须在投标文件中明确牵头人并提交联合体投标协议，若某联合体中标，招标人将与该联合体牵头人订立合同。该项目的招标文件中规定，投标截止时间前投标人可修改或撤回投标文件，投标截止时间后投标人不得撤回投标文件；采用固定总价合同；每月工程款在下月末支付；工期不得超过 12 个月，提前竣工奖 30 万元/月，在竣工结算时支付。

承包商 C 准备参与该工程的投标。经造价工程师估算，总成本为 1 000 万元，其中材料费占 60%。

预计在该工程施工过程中，建筑材料涨价 10% 的概率为 0.3，涨价 5% 的概率为 0.5，不涨价的概率为 0.2。

假定每月完成的工程量相等，月利率按 1% 计算。

问题：

（1）该项目的招标活动中有哪些不妥之处？逐一说明理由。

（2）按预计发生的总成本计算，若希望中标后能实现 3% 的期望利润，不含税报价应为多少？该报价按承包商原估算总成本计算的利润率为多少？

（3）若承包商 C 以 1 100 万元的报价中标，合同工期为 11 个月，合同工期内不考虑物价变化，承包商 C 工程款的现值为多少？

（4）若承包商 C 每月采取加速施工措施，可使工期缩短 1 个月，每月底需额外增加费用 4 万元，合同工期内不考虑物价变化，则承包商 C 工程款的现值为多少？承包商 C 是否应采取加速施工措施？

解题思路：

（1）依据《招标投标法》和《工程建设项目施工招标投标办法》规定，正确辨识不妥之处。

（2）根据概率分析中期望值计算公式：$E(x) = \sum\limits_{i=1}^{n} x_i p_i$，依据背景资料：建筑材料涨价 10% 的概率为 0.3，涨价 5% 的概率为 0.5，不涨价的概率为 0.2 三种状态下计算各状态下的不含税报价。进而确定该项目不含税报价及成本利润率。

（3）根据背景不同备选方案，依据资金等值计算公式，确定承包商 C 工程款的现值；按照现值最大为方案选优标准，选择最优方案。

答案：

问题 1：

该项目的招标活动中有下列不妥之处：

① 要求投标人为国有企业不妥，因为这不符合《招标投标法》规定的公平、公正的原则（限制了民营企业参与公平竞争）；

② 要求投标人获得过项目所在省优质工程奖不妥，因为这不符合《招标投标法》规定的公平、公正的原则（限制了外省市企业参与公平竞争）；

③ 规定若联合体中标，中标人与牵头人订立合同不妥，因为联合体各方应共同与招标人

签订合同。

问题2：

① 材料不涨价时,不含税报价为:$1\ 000 \times (1+3\%) = 1\ 030$ 万元

② 材料涨价 10% 时,不含税报价为:$1\ 000 \times (1+3\%) + 1\ 000 \times 60\% \times 10\% = 1\ 090$ 万元;

③ 材料涨价 5% 时,不含税报价为:$1\ 000 \times (1+3\%) + 1\ 000 \times 60\% \times 5\% = 1\ 060$ 万元

综合确定不含税报价为:$1\ 030 \times 0.2 + 1\ 090 \times 0.3 + 1\ 060 \times 0.5 = 1\ 063$ 万元

相应利润率为:$(1\ 063 - 1\ 000)/1\ 000 = 6.3\%$

问题3：

按合同工期施工,每月完成的工作量为 $1100/11 = 100$ 万元,则

工程款的现值为:
$$PV = 100(P/A,1\%,11)/(1+1\%)$$
$$= 100 \times \{[(1+1\%)^{11} - 1][1\% \times (1+1\%)^{11}]\}/(1+1\%)$$
$$= 1\ 026.50 \text{ 万元}$$

问题4：

加速施工条件下,工期为 10 个月,每月完成的工作量为 $1\ 100/10 = 110$ 万元,则

工程款的现值为:
$$PV' = 110(P/A,1\%,10)/(1+1\%) + 30/(1+1\%)^{11}$$
$$- 4(P/A,1\%,10)$$
$$= 1\ 020.53 \text{ 万元}$$

因为 $PV' < PV$,所以该承包商不宜采取加速施工措施。

【案例七】

【背景】某高校投资一建筑面积 30 000 m² 的教学楼,拟采用工程量清单以公开招标方式施工招标。业主委托有相应招标和造价咨询资质的咨询企业编制招标文件和最高投标限价(最高限价 5 000 万元)。咨询企业在编制招标文件和最高限价时发生:

事件1:为响应业主对潜在投标人择优的要求,咨询企业项目经理在招标文件中设定:

① 投标人资格条件之一是近 5 年必须承担过高校教学楼工程;

② 投标人近 5 年获得过鲁班奖、本省省级质量奖等奖项作为加分条件;

③ 项目投标保证金为 75 万元,且必须从投标企业基本账户转出;

④ 中标人履约保证金为最高投标限价的 10%。

事件2:项目经理认为招标文件的合同条款是粗略条款,只需将政府有关部门的施工合同示范文本添加项目基本信息后,附在招标文件即可。

事件3:招标文件编制人员研究评标办法时,项目经理以为本咨询企业以往招标项目常用综合评估法,要求编制人员也采用此法。

事件4:咨询企业技术负责人在审核项目成果文件时发现工程量清单中有漏项,要求修改。项目经理认为第二天需要向委托人提交且合同条款中已有漏项处理约定,故不用修改。

事件5:咨询企业负责人认为最高投标限价不用保密,因此接受了某拟投标人委托,为其提供报价咨询。

事件6:为控制投标报价水平,咨询企业和业主商定,以代表省内先进水平的 A 施工企业定额为依据,编制最高投标限价。

问题：

（1）针对事件1，指出①～④内容是否妥当，说明理由。

（2）针对事件2～6，分别指出相关行为、观点是否妥当，说明理由。

解题思路：

根据工程招标程序找出其不妥和不完善之处。根据《招标投标法》和其他有关法律法规的规定，正确分析工程招标投标过程中存在的问题。

答案：

问题1：

① 不妥当。

理由：根据《招标投标法》的相关规定，招标人不得以不合理条件限制或排斥投标人。招标人不得以不合理的条件限制或者排斥潜在投标人，不得对潜在投标人实行歧视待遇。

② 不妥当。

理由：根据《招标投标法》的相关规定，以本省省级质量奖项作为加分条件属于不合理条件限制或排斥投标人。依法必须进行招标的项目，其招标投标活动不受地区或者部门的限制。任何单位和个人不得违法限制或者排斥本地区、本系统以外的法人或者其他组织参加投标，不得以任何方式非法干涉招标投标活动。

③ 妥当。

理由：根据《中华人民共和国招标投标法实施条例》的相关规定，招标人在招标文件中要求投标人提交投标保证金，投标保证金不得超过招标项目估算价的2%，且投标保证金必须从投标人的基本账户转出。投标保证金有效期应当与投标有效期一致。

④ 不妥当。

理由：根据《中华人民共和国招标投标法实施条例》的相关规定，招标文件要求中标人提交履约保证金的，中标人应当按照招标文件的要求提交，履约保证金不得超过中标合同价的10%。

问题2：

① 事件2中项目经理的观点不正确。

理由：根据《标准施工招标文件》的相关规定，合同条款属于招标文件的组成部分，合同条款及格式中明确了施工合同条款由通用合同条款和专用合同条款两部分组成，同时规定了合同协议书、履约担保和预付款担保的文件格式。其中专用合同条款是发包人和承包人双方根据工程具体情况对通用合同条款的补充、细化，除通用合同条款中明确专用合同条款可做出不同约定外，补充和细化的内容不得与通用合同条款规定的内容相抵触。

② 事件3中项目经理的观点不正确。

理由：根据《中华人民共和国招标投标法实施条例》的相关规定，普通教学楼属于通用项目，宜采用经评审的最低投标报价法进行评标。经评审的最低投标报价法一般适用于具有通用技术、性能标准或者招标人对其技术、性能没有特殊要求的招标项目。

③ 事件4中企业技术负责人的观点正确。

理由：根据《招标投标法》的相关规定，工程量清单中存在纰漏，应及时做出修改。

④ 事件4中项目经理的观点不正确。

理由：根据《招标投标法》的相关规定，工程量清单作为投标人编制投标文件的依据，如存在漏项,应及时修改。招标工程量清单必须作为招标文件的组成部分,其准确性和完整性由招标人负责。因此,招标工程量清单是否准确和完整,其责任应当由提供工程量清单的发包人负责,作为投标人的承包人不应承担因工程量清单的缺项、漏项以及计算错误带来的风险与损失。

⑤ 事件5中企业技术负责人的行为不正确。

理由:根据《招标投标法》的相关规定,同一项目,咨询企业不得既接受招标人的委托,又接受投标人的委托。同时接受招标人和投标人或两个以上投标人对同一工程项目的工程造价咨询业务属于违法违规行为。

⑥ 事件6中咨询企业和业主的行为不正确。

理由:根据《中华人民共和国招标投标法实施条例》的相关规定,编制最高投标限价应依据国家或省级、行业建设主管部门颁发的计价定额和计价办法,而不应当根据A企业定额编制。

【案例八】

某开发区国有资金投资办公楼建设项目,业主委托具有相应招标代理和造价咨询资质的机构编制了招标文件和招标控制价,并采用公开招标方式进行项目施工招标。

该项目招标公告和招标文件中的部分规定如下:

(1) 招标人不接受联合体投标。

(2) 投标人必须是国有企业或进入开发区合格承包商信息库的企业。

(3) 投标人报价高于最高投标限价和低于最低投标限价的,均按废标处理。

(4) 投标保证金的有效期应当超出投标有效期30天。

在项目投标及评标过程中发生了以下事件:

事件1:投标人A在对设计图纸和工程清单复核时发现分部分项工程量清单中某分项工程的特征描述与设计图纸不符。

事件2:投标人B采用不平衡报价的策略,对前期工程和工程量可能减少的工程适度提高了报价,对暂估价材料采用了与招标控制价中相同材料的单价计入了综合单价。

事件3:投标人G结合自身情况,并根据过去类似工程投标经验数据,认为该工程投高标的中标概率为0.3,投低标的中标概率为0.6。投高标中标后,经营效果可分为好、中、差三种可能,其概率分别为0.3、0.6、0.1,对应的损益值分别为500万元、400万元、250万元;投低标中标后,经营效果同样可分为好、中、差三种可能,其概率分别为0.2、0.6、0.2,对应的损益值分别为300万元、200万元、100万元。编制投标文件以及参加投标的相关费用为3万元。经过评估,投标人C最终选择了投低标。

事件4:评标中评标委员会成员普遍认为招标人规定的评标时间不够。

问题:

(1) 根据《招标投标法》及其实施条例,逐一分析项目招标公告和招标文件中(1)~(4)项规定是否妥当,并分别说明理由。

(2) 事件1中,投标人A应当如何处理?

(3) 事件2中,投标人B的做法是否妥当?并说明理由。

(4) 事件3中,投标人C选择投低标是否合理?并通过计算说明理由。

(5) 针对事件4,招标人应当如何处理?并说明理由。

解题思路：

（1）根据工程招标程序找出招标公告和招标文件不妥和不完善之处。

（2）根据背景条件，求各机会点的期望值，选择最优方案。

答案：

问题1：

第（1）项规定妥当。招标人可以在招标公告中载明是否接受联合体投标。

第（2）项规定不妥。因为招标人不得以不合理的条件（必须是国有企业）限制、排斥潜在的投标人。

第（3）项规定不妥。招标人不得规定最低投标限价。

第（4）项规定不妥。投标保证金的有效期应当与投标有效期一致。

问题2：

投标人可在规定时间内以书面形式要求招标人澄清；若投标人未按时向招标人澄清或招标人不予澄清或者修改，投标人应以分项工程量清单的项目特征描述为准，确定分部分项工程综合单价。

问题3：

"投标人B对前期工程适度提高报价"妥当。因为这样有利于投标人中标后在工程建设早期阶段收到较多的工程价款（或这样有利于提高资金时间价值）。

"投标人B对工程量可能减少的工程适度提高报价"不妥当，因为提高工程量减少的工程报价将可能会导数工程量减少时承包商有更大损失。

"对暂估价材料采用了和招标控制价中相同材料的单价计入了综合单价"不妥当，投标报价中应采用招标工程量清单中给定的相应材料暂估价计入综合单价。

问题4：

C投标人选择投低标不合理。

投高标的期望值 = 0.3×(0.3×500+0.6×400+0.1×250)−3×0.7 = 122.4万元

投低标的期望值 = 0.6−(0.2×300+0.6×200+0.2×100)−3×0.4 = 118.8万元

因为投高标的期望值大于投低标的期望值，所以不应该投低标，应该选择投高标。

问题5：

招标人应当延长评标时间。因为根据《中华人民共和国招标投标法实施条例》的规定，超过三分之一的评标委员会成员认为评标时间不够的，招标人应当适当延长。

【案例九】

某工程项目，建设单位通过招标选择了一家具有相应资质的造价事务所承担施工招标代理和施工阶段造价控制工作，并在中标通知书发出后第60天，与该事务所签订了委托合同。之后双方又另行签订了一份酬金比中标价降低15%的协议。

在施工公开招标中，有A、B、C、D、E、F、G、H等施工单位报名投标，经事务所资格预审均符合要求，但建设单位以A施工单位是外地企业为由不同意其参加投标，而事务所坚持认为A施工单位有资格参加投标。

评标委员会由5人组成，其中当地建设行政管理部门的招投标管理办公室主任1人、建设单位代表 1 人、政府提供的专家库中抽取的技术经济专家 3 人。

评标过程中,B 施工单位投标文件提供的检验标准和方法不符合招标文件的要求;D 施工单位投标报价大写金额小于小写金额;F 施工单位投标报价明显低于其他投标单位报价且未能合理说明理由;H 施工单位投标文件中某分项工程的报价有个别漏项;其他施工单位的投标文件均符合招标文件要求。

根据招标文件上载明的评标办法,评标将采用经评审的最低价中标,对于所有有效投标,根据投标人报价提出的工程款支付要求,以开工日为折现点(月折现率 $i=1\%$),以各报价的现值作为各投标人的评标价。各投标人的报价及付款方式见表 4-7。

表 4-7 各投标人的报价及付款方式

投标人	A	B	C	D	E	F	G	H
投标报价/万元	3 000	3 200	2 900	3 200	3 300	2 000	3 000	3 300
计划工期/月	12	12	12	12	12	12	12	12
付款条件	每月均衡支付	每月均衡支付	预付 20%,其余每月均衡支付	每季度均衡支付	后 6 个月均衡支付	每月均衡支付	预付 15%,其余每月均衡支付	后 6 个月均衡支付

问题:

(1) 指出建设单位在造价事务所招标和委托合同签订过程中的不妥之处,并说明理由。

(2) 在施工招标资格预审中,造价事务所认为 A 施工单位有资格参加投标是否正确? 说明理由。

(3) 指出施工招标评标委员会组成的不妥之处,说明理由,并写出正确做法。

(4) 判别 B、D、F、H 四家施工单位的投标是否为有效标? 说明理由。

(5) 根据评标办法确定中标单位。

解题思路:

本案例是对投标程序与资金的时间价值计算两个方面知识点的考查,综合考查是近年来造价师命题的趋势。

答案:

问题 1:

在中标通知书发出后第 60 天签订委托合同不妥,依照招投标法,应于 30 天内签订合同。

在签订委托合同后双方又另行签订了一份酬金比中标价降低 15% 的协议不妥。依照招投标法,招标人和中标人不得再行订立背离合同实质性内容的其他协议。

问题 2:

造价事务所认为 A 施工单位有资格参加投标是正确的。以所处地区作为确定投标资格的依据是一种歧视性的依据,这是招投标法明确禁止的。

问题 3:

评标委员会组成不妥,不应包括当地建设行政管理部门的招投标管理办公室主任。正确组成应为:

评标委员会由招标人或其委托的招标代理机构熟悉相关业务的代表以及有关技术、经济等方面的专家组成,成员人数为 5 人以上单数,其中,技术、经济等方面的专家不得少于成员总数的 2/3。

问题 4：

B、F 两家施工单位的投标不是有效标。F 单位的情况可以认定为低于成本,B 单位的情况可以认定为是明显不符合技术规格和技术标准的要求,属重大偏差。D、H 两家单位的投标是有效标,他们的情况不属于重大偏差。

问题 5：

全部投标中,共有 6 个有效投标。分别计算各个有效投标的评标价。

$PV_A = (3\,000/12) \times (P/A, 1\%, 12) = 2\,813.77$ 万元

$PV_C = (2\,900 \times 0.8/12) \times (PIA, 1\%, 12) + 2\,900 \times 0.2 = 2\,755.97$ 万元

$PV_D = 3\,200/4 \times \{(P/F, 1\%, 3) + (P/F, 1\%, 6) + (P/F, 1\%, 9) + (P/F, 1\%, 12)\}$
$\qquad = 2\,971.54$ 万元

$PV_E = 3\,300/6 \times (P/A, 1\%, 6) \times (P/F, 1\%, 6) = 3\,002.63$ 万元

$PV_G = (3\,000 \times 0.85/12) \times (P/A, 1\%, 12) + 3\,000 \times 0.15 = 2\,841.69$ 万元

$PV_H = 3\,300/2 \times [(P/F, 1\%, 6) + (P/F, 1\%, 12)] = 3\,018.59$ 万元

最终确定 C 单位为中标单位。

【案例十】

某电器设备厂筹资新建一生产流水线,该工程设计已完成,施工图纸齐备,施工现场已完成"三通一平"工作,已具备开工条件。工程施工招投标委托招标代理机构采用公开招标方式代理招标。

招标代理机构编制了标底(800 万元)和招标文件。招标文件中要求工程总工期为 365天。按国家工期定额规定,该工程的工期为 460 天。

通过资格预审并参加投标的共有 A、B、C、D、E5 家施工单位。开标会议由招标代理机构主持,开标结果是这 5 家投标单位的报价均高出标底近 300 万元。这一异常引起了业主的注意,为了避免招标失败,业主提出由招投标代理机构重新复核和制定新的标底。招标代理机构复核标底后,确认是由于工作失误,漏算了部分工程项目,使标底偏低。在修正错误后,招标代理机构重新确定了新的标底。A、B、C 这 3 家投标单位认为新的标底不合理,向招标人要求撤回投标文件。

由于上述纠纷导致定标工作在原定的投标有效期内一直没有完成。

为了早日开工,该业主更改了原定工期和工程结算方式等条件,指定了其中一家施工单位中标。

问题：

(1) 根据该工程的具体条件,造价工程师应向业主推荐采用何种合同(按付款方式)？为什么？

(2) 根据该工程的特点和业主的要求,在工程的标底中是否应含有赶工措施费？为什么？

(3) 上述招标工作存在哪些问题？

(4) A、B、C 这 3 家招标单位要求撤回招标文件的做法是否正确？为什么？

(5) 如果招标失败，招标人可否另行招标？投标单位的损失是否应由招标人赔偿？为什么？

解题思路：

(1) 主要考查总价合同的含义——支付给承包商的工程价款在合同中是一个"固定"的金额及总价合同的适用条件。

(2) 主要考查给付赶工措施费的应用条件——工期压缩率大于 20%。

(3) 要求考生掌握工程招标的程序、原则及相关的法律法规等。

(4) 考查招标方及投标方在招标过程中的法律角色。

(5) 要求考生掌握招投标过程中发生费用的承担问题。

答案：

问题 1：

应推荐采用总价合同。

因该合同施工图齐备，现场条件满足开工要求，工期为 1 年，风险较小。

问题 2：

应该含有赶工措施费。

因该工程工期压缩率 = (460 - 365)/460 = 20.7% > 20%。

问题 3：

在招标工作中，存在以下问题：

① 开标以后，又重新确定标底；

② 在投标有效期内没有完成定标工作；

③ 更改招标文件的合同工期和工程结算条件；

④ 直接指定施工单位。

问题 4：

① 不正确；

② 投标是一种要约行为。

问题 5：

① 招标人可以重新组织招标；

② 招标人不应给予赔偿，因招标属于要约邀请对招标人不具有法律约束力。

【案例十一】

某企业拟参加工程项目投标，拟订了甲、乙、丙三个施工组织方案且分析了按各方案组织施工时各月所需的工程款(其总和为投标报价)。由于三个方案报价与工期不同，三个方案的中标概率分别为 0.75、0.65、0.35。若投标不中则会损失 10 万元，若方案中标后按原工期完工可获得全部工程款，若延误工期则会被罚款 60 万元。根据本企业实际能力，三个方案正常完工的概率分别为 0.9、0.8、0.7。投标单位在银行利率为 1% 的情况下考虑资金的时间价值，制定了施工进度与月工程款需用表见表 4-8。

	1	2	3	4	5	6	7	8	9	10	11	12	报价
甲	100	100	100	100									
					80	80	80	80	80				
										120	120	120	
乙	100	100	100	100									
				100	100	100	100	100					
										120	120	120	
丙	100	100	100	100									
					90	90	90	90	90				
										150	150	150	

——————基础工程；　----------主体工程；　--------安装工程

问题：

（1）建设单位项目招标必须具备的条件是什么？

（2）常用的投标策略有哪几种？

（3）利用决策树分析法确定投标单位在考虑资金时间价值的条件下应选择哪个方案？复利系数表见表4-9。

表4-9　复利系数表

n	1	2	3	4	5	6	7	8	9	10	11	12
$(P/A,1\%,n)$	0.99	1.97	2.941	3.902	4.853	5.795	6.728	7.652	8.566	9.471	10.368	11.225
$(P/F,1\%,n)$	0.99	0.98	0.971	0.961	0.951	0.942	0.933	0.923	0.914	0.905	0.896	0.887

解题思路：

（1）根据计控相关知识，解答建设单位项目招标必须具备的条件及常用的投标策略。

（2）根据背景条件，绘制决策树，求各机会点的期望值，选择最优方案。

答案：

问题1：

建设单位项目招标必须具备的条件是：项目按照国家有关规定已履行审批手续，并列入有关部门年度固定资产投资计划；工程资金来源已经落实；概算已被批准；征地工作已完成；施工招标所需要的设计文件和其他技术资料完备；主要建筑材料设备来源已落实；符合有关法规、法律规定的其他条件。

问题2：

常用的投标策略有四种：

① 不平衡报价法：指在工程项目总报价基本确定后，通过调整内部某个项目的报价，以期既不提高总报价、不影响中标，又能在结算时得到更理想的经济效益。

② 多方案报价法：在一些招标文件中工程范围不明确、条件不清楚的情况下，投标单位在充分估计风险的基础上，按原招标文件报价的同时，再提出一个与原方案不同的技术方案或对原方案中的条款作某些变动，由此得到一个报价较低的方案，降低总价有利于中标。

③ 增加建议方案法：在招标文件中规定可以提出建议方案，可以修改原设计方案时，投标人可以对原设计方案提出新的建议方案，应注意对原招标方案一定也要报价，并对增加建议方案的技术性、经济效果进行比较。

④ 突然降价法：投标人对招标方案提出报价后，在投标截止日截止时间之前，突然提出一个较原报价降低的新报价，以利中标。

问题 3：

甲方案投标工程款现值 = $100(P/A,1\%,4) + 80(P/A,1\%,5) \times (P/F,1\%,4) + 120(P/A,1\%,3) \times (P/F,1\%,9) = 100 \times 3.902 + 80 \times 4.853 \times 0.961 + 120 \times 2.941 \times 0.914 = 1085.87$ 万元

乙方案投标工程款现值 = $100 \times (P/A,1\%,3) + 200 \times (P/F,1\%,4) + 100(P/A,1\%,4)(P/F,1\%,4) + 120(P/A,1\%,3) \times (P/F,1\%,8) = 100 \times 2.941 + 200 \times 0.961 + 100 \times 3.902 \times 0.961 + 120 \times 2.941 \times 0.923 = 1187.03$ 万元

丙方案投标工程款现值 = $100(P/A,1\%,4) + 90(P/A,1\%,3) \times (P/F,1\%,4) + 240(P/A,1\%,2) \times (P/F,1\%,7) + 150(P/F,1\%,10) = 100 \times 3.902 + 90 \times 2.941 \times 0.961 + 240 \times 1.970 \times 0.933 + 150 \times 0.905 = 1221.44$ 万元

绘制的决策树见图 4-3。

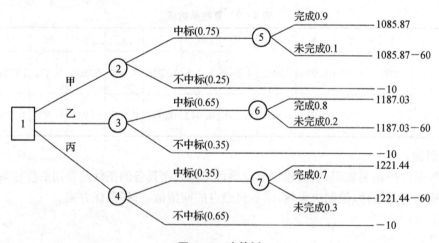

图 4-3 决策树

用 $E(i)$ 表示决策树中第 i 个点的期望损益值：

$E(5) = 1085.87 \times 0.9 + 1025.87 \times 0.1 = 1079.87$ 万元

$E(6) = 1187.03 \times 0.8 + 1127.03 \times 0.2 = 1175.03$ 万元

$E(7) = 1221.44 \times 0.7 + 1161.44 \times 0.3 = 1203.44$ 万元

$E(2) = 1079.87 \times 0.75 + (-10) \times 0.25 = 807.40$ 万元

$E(3) = 1175.03 \times 0.65 + (-10) \times 0.35 = 760.30$ 万元

$E(4) = 1203.44 \times 0.35 + (-10) \times 0.65 = 414.70$ 万元

$\max\{E(2),E(3),E(4)\}=\max\{807.40,760.30,414.70\}=807.40$ 万元

经计算,应选择甲方案为投标方案。

【案例十二】

某国有资金投资的大型建设项目,建设单位采用工程量清单公开招标方式进行施工招标。

建设单位委托具有相应资质的招标代理机构编制了招标文件,招标文件包括如下规定:

(1)招标人设有最高投标限价和最低投标限价,高于最高投标限价或低于最低投标限价的投标人报价均按废标处理。

(2)投标人应对工程量清单进行复核,招标人不对工程量清单的准确性和完整性负责。

(3)招标人将在投标截止日后的90日内完成评标和公布中标候选人工作。

投标和评标过程中发生如下事件:

事件1:投标人A对工程量清单中某分项工程工程量的准确性有异议,并于投标截止时间15日前向投标人书面提出了澄清申请。

事件2:投标人B在投标截止时间前10分钟以书面形式通知招标人撤回已递交的投标文件,并要求招标人5日内退还已经递交的投标保证金。

事件3:在评标过程中,投保人D主动对自己的投标文件向评标委员会提出书面澄清、说明。

事件4:在评标过程中,评标委员会发现投标人E和投标人F的投标文件中载明的项目管理成员中有一人为同一人。

问题:

(1)招标文件中,除了投标人须知、图纸、技术标准和要求、投标文件格式外,还包括哪些内容?

(2)分析招标代理机构编制的招标文件中(1)~(3)项规定是否妥当,并说明理由。

(3)针对事件1和事件2,招标人应如何处理?

(4)针对事件3和事件4,评标委员会应如何处理?

解题思路:

根据工程招标程序找出其不妥和不完善之处。根据《招标投标法》和其他有关法律法规的规定,正确分析工程招标投标过程中存在的问题。

答案:

问题1:

招标文件内容还应该包括:招标公告、评标办法、合同条款及格式、工程量清单、其他材料。

问题2:

① 设有最低投标限价并规定低于投标限价作为废标处理不妥。《中华人民共和国招标投标法实施条例》规定,招标人不得规定最低投标限价。

② 招标人不对工程量清单的正确性和准确性负责不妥。招标人应该对其编制的工程量清单的正确性和准确性负责。

③ 招标文件规定在投标截止日后90日内完成评标和公布中标候选人工作妥当,大型项目的投标有效期是120天左右。

问题3:

针对事件1,招标人应该对有异议的清单进行复核,如有错误,统一修改并把修改情况通

知所有投标人。

针对事件2,招标人应该在5日内退还撤回投标文件的投标人的投标保证金。

问题4:

针对事件3,评标委员会不接受投标人主动提出的澄清、说明和补正,仍然按照原投标文件进行评标。

针对事件4,评标委员会可认为投标人E、F串通投标,投标文件视为无效文件。

【案例十三】

【背景】某市重点工程项目计划投资4 000万元,采用工程量清单方式公开招标。经资格预审后,确定A、B、C共3家合格投标人。该3家投标人分别于10月13—14日领取了招标文件,同时按要求递交投标保证金50万元、购买招标文件费500元。

招标文件规定:投标截止时间为10月31日,投标有效期截止时间为12月30日,投标保证金有效期截止时间为次年1月30日。招标人对开标前的主要工作安排为:10月16—17日,由招标人分别安排各投标人踏勘现场;10月20日,举行投标预备会,会上主要对招标文件和招标人能提供的施工条件等内容进行答疑,考虑各投标人所拟定的施工方案和技术措施不同,将不对施工图作任何解释。各投标人按时递交了投标文件,所有投标文件均有效。

评标办法规定:1商务标权重60分(包括总报价20分、分部分项工程综合单价10分、其他内容30分),技术标权重40分。

(1)总报价的评标方法是,评标基准价等于各有效投标总报价的算术平均值下浮2个百分点。当投标人的投标总价等于评标基准价时得满分,投标总价每高于评标基准价1个百分点时扣2分,每低于评标基准价1个百分点时扣1分。

(2)分部分项工程综合单价的评标方法是,在清单报价中按合价大小抽取5项(每项权重2分),分别计算投标人综合单价报价平均值,投标人所报综合单价在平均值的95%～102%范围内得满分,超出该范围的,每超出1个百分点扣0.2分。

各投标人总报价和抽取的异形梁C30混凝土综合单价见表4-10。

表4-10 投标数据表

投标人	A	B	C
总报价/万元	3 179.00	2 998.00	3 213.00
展梁C30混凝土综合单价/(元·m⁻³)	456.20	451.50	485.80

除总报价之外的其他商务标和技术标指标评标得分见表4-11。

表4-11 投标人部分指标得分表

投标人	A	B	C
商务标(除总报价之外)得分	32	29	28
技术标得分	30	35	37

问题:

(1)在该工程开标之前所进行的招标工作有哪些不妥之处?说明理由。

(2)列式计算总报价和异形梁C30混凝土综合单价的报价平均值,并计算各投标人得分

（计算结果保留 2 位小数）。

（3）列式计算各投标人的总得分，根据总得分的高低确定第一中标候选人。

（4）评标工作于 11 月 1 日结束并于当天确定中标人。11 月 2 日招标人向当地主管部门提交了评标报告；11 月 10 日招标人向中标人发出中标通知书；12 月 1 日双方签订了施工合同；12 月 3 日招标人将未中标结果通知给另两家投标人，并于 12 月 9 日将投标保证金退还给未中标人。请指出评标结束后招标人的工作有哪些不妥之处并说明理由。

解题思路：

本案例主要考核招投标程序和工程量清单计价模式下评标方法。

问题 1 和问题 4 主要考试招投标程序，主要依据招投标法实施细则。

问题 2 和问题 3 主要考核综合评标法。

答案：

问题 1：

（1）要求投标人领取招标文件时递交投标保证金不妥，应在投标截止前递交。

（2）投标截止时间不妥，从招标文件发出到投标截止时间不能少于 20 日。

（3）踏勘现场安排不妥，招标人不得单独或者分别组织任何一个投标人进行现场踏勘。

（4）投标预备会上对施工图纸不作任何解释不妥，因为招标人应就图纸进行交底和解释。

问题 2：

（1）总报价平均值 =（3 179 + 2 998 + 3 213）/3 = 3 130 万元

评分基准价 = 3 130×（1 - 2%）= 3 067. 4 万元

（2）异形梁 C30 混凝土综合单价报价平均值 =（456. 20 + 451. 50 + 485. 80）/3

= 464. 50 元/m³

总报价和 C30 混凝土综合单价评分见表 4 - 12。

表 4 - 12　部分商务标指标评分表

评标项目	投标人	A	B	C
总报价评分	总报价（万元）	3 179.00	2 998.00	3 213.00
	总报价占评分基准价百分比/%	103.64	97.74	104.75
	扣分	7.28	2.26	9.50
	得分	12.72	17.74	10.50
C30 混凝土综合单价评分	综合单价/（元·m⁻³）	456.20	451.50	485.80
	综合单价占平均值/%	98.21	97.20	104.59
	扣分	0	0	0.52
	得分	2.00	2.00	1.48

问题 3：

投标人 A 的总得分：30 + 12. 72 + 32 = 74. 72 分

投标人 B 的总得分：35 + 17. 74 + 29 = 81. 74 分

投标人 C 的总得分：37 + 10. 50 + 28 = 75. 50 分

所以,第一中标候选人为 B 投标人。

问题 4:

(1) 招标人向主管部门提交的书面报告内容不妥,应提交招投标活动的书面报告,而不仅仅是评标报告。

(2) 招标人仅向中标人发出中标通知书不妥,还应同时将中标结果通知未中标人。

(3) 招标人通知未中标人时间不妥,应在向中标人发出中标通知书的同时通知未中标人。

(4) 退还未中标人的投标保证金时间不妥,招标人应在与中标人签订合同后的 5 个工作日内向未中标人退还投标保证金。

【案例十四】

【背景】某大型工程,由于技术难度大,对施工单位的施工设备和同类工程施工经验要求高,而且对工期的要求也比较紧迫。招标人在对有关单位及其在建工程考察的基础上,仅邀请了三家国有特级施工企业参加投标,并预先与咨询单位和该三家施工单位共同研究确定了施工方案。招标人要求投标人将技术标和商务标分别装订报送。招标文件中规定采用综合评估法进行评标,具体的评标标准如下:

1. 技术标共 30 分,其中施工方案 10 分(因已确定施工方案,各投标人均得 10 分)、施工总工期 10 分、工程质量 10 分。满足招标人总工期要求(36 个月)者得 4 分,每提前 1 个月加 1 分,不满足者为废标;招标人希望该工程今后能被评为省优工程,自报工程质量合格者得 4 分,承诺将该工程建成省优工程者得 6 分(若该工程未被评为省优工程将扣罚合同价的 2%,该款项在竣工结算时暂不支付给施工单位),近三年内获鲁班工程奖每项加 2 分,获省优工程奖每项加 1 分。

2. 商务标共 70 分。招标控制价为 36 500 万元,评标时有效报价的算术平均数为评标基准价。报价为评标基准价的 98% 者得满分(70 分),在此基础上,报价比评标基准价每下降 1%,扣 1 分,每上升 1%,扣 2 分(计分按四舍五入取整)。

各投标人的有关情况列于表 4-13。

表 4-13　各投标人的情况

投标人	报价/万元	总工期/月	自报工程工程	鲁班工程奖	省优工程奖
A	35 642	33	优良	1	1
B	34 364	31	优良	0	2
C	33 867	32	合格	0	1
D	36 578	34	合格	1	2

问题:

1. 该工程采用邀请招标方式且仅邀请 4 家投标人投标,是否违反有关规定? 为什么?

2. 请按综合得分最高者中标的原则确定中标人。

3. 若改变该工程评标的有关规定,将技术标增加到 40 分,其中施工方案 20 分(各投标人均得 20 分),商务标减少为 60 分,是否会影响评标结果? 为什么? 若影响,应由哪家投标人中标?

解题思路:

本案例考核招标方式和评标方法的运用。要求熟悉邀请招标的运用条件及有关规定,并能根据给定的评标办法正确选择中标人。本案例所规定的评标办法排除了主观因素,因而各投标人的技术标和商务标的得分均为客观得分。但是,这种"客观得分"是在主观规定的评标方法的前提下得出的,实际上不是绝对客观的,因此,当各投标人的得分较为接近时,需要慎重决策。

问题 3 实际上是考核对评标方法的理解和灵活运用。根据本案例给定的评标方法,这样改变评标的规定并不影响各投标人的得分,因而不会影响评标结果。若通过具体计算才得出结论,即使答案正确,也是不能令人满意的。

答案:

问题 1:

不违反(或符合)有关规定。因为根据有关规定,对于技术复杂的工程,允许采用邀请招标方式,邀请的投标人不得少于 3 家。

问题 2:

1. 计算各投标人的技术标得分,见表 4-14。

投标人 D 的报价 36 578 万元超过招标控制价 36 500 万元,根据招标文件规定按废标处理,不再进行评审。

表 4-14　技术标得分计算表

投标人	施工方案	总工期	工程质量	合计
A	10	$4+(36-33)\times1=7$	$6+2+1=9$	26
B	10	$4+(36-31)\times1=9$	$6+1\times12=8$	27
C	10	$4+(36-31)\times1=8$	$4+1=5$	23

2. 计算各投标人的商务标得分,见表 4-15。

评标基准价 $=(35\ 642+34\ 364+33\ 867)\div3=34\ 642$ 万元

表 4-15　技术标得分计算表

投标人	报价/万元	报价与标底的比例/%	扣分	得分
A	35 642	$35\ 642/34\ 624=102.9$	$(102.9-98)\times2\approx10$	$70-10=60$
B	34 364	$34\ 364/34\ 624=99.2$	$(99.2-98)\times1\approx2$	$70-2=68$
C	33 867	$33\ 867/34\ 624=97.8$	$(98-97.8)\times1\approx0$	$70-0=70$

3. 计算投标人综合得分,见表 4-16。

表 4-16　综合得分计算表

投标人	技术标得分	商务标得分	综合得分
A	26	60	86
B	27	68	95
C	23	70	93

因为投标人 B 的综合得分最高,故应选择其作为中标人。

问题3：

这样改变评标办法不会影响评标结果，因为各投标人的技术标得分均增加10分(20—10)，而商务标得分均减少10分(70—60)，综合得分不变。

【案例十五】

【背景】 某工程采用公开招标方式，有A、B、C、D、E、F六家投标人参加投标，经资格预审该六家投标人均满足招标人要求。该工程采用两阶段评标法评标，评标委员会由七名委员组成。招标文件中规定采用综合评估法进行评标，具体的评标标准如下：

1. 第一阶段评技术标。

技术标共计40分，其中施工方案15分，总工期8分，工程质量6分，项目班子6分，企业信誉5分。

技术标各项内容的得分，为各评委评分去除一个最高分和一个最低分后的算术平均数。

技术标合计得分不满28分者，不再评其商务标。

表4-17为各评委对六家投标人施工方案评分的汇总表。

表4-18为各投标人总工期、工程质量、项目班子、企业信誉得分汇总表。

表4-17 施工方案评分汇总表

投标人 ＼ 评委	一	二	三	四	五	六	七
A	13.0	11.5	12.0	11.0	11.0	12.5	12.5
B	14.5	13.5	14.5	13.0	13.5	14.5	14.5
C	12.0	10.0	11.5	11.0	10.5	11.5	11.5
D	14.0	13.5	13.5	13.0	13.5	14.0	14.5
E	12.5	11.5	12.0	11.0	11.5	12.5	12.5
F	10.5	10.5	10.5	10.0	9.5	11.0	10.5

表4-16 总工期、工程质量、项目班子、企业信誉得分汇总表

投标人	总工期	工程质量	项目班子	企业信誉
A	6.5	5.5	4.5	4.5
B	6.0	5.0	5.0	4.5
C	5.0	4.5	3.5	3.0
D	7.0	5.5	5.0	4.5
E	7.5	5.0	4.0	4.0
F	8.0	4.5	4.0	3.5

2. 第二阶段评商务标。

商务标共计60分。以标底的50%与投标人报价算术平均数的50%之和为基准价，但最高(或最低)报价高于(或低于)次高(或次低)报价的15%者，在计算投标人报价算术平均数时不予考虑，且商务标得分为15分。

以基准价为满分(60分),报价比基准价每下降1%,扣1分,最多扣10分;报价比基准价每增加1%,扣2分,扣分不保底。

表4-19为标底和各投标人的报价汇总表。

表4-19　为标底和各投标人的报价汇总表

投标人	A	B	C	D	E	F	标底
报价	13 656	11 108	14 303	13 098	13 241	14 125	13 790

3. 计算结果保留两位小数。

问题：

(1) 根据招标文件中的评标标准和方法,通过列式计算的方式确定三名中标候选人,并排出顺序。

(2) 若该工程未编制标底,以各投标人报价的算术平均数作为基准价,其余评标规定不变,试按原评定标准和方法确定三名中标候选人,并排出顺序。

(3) 依法必须进行招标的项目,在什么情况下招标人可以确定非排名第一的中标候选人为中标人?

解题思路：

本案例也是考核评标方法的运用。本案例旨在强调两阶段评标法所需注意的问题和报价合理性的要求。虽然评标大多采用定量方法,但是,实际仍然在相当程度上受主观因素的影响,这在评定技术标时显得尤为突出,因此需要在评标时尽可能减少这种影响。例如,本案例中将评委对技术标的评分去除最高分和最低分后再取其算术平均数,其目的就在于此。商务标的评分似乎较为客观,但受评标具体规定的影响仍然很大。本案例通过问题2结果与问题1结果的比较,说明评标的具体规定不同,商务标的评分结果可能不同,甚至可能改变评标的最终结果。

针对本案例的评标规定,题中特意给出最低报价低于次低报价15%和技术标得分不满28分的情况,而实践中这两种情况是较少出现的。从考试的角度来考虑,也未必用到题目所给出的全部条件。

答案：

问题1：

1. 计算各投标人施工方案的得分,见表4-20。

表4-20　施工方案得分表

投标人＼评委	一	二	三	四	五	六	七	平均得分
A	13.0	11.5	12.0	11.0	11.0	12.5	12.5	11.9
B	14.5	13.5	14.5	13.0	13.5	14.5	14.5	14.1
C	12.0	10.0	11.5	11.0	10.5	11.5	11.5	11.2
D	14.0	13.5	13.5	13.0	13.5	14.0	14.5	13.7
E	12.5	11.5	12.0	11.0	11.5	12.5	12.5	12.0
F	10.5	10.5	10.5	10.0	9.5	11.0	10.5	10.4

2. 计算各投标人技术标的得分,见表 4-21。

表 4-21 技术标得分计算表

投标人	施工方案	总工期	工程质量	项目班子	企业信誉	合计
A	11.9	6.5	5.5	4.5	4.5	32.9
B	14.1	6.0	5.5	5.0	4.5	34.6
C	11.2	5.0	4.5	3.5	3.0	27.2
D	13.7	7.0	5.5	5.0	4.5	35.7
E	12.0	7.5	5.0	4.0	4.0	32.5
F	10.4	8.0	4.5	4.0	3.5	30.4

由于投标人 C 的技术标仅得 27.2,小于 28 分的最低限,按规定,不再评其商务标,实际上已作为废标处理。

3. 计算各投标人的商务标得分,见表 4-22。

因为,(13 098 - 11 108)/13 098 = 15.19% > 15%

(14 125 - 13 656)/13 656 = 3.43% < 15%

所以,投标人 B 的报价(11 108 万元)在计算基准价时不予考虑。

则:基准价 = 13 790×50% + (13 656 + 13 098 + 13 241 + 14 125)/4×50% = 13 660 万元

表 4-22 商务标得分计算表

投标人	报价/万元	报价与基准价的比例/%	扣分	得分
A	13 656	(13 656/13 660)×100 = 99.97	(100 - 99.97)×1 = 0.03	59.97
B	11 108			15.00
D	13 098	(13 098/13 660)×100 = 95.89	(100 - 95.89)×1 = 4.11	55.89
E	13 241	(13 241/13 660)×100 = 96.93	(100 - 96.93)×1 = 3.07	56.93
F	14 125	(14 125/13 660)×100 = 103.40	(103.40 - 100)×2 = 6.80	53.20

4. 计算各投标人的综合得分,见表 4-23。

表 4-23 综合得分计算表

投标人	技术标得分	商务标得分	综合得分
A	32.9	59.97	92.87
B	34.6	15.00	49.6
D	35.7	55.89	91.59
E	32.5	56.93	89.43
F	30.4	53.20	83.60

因此,三名中标候选人顺序依次是 A、D、E。

问题 2：

1. 计算各投标人的商务标得分，见表 4-24。

基准价 = (13 656 + 13 098 + 13 241 + 14 125)/4 = 13 530 万元

表 4-24　商务标得分计算表

投标人	报价/万元	报价与基准价的比例/%	扣分	得分
A	13 656	(13 656/13 530)×100 = 100.93	(100.93 − 100)×2 = 1.86	58.14
B	11 108			15.00
D	13 098	(13 098/13 530)×100 = 96.81	(100 − 96.81)×1 = 3.19	56.81
E	13 241	(13 241/13 530)×100 = 97.86	(100 − 97.86)×1 = 2.14	57.86
F	14 125	(14 125/13 530)×100 = 104.40	(104.40 − 100)×2 = 8.80	51.20

2. 计算各投标人的综合得分，见表 4-25。

表 4-25　综合得分计算表

投标人	技术标得分	商务标得分	综合得分
A	32.9	58.14	91.04
B	34.6	15.00	49.60
D	35.7	56.81	92.51
E	32.5	57.86	90.36
F	30.4	51.20	81.60

因此，三名中标候选人的顺序依法是 D、A、E。

问题 3：

根据《招标投标法实施条例》第五十五条的规定：排名第一的中标候选人放弃中标、因不可抗力不能履行合同、不按照招标文件要求提交履约保证金，或者被查实存在影响中标结果的违法行为等情形，不符合中标条件的，招标人可按照评标委员会提出的中标候选人名单排序依次确定其他中标候选人为中标人。

【案例十六】

【背景】某工业厂房项目的招标人经过多方了解，邀请了 A、B、C 三家技术实力和资信俱佳的投标人参加该项目的投标。

在招标文件中规定：评标时采用最低综合报价（相当于经评审的最低投标价）中标的原则，但最低投标价低于次低投标价 10% 的报价将不予考虑。工期不得长于 18 个月，若投标人自报工期少于 18 个月，在评标时将考虑其给招标人带来的收益，折算成综合报价后进行评标。若实际工期短于自报工期，每提前 1 天奖励 1 万元；若实际工期超过自报工期，每拖延 1 天应支付逾期违约金 2 万元。

A、B、C 三家投标人投标书中与报价和工期有关的数据汇总于表 4-26 和表 4-27。

假定：贷款月利率为 1‰，各分部工程每月完成的工作量相同，在评标时考虑工期提前给招标人带来的收益为每月 40 万元。

表 4-26 投标参数汇总表

投标人	基础工程		上部结构工程		安装工程		安装工程与上部结构工程搭接时间(月)
	报价/万元	工期/月	报价/万元	工期/月	报价/万元	工期/月	
A	400	4	1 000	10	1 020	6	2
B	420	3	1 080	9	960	6	2
C	420	3	1 100	10	1 000	5	3

表 4-27 现值系数表

n	2	3	4	6	7	8	9	10	12	13	14	15	16
$(P/A,1\%,n)$	1.970	2.941	3.902	5.795	6.728	7.625	8.566	9.471	…	…	…	…	…
$(P/F,1\%,n)$	0.980	0.971	0.961	0.942	0.933	0.923	0.914	0.905	0.887	0.879	0.870	0.861	0.853

问题:

1. 我国《招标投标法》对中标人的投标应当符合的条件是如何规定的?

2. 若不考虑资金的时间价值,应选择哪家投标人作为中标人? 如果该中标人与招标人签订合同,则合同价为多少?

3. 若考虑资金的时间价值,应选择哪家投标人作为中标人?

解题思路:

本案例考核我国《招标投标法》关于中标人投标应当符合的条件的规定以及最低投标价格中标原则的具体运用。

明确规定允许最低投标价格中标是《招标投标法》与我国过去招标投标有关法规的重要区别之一,符合一般项目招标人的利益。但招标人在运用这一原则时,需把握两个前提:一是中标人的投标应当满足招标文件的实质性要求,二是投标价格不得低于成本。本案例背景资料隐含了这两个前提。

本案例并未直接采用最低投标价格中标原则,而是将工期提前给招标人带来的收益折算成综合报价,以综合报价最低者(即经评审的最低投标价)中标,并分别从不考虑资金时间价值和考虑资金时间价值的角度进行定量分析,其中前者较为简单和直观,而后者更符合一般投资者(招标人)的利益和愿望。

在解题时需注意以下几点:

一是各投标人自报工期的计算,应扣除安装工程与上部结构工程的搭接时间;

二是在搭接时间内现金流量应叠加,在现金流量图上一定要标明,但在计算年金现值时,并不一定要把搭接期独立开来计算;

三是在求出年金现值后再按一次支付折成现值的时点,尤其不要将各投标人报价折现的时点相混淆;

四是经评审的投标价只是选择中标人的依据,既不是投标价,也不是合同价。

答案:

问题1:

我国《招标投标法》第四十一条规定,中标人的投标应当符合下列条件之一:

（1）能够最大限度地满足招标文件中规定的各项综合评价标准；

（2）能够满足招标文件的实质性要求，并且经评审的投标价格最低，但是投标价格低于成本的除外。

问题 2：

1. 计算各投标人的综合报价（即经评审的投标价）

（1）投标人 A 的总报价为：$400+1\,000+1\,020=2\,420$ 万元

总工期为：$4+10+6-2=18$ 月

相应的综合报价 $P_A=2\,420$ 万元

（2）投标人 B 的总报价为：$420+1\,080+960=2\,460$ 万元

总工期为：$3+9+6-2=16$ 月

相应的综合报价 $P_B=2\,460-40\times(18-16)=2\,380$ 万元

（3）投标人 C 的总报价为：$420+1\,100+1\,000=2\,520$ 万元

总工期为：$3+10+5-3=15$（月）

相应的综合报价 $P_C=2\,520-40\times(18-15)=2\,400$ 万元

因此，若不考虑资金的时间价值，投标人 B 的综合报价最低，应选择其作为中标人。

2. 合同价为投标人 B 的投标价 2 460 万元。

问题 3：

解 1：

1. 计算投标人 A 综合报价的现值

基础工程每月工程款 $A_{1A}=400/4=100$ 万元

上部结构工程每月工程款 $A_{2A}=1\,000/10=100$ 万元

安装工程每月工程款 $A_{3A}=1\,020/6=170$ 万元

其中，第 13 个月和第 14 个月的工程款为：$A_{2A}+A_{3A}=100+170=270$ 万元。

则投标人 A 的综合报价的现值为：

$$\begin{aligned}PV_A&=A_{1A}(P/A,1\%,4)+A_{2A}(P/A,1\%,8)(P/F,1\%,4)\\&\quad+(A_{2A}+A_{3A})(P/A,1\%,2)(P/F,1\%,12)+A_{3A}(P/A,1\%,4)(P/F,1\%,14)\\&=100\times3.902+100\times7.625\times0.961+270\times1.970\times0.887+170\times3.902\times0.870\\&=2\,171.86\text{ 万元}\end{aligned}$$

2. 计算投标人 B 综合报价的现值

基础工程每月工程款 $A_{1B}=420/3=140$ 万元

上部结构工程每月工程款 $A_{2B}=1\,080/9=120$ 万元

安装工程每月工程款 $A_{3B}=960/6=160$ 万元

工期提前每月收益 $A_{4B}=40$ 万元

其中，第 11 个月和第 12 个月的工程款为：$A_{2B}+A_{3B}=120+160=280$ 万元。

则投标人 B 的综合报价的现值为：

$$\begin{aligned}PV_B&=A_{1B}(P/A,1\%,3)+A_{2B}(P/A,1\%,7)(P/F,1\%,3)\\&\quad+(A_{2B}+A_{3B})(P/A,1\%,2)(P/F,1\%,10)+A_{3B}(P/A,1\%,4)(P/F,1\%,12)\\&\quad-A_{4B}(P/A,1\%,2)(P/F,1\%,16)\end{aligned}$$

$$= 140 \times 2.941 + 120 \times 6.728 \times 0.971 + 280 \times 1.970 \times 0.905 + 160 \times 3.902$$
$$\times 0.887 - 40 \times 1.970 \times 0.853$$
$$= 2\ 181.44\ 万元$$

3. 计算投标人 C 综合报价的现值

基础工程每月工程款 $A_{1C} = 420/3 = 140$ 万元

上部结构工程每月工程款 $A_{2C} = 1\ 100/10 = 110$ 万元

安装工程每月工程款 $A_{3C} = 1\ 000/5 = 200$ 万元

工期提前每月收益 $A_{4C} = 40$ 万元

其中,第 11 个月至第 13 个月的工程款为:$A_{2C} + A_{3C} = 110 + 200 = 310$ 万元。

则投标人 C 的综合报价的现值为:

$$PV_C = A_{1C}(P/A,1\%,3) + A_{2C}(P/A,1\%,7)(P/F,1\%,3)$$
$$+ (A_{2C} + A_{3C})(P/A,1\%,3)(P/F,1\%,10) + A_{3C}(P/A,1\%,2)(P/F,1\%,13)$$
$$- A_{4C}(P/A,1\%,3)(P/F,1\%,15)$$
$$= 140 \times 2.941 + 110 \times 6.728\ x\ 0.971 + 310 \times 2.941 \times 0.905 + 200 \times 1.970 \times 0.879$$
$$- 40 \times 2.941 \times 0.861$$
$$= 2\ 200.49\ 万元$$

因此,若考虑资金的时间价值,投标人 A 的综合报价最低,应选择其作为中标人。

解 2:

1. 计算投标人 A 综合报价的现值

先按解 1 计算 A_{1A}、A_{2A}、A_{3A},则投标人 A 综合报价的现值为:

$$PV_A = A_{1A}(P/A,1\%,4) + A_{ZA}(P/A,1\%,10)(P/F,1\%,4)$$
$$+ A_{3A}(P/A,1\%,6)(P/F,1\%,12)$$
$$= 100 \times 3.902 + 100 \times 9.471 \times 0.961 + 170 \times 5.795 \times 0.887$$
$$= 2\ 174.20\ 万元$$

2. 计算投标人 B 综合报价的现值

先按解 1 计算 A_{1B}、A_{2B}、A_{3B},则投标人 B 综合报价的现值为:

$$PV_B = A_{1B}(P/A,1\%,3) + A_{2B}(P/A,1\%,9)(P/F,1\%,3)$$
$$+ A_{3B}(P/A,1\%,6)(P/F,1\%,10) - A_{4B}(P/A,1\%,2)(P/F,1\%,16)$$
$$= 140 \times 2.941 + 120 \times 8.566 \times 0.971 + 160 \times 5.795 \times 0.905 - 40 \times 1.970 \times 0.853$$
$$= 2\ 181.75\ 万元$$

3. 计算投标人 C 综合报价的现值

先按解 1 计算 A_{1C}、A_{2C}、A_{3C},则投标人 C 综合报价的现值为:

$$PV_C = (P/A,1\%,3) + A_{2C}(P/A,1\%,10)(P/F,1\%,3)$$
$$+ A_{3C}(P/A,1\%,5)(P/F,1\%,10) - A_{4C}(P/A,1\%,3)(P/F,1\%,15)$$
$$= 140 \times 2.941 + 110 \times 9.471 \times 0.971 + 200 \times 4.853 \times 0.905 - 40 \times 2.941 \times 0.861$$
$$= 2\ 200.50\ 万元$$

因此,若考虑资金的时间价值,投标人 A 的综合报价最低,应选择其作为中标人。

【案例十七】

【背景】我国西部地区某世界银行贷款项目采用国际公开招标,共有 A、C、F、G、J 五家投标人参加投标。

招标公告中规定:2016 年 6 月 1 日起发售招标文件。

招标文件中规定:2016 年 8 月 31 日为投标截止日,投标有效期到 2016 年 10 月 31 日为止;允许采用不超过三种的外币报价,但外汇金额占总报价的比例不得超过 30%;评标采用经评审的最低投标价法,评标时对报价统一按人民币计算。

招标文件中的工程量清单按我国《建设工程工程量清单计价规范》编制。

各投标人的报价组成见表 4-28,中国银行公布的 2016 年 7 月 18 日至 9 月 4 日的外汇牌价见表 4-29,投标人 C 对部分结构工程的报价见表 4-30。

计算结果保留两位小数。

表 4-28 各投标人报价汇总表

投标人	人民币	美元	欧元	日元
A	50 894.42	2 579.93	—	—
C	43 986.45	1 268.74	1 859.58	—
F	49 993.84	780.35	1 498.21	—
G	51 904.11	—	2 225.33	—
J	49 389.79	499.37	—	197 504.76

表 4-29 外汇牌价

日期	7.18—7.24	7.25—7.31	8.1—8.7	8.8—8.14	8.15—8.21	8.22—8.28	8.29—9.4
美元	6.659 0	6.658 8	6.649 9	6.648 8	6.647 0	6.642 0	6.641 8
欧元	7.670 9	7.667 8	7.507 9	7.506 5	7.502 1	7.501 2	7.500 2
日元	0.066 8	0.066 5	0.066 3	0.065 5	0.664	0.066 4	0.066 3

表 4-30 投标人 C 部分结构工程报价单

序号	项目编码	项目名称	工程数量	单位	单价/元	合价/元
15	(略)	带形基础 C40	863.00	m³	474.65	409 622.95
16	(下同)	满堂基础 C40	3 904.00	m³	471.42	1540 423.68
18		设备基础 C30	40.00	m³	415.98	16 639.20
31		矩形柱 C50	138.54	m³	504.76	69 929.45
35		异形柱 C60	16.46	m³	536.03	88 223.05
41		矩形梁 C40	269.00	m³	454.02	132 131.38

续表

序号	项目编码	项目名称	工程数量	单位	单价/元	合价/元
47		矩形梁 30	54.00	m³	413.91	22 351.14
51		直形墙 C50	606.00	m³	472.69	286 450.14
61		楼板 C40	1 555.00	m³	45.11	701 460.50
71		直形楼梯	217.00	m²	117.39	25 473.63
91		预埋铁件	1.78	t		
101		钢筋(网、笼)制作、运输、安装	13.71	t	4 998.96	68 535.74

问题：

（1）各投标人的报价按人民币计算分别为多少？其外汇占总报价的比例是否符合招标文件的规定？

（2）由于评技术标花费了较多时间，因此，招标人以书面形式要求所有投标人延长投标有效期。投标人 F 要求调整报价，而投标人 A 拒绝延长投标有效期。对此，招标人应如何处理？说明理由。

（3）投标人 C 对部分结构工程的报价如表 4-30 所示，请指出其中的不当之处，并说明应如何处理？

（4）如果评标委员会认为投标人 C 的报价可能低于其个别成本，应当如何处理？

解题思路：

本案例主要考核在多种货币报价时对投标价的换算和在工程量清单计价模式条件下对投标价的审核，还涉及投标有效期的延长和对低于成本报价的确认。

在投标人以多种货币报价时，一般都要换算成招标人规定的同一货币进行评标。在这种情况下，主要涉及两个问题：一是采用什么时间的汇率，二是对外汇金额占总报价比例的限制。对于多种货币之间的换算汇率，世界银行贷款项目和 FIDIC 合同条件都规定，除非在合同条件第二部分（即专用条件）中另有说明，应采用投标文件递交截止日期前 28 天当天由工程施工所在国中央银行决定的通行汇率；而我国《评标委员会和评标方法暂行规定》规定："以多种货币报价的，应当按照中国银行在开标日公布的汇率中间价换算成人民币。"本案例的问题 1 就是针对这两者之间的区别设计的，投标人 C 的报价如果按我国有关法规的规定是符合招标文件规定的，而按世界银行贷款项目的规定则是不符合招标文件规定的。

在工程量清单计价模式条件下对投标价的审核，要注意用数字表示的数额与用文字表示的数额的一致性，单价和工程量的乘积与相应合价的一致性，有无报价漏项等问题。在本案例中，仅涉及后两个问题。我国《工程建设项目施工招标投标办法》规定，用数字表示的数额与用文字表示的数额不一致时，以文字数额为准；单价与工程量的乘积与总价（该法规原文如此，实际应为"合价"）之间不一致时，以单价为准。若单价有明显的小数点错位，应以总价为准，并修改单价。另外，若投标人对工程量清单中列明的某些项目没有报价（即漏项），不影响其投标文件的有效性，招标人可以认为投标人已将该项目的费用并入其他项目报价，即使今后该项目的实际工程量大幅增加，也不支付相应的工程款。

需要注意的是，《招标投标法》规定投标人的报价不得低于其成本，否则将被作为废标处理。然而如何识别投标人的报价是否低于其成本是实践工作中的难题,评标委员会发现某投标人的报价明显低于其他投标人的报价或者在设有标底时明显低于标底时不能简单认为其投标报价低于成本,而应当按照《评标委员会和评标方法暂行规定》,要求该投标人做出书面说明并提供相关证明材料。投标人不能合理说明或者不能提供相关证明材料的,由评标委员会认定该投标人以低于成本报价竞标,其投标应作废标处理。

答案:

问题1:

1. 各投标人按人民币计算的报价分别为:

投标人A:$50\,894.42 + 2\,579.93 \times 6.649\,9 = 68\,050.70$万元

投标人C:$43\,986.45 + 1\,268.74 \times 6.649\,9 + 1\,859.58 \times 7.507\,9 = 66\,384.98$万元

投标人F:$49\,993.84 + 780.35 \times 6.649\,9 + 1\,498.21 \times 7.507\,9 = 66\,431.50$万元

投标人G:$51\,904.11 + 2\,225.33 \times 7.507\,9 = 68\,611.67$万元

投标人J:$49\,389.79 + 499.37 \times 6.649\,9 + 197\,504.76 \times 0.066\,3 = 65\,805.12$万元

将以上计算结果汇总于表4-31。

表4-31　各投标人报价汇总表

投标人	人民币	美元	欧元	日元	总价
A	50 894.42	2 579.93	—	—	68 050.70
C	43 986.45	1 268.74	1 859.58		66 384.98
F	49 993.84	780.35	1 498.21		66 431.50
G	51 904.11		2 225.33	—	68 611.67
J	49 389.79	499.37	—	197 504.76	65 805.12

2. 计算各投标人报价中外汇所占的比例:

投标人A:$(68\,050.70 - 50\,894.42)/68050.70 = 25.21\%$

投标人C:$(66\,384.98 - 43\,986.45)/66384.98 = 33.74\%$

投标人F:$(66\,431.50 - 49\,993.84)/66431.50 = 24.74\%$

投标人G:$(68\,611.67 - 51\,904.11)/68611.67 = 24.5\%$

投标人J:$(65.12 - 49\,389.79)/65805.12 = 24.95\%$

由以上计算结果可知,投标人C报价中外汇所占的比例超过30%,不符合招标文件的规定,而其余投标人报价中外汇所占的比例均符合招标文件的规定。

问题2:

我国《工程建设项目施工招标投标办法》规定,在原投标有效期结束前,出现特殊情况的,招标人可以书面形式要求所有投标人延长投标有效期。投标人同意延长的,不得要求或被允许修改其投标文件的实质性内容,但应相应延长其投标保证金的有效期。投标人拒绝延长的,其投标失效,但投标人有权收回其投标保证金。因延长有效期造成投标人损失的,招标人应当给予补偿。因此,投标人F的报价不得调整,但应补偿其延长投标保证金有效期所增加的费用;投标人A的投标文件按失效处理,不再评审,但应退还其投标保证金。

问题 3：

投标人 C 的报价表中有下列不当之处：

1. 满堂基础 C40 的合价 1 540 423.68 元错误，其单价合理，故应以单价为准，将其合价修改为 1 840 423.68 元；

2. 矩形梁 C40 的合价 132 131.38 元数值错误，其单价合理，故应以单价为准，将其合价修改为 122 131.38 元；

3. 楼板 C40 的单价 45.11 元/m³ 显然不合理，参照矩形梁 C40 的单价 454.02 元/m³ 将原单价修改为 451.10 元/m³；

4. 对预埋铁件未报价，这不影响其投标文件的有效性，也不必作特别的处理，可以认为承包商 C 已将预埋铁件的费用并入其他项目（如矩形柱和矩形梁）报价，今后工程款结算中将没有这一项目内容。

问题 4：

根据我国《评标委员会和评标方法暂行规定》，在评标过程中，评标委员会发现投标人 C 的报价明显低于其他投标报价或者在设有标底时明显低于标底，使得其投标报价可能低于其个别成本的，应当要求投标人 C 做出书面说明并提供相关证明材料。投标人 C 不能合理说明或者不能提供相关证明材料的，由评标委员会认定投标人 C 以低于成本报价竞标，其投标应作废标处理。

第五章　工程合同与价款管理

扫码获取更
多精彩内容

内容提示

1. 我国《建设工程施工合同(示范文本)》(GF—2017—0201);
2. 施工合同示范文本中的质量条款、价格与支付条款和进度条款;
3. 施工合同索赔;
4. FIDIC 土木工程施工合同条件。

知识要点

知识点一:工程合同管理

了解合同订立的形式问题、合同订立的主要条款以及由此产生的合同权利和义务、格式合同的法律问题,掌握要约与承诺制度、缔约过失责任制度。

知识点案例讲解

【案例一】

背景:甲建设单位新建一高层住宅楼,与中标的乙施工单位签订了施工合同。该合同采用《建设工程施工合同(示范文本)》(GF—2017—0201)。在建设过程中发生以下事件:

事件一:施工中因地震导致:施工停工一个月;已建工程部分损坏;现场堆放的价值50万元的工程材料(施工单位负责采购)损毁;部分施工机械损坏,修复费用20万元;现场8人受伤。施工单位承担了全部医疗费用24万元(其中建设单位受伤人员医疗费3万元,施工单位受伤人员医疗费21万元);施工单位修复损坏工程支出10万元。施工单位按合同约定向项目监理机构提交了费用补偿和工程延期申请。

事件二:建设单位采购的大型设备运抵施工现场后,进行了清点移交。施工单位在安装过程中该设备一个部件损坏,经鉴定,部件损坏是由于本身存在质量缺陷。

问题:

1. 根据《建设工程施工合同(示范文本)》(GF—2017—0201),分析事件一中甲建设单位和乙施工单位各自应承担哪些经济损失。项目监理机构应批准的费用补偿和工程延期各是多

少？（不考虑工程保险）

2. 就施工合同主体关系而言，事件二中设备部件损坏的责任应由哪一方承担，并说明理由。

答案：

1. 甲建设单位应承担的经济损失有：

（1）已建工程的损坏；

（2）现场堆放价值 50 万元的工程材料；

（3）甲建设单位的人员受伤医疗费 3 万元；

（4）工程修复费用 10 万元。

乙施工单位应承担的经济损失有：

（1）施工机械损坏费用 20 万元；

（2）施工单位受伤人员医疗费 21 万元。

应批准的费用补偿：50 + 3 + 10 = 63 万元；

应批准和延期：一个月。

2. 责任由甲建设单位承担，理由：该设备由甲建设单位采购，部件本身存在的质量缺陷属于甲建设单位的责任范围。

【案例三】

【背景】 甲建设单位新建一栋办公楼，与中标的乙施工单位签订了施工合同。该合同采用《建设工程施工合同（示范文本）》（GF—2017—0201）。合同价为 2000 万元人民币，合同工期 500 天，甲建设单位与乙施工单位双方约定："每提前或推后工期一天，按每天 1 万元进行奖励或扣罚"。合同履行过程中发生了如下事件：

事件一：主体结构施工过程中发生了多次设计变更，承包方乙施工单位在编制的竣工结算书中提出设计变更实际增加费用共计 50 万元，但发包方甲建设单位不同意该设计变更增加费。

事件二：办公楼工程实际竣工日期比合同工期迟了 17 天，发包方甲建设单位要求承包方乙施工单位承担违约金 17 万元。承包方认为工期拖延是设计变更造成的，工期应顺延，拒绝支付违约金。

问题：

1. 发包方甲建设单位不同意支付因设计变更而实际增加的费用 50 万元是否合理？说明理由。

2. 承包方乙施工单位拒绝承担逾期竣工违约责任的观点是否成立？说明理由。

答案：

1. 发包方甲建设单位不同意支付因设计变更而实际增加的费用 50 万元是合理的。按照《建设工程施工合同（示范文本）》（承包方乙施工单位应在收到设计变更后 14 天内提出变更报价）。本案例是在主体结构施工中发生的设计变更，但承包方乙施工单位却是在竣工结算时才提出报价，已超过了合同约定的提出报价时间，发包方甲建设单位可按合同约定视为承包方乙施工单位同意设计变更但不涉及合同价款调整，因此发包方甲建设单位有权拒绝承包方乙施工单位的 50 万元设计变更报价。

2. 承包方乙施工单位拒绝承担逾期竣工违约责任的观点不能成立。本案中承包方乙施工单位未在约定时限内提出顺延或增加工期的要求,所以工期不能顺延,承包人应承担逾期竣工17天的违约金17万元。

知识点二:工程索赔

了解工程索赔行为性质及特征,理解工程索赔的基本原则,掌握工程索赔行为的程序及方法。

🎯 **知识点案例讲解**

【案例一】

【背景】甲建设单位新建一栋办公楼,与中标的乙施工单位签订了施工合同。该合同采用《建设工程施工合同(示范文本)》(GF—99—0201)。在建设过程中发生以下事件:

事件1:2010年4月,在基础开挖过程中,个别部位实际土质与给定地质资料不符,造成施工费用增加3万元,相应工序持续时间增加了5天。

事件2:2010年5月,施工单位为了保证质量扩大基础底面,开挖量增加导致费用增加4万元,相应工序持续时间增加了4天。

事件3:2010年7月,在主体砌筑过程中,因施工图设计有误,实际费用增加了3.2万元,相应工序持续时间增加了3天。

事件4:2010年8月进入雨季施工,恰逢20年一遇大雨,造成停工损失3.5万元,工期增加6天。

以上事件,乙施工单位都在事件发生后的10天内向项目监理机构提出书面报告,通报了损失情况。除事件4外,其余工序均未发生在关键线路上,并对总工期无影响。针对上述事件,施工单位提出如下索赔要求:(1)增加合同工期18天;(2)增加费用13.7万。

问题:

1. 乙施工单位对施工过程中发生上述事件可否索赔,为什么?

2. 监理工程师对施工单位提出的索赔要求:(1)增加合同工期18天;(2)增加费用13.7万应如何处理?

答案:

1. 事件1中费用索赔成立,因为发包方甲建设单位提供的地质资料与实际不符,这是承包商乙施工单位不可预见的。因为不是在关键线路上,工期不予顺延。

事件2中费用索赔不成立,工期索赔也不成立。因为该工作属于承包商乙施工单位采取的质量保护措施。

事件3中费用索赔成立,因为这是设计方案有误。因为不是在关键线路上,工期不予顺延。

事件4中因为是在关键线路上,工期可顺延。费用索赔不成立,因为属于异常气候条件变化,承包商乙施工单位不应得到费用补偿。

2. 监理工程师批准承包商乙施工单位获得(1)增加合同工期6天;(2)增加费用6.2万。

 本章典型案例

【案例一】

【背景】某年4月A单位拟建办公楼一栋,工程地址位于已建成的X小区附近。A单位就勘察任务与B单位签订了工程合同。合同规定勘察费15万元。该工程经过勘察、设计等阶段于10月20日开始施工。施工承包商为D建筑公司。

问题:

1. 委托方A应预付勘察定金数额是多少?

2. 该工程签订勘察合同几天后,委托方A单位通过其他渠道获得X小区业主C单位提供的X小区的勘察报告。A单位认为可以借用该勘察报告,A单位即通知B单位不再履行合同。请问在上述事件中,哪些单位的做法是错误的? 为什么? A单位是否有权要求返还定金?

3. 若A单位和B单位双方都按期履行勘察合同,并按B单位提供的勘察报告进行设计与施工。但在进行基础施工阶段,发现其中有部分地段地质情况与勘察报告不符,出现软弱地基,而在原报告中并未指出。此时B单位应承担什么责任?

4. 问题3中,施工单位D由于进行地基处理,施工费增加20万元,工期延误20天,对于这种情况,D单位应怎样处理? 而A单位应承担什么责任?

答案:

1. A应付定金为3万元。

2. A和C都错了。A不履行勘察合同,属违约行为;C应维护他人的勘察设计成果,不得擅自转让给第三方,也不得用于合同以外的项目。A无权要求返还定金。

3. 若合同继续履行,B应视造成损失的大小,减收或免收勘察费。

4. (1) D应在出现软弱地基后,及时以书面形式通知A,并请求A给出处理方案,并于28天内就延误的工期和因此发生的经济损失,向A提出索赔意向通知。

(2) A应承担地基处理所需的20万元,顺延工期20天。

【案例二】

【背景】某厂房建设场地原为农田。按设计要求在厂房地坪范围内的耕植土应清除,基础必须埋在老土层下2.00 m处。为此,业主在"三通一平"阶段就委托土方施工公司清除了耕植土并用好土回填压实至一定设计标高,故在施工招标文件中指出,施工单位无须再考虑清除耕植土问题。某施工单位通过投标方式获得了该项工程施工任务,并与建设单位签订了固定价格合同。然而,施工单位在开挖基坑时发现,相当一部分基础开挖深度虽已达到了设计标高,但仍未见老土,且在基坑和场地范围内仍由一部分深层的耕植土和池塘淤泥等必须清除。

问题:

1. 在工程中遇到地基条件与原设计所依据的地质资料不符时,承包商应该怎么办?

2. 对于工程施工中出现变更工程价款和工期的事件之后,甲乙双方需要注意哪些时效性问题?

3. 根据修改的设计图纸,基坑开挖要加深加大,造成土方工程量增加,施工工效降低。在施工中又发现了较有价值的出土文物,造成承包商部分施工人员和机械窝工,同时承包商为保护文物付出了一定的措施费用。请问承包商应如何处理此事?

答案：

1. 在工程中遇到地基条件与原设计所依据的地质资料不符时，承包商应根据《建设工程施工合同（示范文本）》的规定，及时通知甲方，要求对工程地质重新勘察并对原设计进行变更。

2. 在出现变更工程价款和工期事件后，主要应注意：(1) 乙方提出变更工程价款和工期的时间；(2) 甲方答复的时间；(3) 双方对变更工程价款和工期不能达成一致意见时的解决方式和时间。

3. (1) 在接到设计变更图纸后的 14 天内，向甲方提出变更工程价款和工期顺延的报告。甲方应在收到书面报告的 14 天内予以答复，若同意该报告，则调整合同；若不同意，应进一步与甲方就变更价款协商，协商一致后，修改合同。如果协商不一致，按工程承包合同争议的处理方式解决。

(2) 发现出土文物后，首先应在 4 h 内，以书面形式通知甲方，同时采取妥善的保护措施；其次向甲方提出措施费用补偿和顺延工期的要求，并提供相应的计算书及其证据。

【案例三】

【背景】某汽车制造厂建设施工土方工程中，承包商在合同标明有松软石的地方没有遇到松软石，因此工期提前 1 个月。但在合同中另一未标明有坚硬岩石的地方遇到更多的坚硬岩石，开挖工作变得更加困难，由此造成了实际生产率比原计划低得多，经测算影响工期 3 个月。由于施工速度减慢，使得部分施工任务拖到雨季进行，按一般公认标准推算，又影响工期 2 个月。为此承包商准备提出索赔。

问题：

1. 该项施工索赔能否成立？为什么？

2. 在该索赔事件中，应提出的索赔内容包括哪两方面？

3. 在工程施工中，通常可以提供的索赔证据有哪些？

4. 承包商应提供的索赔文件有哪些？请协助承包商拟定一份索赔通知。

答案：

问题 1：该项施工索赔能成立。施工中在合同未标明有坚硬岩石的地方遇到更多的坚硬岩石，属于施工现场的施工条件与原来的勘察有很大差异，属于甲方的责任范围。

问题 2：本事件使承包商由于意外地质条件造成施工困难，导致工期延长，相应产生额外工程费用，因此，应包括费用索赔和工期索赔。

问题 3：可以提供的索赔证据有：

(1) 招标文件、工程合同及附件、业主认可的施工组织设计、工程图纸、技术规范等；

(2) 工程各项有关设计交底记录，变更图纸，变更施工指令等；

(3) 工程各项经业主或监理工程师签认的签证；

(4) 工程各项往来信件、指令、信函、通知、答复等；

(5) 工程各项会议纪要；

(6) 施工计划及现场实施情况记录；

(7) 施工日报及工长工作日志、备忘录；

(8) 工程送电、送水、道路开通、封闭的日期及数量记录；

(9) 工程停水、停电和干扰事件影响的日期及恢复施工的日期；

(10) 工程预付款、进度款拨付的数额及日期记录；

（11）工程图纸、图纸变更、交底记录的送达份数及日期记录；

（12）工程有关施工部位的照片及录像等；

（13）工程现场气候记录，有关天气的温度、风力、降雨雪量等；

（14）工程验收报告及各项技术鉴定报告等；

（15）工程材料采购、订货、运输、进场、验收、使用等方面的凭据；

（16）工程会计核算资料；

（17）国家、省、市有关影响工程造价、工期的文件、规定等。

问题4：承包商应提供的索赔文件有：（1）索赔信；（2）索赔报告；（3）索赔证据与详细计算书等附件。

【案例四】

某工程建设项目，业主与施工单位签订了施工合同。其中规定，在施工过程中，如因业主原因造成窝工，则人工窝工费和机械的停工费可按工日费和台班费的60％结算支付。工程按照图5-1所示网络计划进行。关键线路 A—E—H—I—J。在计划执行过程中，出现了影响下列工作而暂时停工的情况（同一工作由不同原因引起的停工时间，都不在同一时间）：

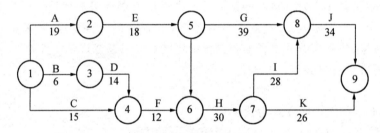

图5-1　工程网络计划

（1）因业主不能及时供应材料使 E 延误3天、G 延误2天、H 延误3天。

（2）因机械发生故障检修使 E 延误2天、G 延误2天。

（3）因业主要求设计变更使 F 延误3天。

（4）因公网停电使 F 延误1天、I 延误1天。

施工单位及时向造价工程师提交了一份索赔申请报告，并附有有关资料、证据和下列要求：

（1）工期顺延：E 停工5天，F 停工4天，G 停工4天，H 停工3天，I 停工1天，总计要求工期顺延17天。

（2）经济损失索赔。

① 机械设备窝工费包括：

E 工序吊车：(3+2)台班×240元/台班＝1 200元

J 工序搅拌机：(3+1)台班×70 台班＝280元

G 工序小机械：(2+2)台班×55 元/台班＝220元

H 工序搅拌机：3 台班×70元/台班＝210元

合计机械类费用索赔1 910元。

② 人工窝工费包括：

E 工序：5 天×30 人×28 元/工日＝4 200元

F 工序：4 天×35 人×28 元/工日＝3 920元

G 工序:4 天×15 人×258 元/工日＝1 680 元

H 工序:3 天×35 人×28 元/工日＝2 940 元

I 工序:1 天×20 人×28 元/工日＝560 元

合计人工费索赔 13 300 元。

③ 间接费增加:(1 910＋13 300)×16％＝2 433.6 元

④ 利润损失:(1 910＋13 300＋2 433.6)×5％＝882.18 元

总计经济索赔额:1 910＋13 300＋2 433.6＋882.18＝18 525.78 元

索赔申请书提出的工序顺延时间、停工人数、机械台班数和单价的数据等,经审查后均真实。

问题:

(1) 审查施工单位所提工期索赔要求是否合理?造价工程师应批准工期顺延多少天?为什么?

(2) 审查施工单位所提费用索赔要求是否合理?造价工程师应批准费用索赔额为多少?为什么?(请列出详细的计算过程)

答案:

(1) 施工单位提出工期顺延 17 天,要求不合理。

因业主直接原因或按合同应由业主承担风险的因素,同时延误工期在关键线路上(包括出现新的关键线路)实际产生工期顺延,均应审核索赔要求成立。E 工序 3 天,H 工序 3 天,I 工序 1 天均可以给予工期补偿。G 工序 2 天,F 工序 4 天因不在关键线路上,不予工期补偿。机械故障 E 工序 2 天,G 工序 2 天,属承包单位原因造成,不予工期补偿。故同意工期补偿(顺延)3＋3＋1＝7 天。

(2) 施工单位要求的费用索赔不合理。

① 机械窝工费要求索赔 1910 元不合理。凡由业主直接原因或按合同应当由业主承担风险的因素,只要实际发生,不论工序是否在关键线路上均应审核索赔要求成立。E 工序吊车 3 天,F 工序混凝土搅拌机 4 天,G 工序小机械 2 天,H 工序混凝土搅拌机 3 天,应给予费用索赔。

E 吊车:3×240×60％＝432 元

H 搅拌机:3×70×60％＝126 元

G 混凝土搅拌机:2×55×60％＝66 元

合计机械窝工费应为 432＋126＋66＝624 元

② 窝工人工费,要求索赔 13 300 元不合理。

E 工序:3×30×28×60％＝1 512 元

F 工序:4×35×28×60％＝2 352 元

G 工序:2×15×28×60％＝504 元

H 工序:3×35×28×60％＝1 764 元

I 工序:1×20×28×60％＝336 元

合计工人窝工费为 1 512＋2 352＋504＋1 764＋336＝6 468 元

③ 间接费索赔一般不予补偿。

④ 因属暂时停工,所以不予补偿利润损失。

结论:经审定索赔成立,工期顺延 7 天,经济补偿 7 092 元。

【案例五】

【背景】某厂(甲方)与某建筑公司(乙方)订立了某工程项目施工合同,同时与某降水公司订立了工程降水合同。甲乙双方合同规定:采用单价合同,每一分项工程的实际工程量增加(或减少)超过招标文件中工程量的10%以上时调整单价;工作 B、E、G 作业使用的主导施工机械一台(乙方自备),台班费为400元/台班,其中台班折旧费为240元/台班。施工网络计划如图 5-2 所示(单位:天)。

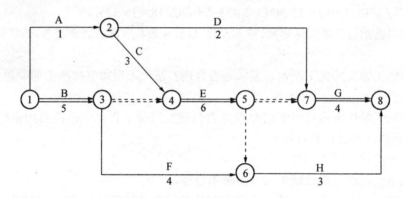

图 5-2 施工网络计划图

注:箭线上方为工作名称,箭线下方为持续时间,双箭线为关键线路

甲乙双方合同约定 8 月 15 日开工。工程施工中发生如下事件:

1. 降水方案错误,致使工作 D 推迟 2 天,乙方人员配合用工 5 个工日,窝工 6 个工日;

2. 8 月 21 日至 8 月 22 日,因供电中断停工 2 天,造成人员窝工 16 个工日;

3. 因设计变更,工作 E 工程量由招标文件中的 300 m³ 增至 350 m³,超过了10%;合同中该工作的全费用单价为 110 元/m³,经协商调整后全费用单价为 100 元/m³;

4. 为保证施工质量,乙方在施工中将工作 B 原设计尺寸扩大,增加工程量 15 m³,该工作全费用单价为 128 元/m³;

5. 在工作 D、E 均完成后,甲方指令增加一项临时工作 K,经核准,完成该工作需要 1 天时间,机械 1 台班,人工 10 个工日。

问题:

1. 上述哪些事件乙方可以提出索赔要求?哪些事件不能提出索赔要求?说明其原因。

2. 每项事件工期索赔各是多少?总工期索赔多少天?

3. 工作 E 结算价应为多少?

4. 假设人工工日单价为 50 元/工日,合同规定窝工人工费补偿标准为 25 元/工日,因增加用工所需管理费为增加人工费的 20%,工作 K 的综合取费为人工费的 80%。试计算除事件 3 外合理的费用索赔总额。

答案:

问题 1:事件 1 可提出索赔要求,因为降水工程由甲方另行发包,是甲方的责任。

事件 2 可提出索赔要求,因为因停水、停电造成的人员窝工是甲方的责任。

事件 3 可提出索赔要求,因为设计变更是甲方的责任。

事件 4 不应提出索赔要求,因为保证施工质量的技术措施费应由乙方承担。

事件 5 可提出索赔要求,因为甲方指令增加工作,是甲方的责任。

问题 2:事件 1:工作 D 总时差为 8 天,推迟 2 天,尚有总时差 6 天,不影响工期,因此可索赔工期 0 天。

事件 2:8 月 21 日至 8 月 22 日停工,工期延长,可索赔工期:2 天。

事件 3:因工作 E 为关键工作,可索赔工期:$(350-300)m^3/(300m^3/6 天)=1$ 天。

事件 5:因 E、G 均为关键工作,在该两项工作之间增加工作 K,则工作 K 也为关键工作,索赔工期:1 天。

总计索赔工期:0 天 + 2 天 + 1 天 + 1 天 = 4 天。

问题 3:按原单价结算的工程量:$300\ m^3 \times (1+10\%) = 330\ m^3$

按新单价结算的工程量:$350\ m^3 - 330\ m^3 = 20\ m^3$

总结算价 = $330\ m^3 \times 110\ 元/m^3 + 20\ m^3 \times 100\ 元/m^3 = 38\ 300\ 元$

问题 4:事件 1:人工费:6 工日×25 元/工日 + 5 工日×50 元/工日×(1+20%)= 450 元

事件 2:人工费:16 工日×25 元/工日 = 400 元;机械费:2 台班×240 元/台班 = 480 元

事件 5:人工费:10 工日×50 元/工日×(1+80%)= 900 元;机械费:1 台班×400 元/台班 = 400 元

合计费用索赔总额为:450 元 + 400 元 + 480 元 + 900 元 + 400 元 = 2 630 元。

【案例六】

【背景】某施工单位(乙方)与某建设单位(甲方)签订了建造无线电发射试验基地施工合同。合同工期为 38 天。由于该项目急于投入使用,在合同中规定,工期每提前(或拖后)1 天奖励(或罚款)5 000 元。乙方按时提交了施工方案和施工网络进度计划(如图 5-3 所示),并得到甲方代表的批准。

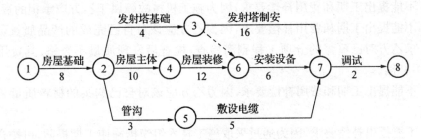

图 5-3 发射塔试验基地工程施工网络进度计划(单位:天)

实际施工过程中发生了如下几项事件:

事件 1:在房屋基坑开挖后,发现局部有软弱下卧层,按甲方代表指示乙方配合地质复查,配合用工为 10 个工日。地质复查后,根据经甲方代表批准的地基处理方案,增加直接费 4 万元,因地基复查和处理使房屋基础作业时间延长 3 天,人工窝工 15 个工日。

事件 2:在发射塔基础施工时,因发射塔原设计尺寸不当,甲方代表要求拆除已施工的基础,重新定位施工。由此造成增加用工 30 工日,材料费 1.2 万元,机械台班费 3 000 元,发射塔基础作业时间拖延 2 天。

事件 3:在房屋主体施工中,因施工机械故障,造成工人窝工 8 个工日,该项工作作业时间延长 2 天。

事件 4：在房屋装修施工基本结束时，甲方代表对某项电气暗管的敷设位置是否准确有疑义，要求乙方进行剥漏检查。检查结果为某部位的偏差超出了规范允许范围，乙方根据甲方代表的要求进行返工处理，合格后甲方代表予以签字验收。该项返工及覆盖用工 20 个工日，材料费为 1 000 元。因该项电气暗管的重新检验和返工处理使安装设备的开始作业时间推迟了 1 天。

事件 5：在敷设电缆时，因乙方购买的电缆线材质量差，甲方代表令乙方重新购买合格线材。由此造成该项工作多用人工 8 个工日，作业时间延长 4 天，材料损失费 8 000 元。

事件 6：鉴于该工程工期较紧，经甲方代表同意乙方在安装设备作业过程中采取了加快施工的技术组织措施，使该项工作作业时间缩短 2 天，该项技术组织措施费为 6 000 元。

其余各项工作实际作业时间和费用均与原计划相符。

问题：

1. 在上述事件中，乙方可以就哪些事件向甲方提出工期补偿和费用补偿要求？为什么？

2. 该工程的实际施工天数为多少天？可得到的工期补偿为多少天？工期奖罚款为多少？

3. 假设工程所在地人工费标准为 30 元/工日，应由甲方给予补偿的窝工人工费补偿标准为 18 元/工日，该工程综合取费率为 30%。则在该工程结算时，乙方应该得到的索赔款为多少？

答案：

问题 1：事件 1 可以提出工期补偿和费用补偿要求，因为地质条件变化属于甲方应承担的责任，且该项工作位于关键线路上。

事件 2 可以提出费用补偿要求，不能提出工期补偿要求，因为发射塔设计位置变化是甲方的责任，由此增加的费用应由甲方承担，但该项工作的拖延时间（2 天）没有超过其总时差（8 天）。

事件 3 不能提出工期和费用补偿要求，因为施工机械故障属于乙方应承担的责任。

事件 4 不能提出工期和费用补偿要求，因为乙方应该对自己完成的产品质量负责。甲方代表有权要求乙方对已覆盖的分项工程剥离检查，检查后发现质量不合格，其费用由乙方承担；工期也不补偿。

事件 5 不能提出工期和费用补偿要求，因为乙方应该对自己购买的材料质量和完成的产品质量负责。

事件 6 不能提出补偿要求，因为通过采取施工技术组织措施使工期提前，可按合同规定的工期奖罚办法处理，因赶工而发生的施工技术组织措施费应由乙方承担。

问题 2：(1) 通过对图 5 - 3 的分析，该工程施工网络进度计划的关键线路为①—②—④—⑥—⑦—⑧，计划工期为 38 天，与合同工期相同。将图 5 - 3 中所有各项工作的持续时间均以实际持续时间代替，计算结果表明：关键线路不变（仍为①—②—④—⑥—⑦—⑧），实际工期为 42 天。

(2) 将图 5 - 3 中所有由甲方负责的各项工作持续时间延长天数加到原计划相应工作的持续时间上，计算结果表明：关键线路亦不变（仍为①—②—④—⑥—⑦—⑧），工期为 41 天。41 - 38 = 3 天，所以，该工程可补偿工期天数为 3 天。

(3) 工期罚款为：〔42 - (38 + 3)〕× 5 000 = 5 000 元

问题 3：乙方应该得到的索赔款有：

（1）由事件 1 引起的索赔款：$(10 \times 30 + 40\,000) \times (1 + 30\%) + 15 \times 18 = 52\,660$ 元

（2）由事件 2 引起的索赔款：$(30 \times 30 + 12\,000 + 3\,000) \times (1 + 30\%) = 20\,670$ 元

所以，乙方应该得到的索赔款为：$52\,660 + 20\,670 = 73\,330$ 元

【案例七】

【背景】 某施工单位承包某工程项目，甲乙双方签订的关于工程价款的合同内容有：

1. 建筑安装工程造价 660 万元，建筑材料及设备费占施工产值的比重为 60%；

2. 工程预付款为建筑安装工程造价的 20%。工程实施后，工程预付款从未施工工程尚需的建筑材料及设备费相当于工程预付款数额时起扣，从每次结算工程价款中按材料和设备占施工产值的比重扣抵工程预付款，竣工前全部扣清；

3. 工程进度款逐月计算；

4. 工程质量保证金为建筑安装工程造价的 3%，竣工结算月一次扣留；

5. 建筑材料和设备费价差调整按当地工程造价管理部门有关规定执行（按当地工程造价管理部门有关规定上半年材料和设备价差上调 10%，在 6 月份一次调增）。

工程各月实际完成产值见表 5-1。

表 5-1 各月实际完成产值 单位：万元

月份	二	三	四	五	六
完成产值	55	110	165	220	110

问题：

1. 通常工程竣工结算的前提是什么？

2. 工程价款结算的方式有哪几种？

3. 该工程的工程预付款、起扣点为多少？

4. 该工程 2 月至 5 月每月拨付工程款为多少？累计工程款为多少？

5. 6 月份办理工程竣工结算，该工程结算造价为多少？甲方应付工程结算款为多少？

6. 该工程在保修期间发生屋面漏水，甲方多次催促乙方修理，乙方一再拖延，最后甲方另请施工单位修理，修理费 1.5 万元，该项费用如何处理？

答案：

问题 1：工程竣工结算的前提条件是承包商按照合同规定的内容全部完成所承包的工程，并符合合同要求，经相关部门联合验收质量合格。

问题 2：工程价款的结算方式主要分为按月结算、分段结算、竣工后一次结算和双方约定的其他结算方式。

问题 3：

工程预付款：660 万元 × 20% = 132 万元

起扣点：660 万元—132 万元/60% = 440 万元

问题 4：各月拨付工程款为：

2 月：工程款 55 万元，累计工程款 55 万元

3 月：工程款 110 万元，累计工程款 = 55 + 110 = 165 万元

4 月：工程款 165 万元，累计工程款 = 165 + 165 = 330 万元

5 月：工程款 220 万元—（220 万元 + 330 万元—440 万元）× 60% = 154 万元

累计工程款 = 330 + 154 = 484 万元

问题 5：工程结算总造价为：

660 万元 + 660 万元 × 0.6 × 10％ = 699.6 万元

甲方应付工程结算款：

699.6 万元 − 484 万元 − (699.6 万元 × 3％) − 132 万元 = 62.612 万元

问题 6：1.5 万元维修费应从乙方(承包方)的质量保证金中扣除。

【案例八】

【背景】建筑工程合同管理和索赔某施工单位根据领取的某 200 m² 两层厂房工程项目招标文件和全套施工图纸，采用低价策略编制了投标文件，并获得中标。该施工单位(乙方)于某年某月某日与建设单位(甲方)签订了该工程项目的固定价格施工合同。合同工期为 8 个月。甲方在乙方进入施工现场后因资金紧缺，无法如期支付工程款，口头要求乙方暂停施工一个月。乙方亦口头答应。工程按合同规定期限验收时，甲方发现工程质量有问题，要求返工。两个月后，返工完毕。结算时甲方认为乙方迟延交付工程，应按合同约定偿付逾期违约金。乙方认为临时停工是甲方要求的。乙方为抢工期，加快施工进度才出现了质量问题，因此，迟延交付的责任不在乙方。甲方则认为临时停工和不顺延工期是当时乙方答应的。乙方应履行承诺，承担违约责任。

问题：

1. 该工程采用固定价格合同是否合适？

2. 该施工合同的变更形式是否妥当？此合同争议依据合同法律规范应如何处理？

答案：

问题 1：因为固定价格合同适用于工程量不大且能够较准确计算、工期较短、技术不太复杂、风险不大的项目。该工程基本符合这些条件，故采用固定价格合同是合适的。

问题 2：根据《中华人民共和国合同法》和《建设工程施工合同(示范文本)》的有关规定，建设工程合同应当采取书面形式，合同变更亦应当采取书面形式。若在应急情况下，可采取口头形式，但事后应予以书面形式确认。否则，在合同双方对合同变更内容有争议时，往往因口头形式协议很难举证，而不得不以书面协议约定的内容为准。本案例中甲要求临时停工，乙方亦答应，是甲、乙双方的口头协议，且事后并未以书面的形式确认，所以该合同变更形式不妥。在竣工结算时双方发生了争议，对此只能以原书面合同规定为准。在施工期间，甲方因资金紧缺要求乙方停工一个月，此时乙方应享有索赔权。乙方虽然未按规定程序及时提出索赔，丧失了索赔权，但是根据《民法通则》之规定，在民事权利的诉讼时效期内，仍享有通过诉讼要求甲方承担违约责任的权利。甲方未能及时支付工程款，应对停工承担责任，故应当赔偿乙方停工一个月的实际经济损失，工期顺延一个月。工程因质量问题返工，造成逾期交付，责任在乙方，故乙方应当支付逾期交工一个月的违约金，因质量问题引起的返工费用由乙方承担。

【案例九】

【背景】某住宅楼工程地下 1 层，地上 18 层，建筑面积 22 800 m²，通过招投标程序，某施工单位(总承包方)与某房地产开发公司(发包方)按照《建设工程施工合同(示范文本)》(GF－2017－0201)签订了施工合同。合同总价款 5 244 万元，采用固定总价一次性包死，合同工期 400 天。

施工中发生以下事件：

事件一：发包方未与总承包协商便发出书面通知，要求本工程必须提前 60 天竣工。

事件二：总承包方与没有劳务施工作业资质的包工头签订了主体结构施工的劳务合同。总承包方按月足额向包工头支付了劳务费，但包工头却拖欠作业班组两个月的工资。作业班组因此直接向总承包方讨薪，并导致全面停工2天。

事件三：发包方指令将住宅楼南面外露阳台全部封闭，并及时办理了合法变更手续，总承包方施工三个月后工程竣工。总承包方在工程竣工结算时追加阳台封闭的设计变更增加费用43万元，发包方以固定总价包死为由拒绝签认。

事件四：在工程即将竣工前，当地遭遇了龙卷风袭击，本工程外窗玻璃部分破碎，现场临时装配式活动板房损坏。总承包方报送了玻璃实际修复费用51 840元，临时设施及停窝工损失费178 000元的索赔资料，但发包方拒绝签认。

问题：

1. 事件一中，发包方以通知书形式要求提前工期是否合法？说明理由。

2. 事件二中，作业班组直接向总承包方讨薪是否合法？说明理由。

3. 事件三中，发包方拒绝签认设计变更增加费是否违约？说明理由。

4. 事件四中，总承包方提出的各项请求是否符合约定？分别说明理由。

答案：

问题1：不合法。理由：依据有关法规，发包方不得擅自缩短施工工期。

问题2：合法。理由：一是总承包方将劳务发包给无劳务资质的个人已违法分包，二是总承包方是承担连带责任的。

问题3：不违约。理由：总承包方未按合同约定在设计变更双方确认后14天内提出变更合同价款的报告，而是在3个月后才提出增加费用，发包方可以认为工程设计变更不涉及合同价款调整，除合同中另有规定外。

问题4：总承包方提出的玻璃修复费用索赔是合理的，临设及停窝工索赔是不合理的。理由：龙卷风属于不可抗力，根据发生不可抗力索赔原则：费用各自承担的原则，玻璃修复费及工期顺延是符合合同约定的。

【案例十】

【背景】该工程位于上海市某金融贸易区。业主方系东南亚某国的某大型集团在上海投资组建的外资企业，拟投巨额资金开发某大型商业设施。该工程经竞争性招标，由某外国承包商中标。业主和承包商于1997年6月23日签订了项目施工合同（下称施工合同）。该合同条件系参照FIDIC土木工程施工合同条件制定。施工合同约定：合同价款为15 000万美元；工程进度款按月支付，在完成当月工程量后，承包商向业主提交月报表，业主在1个月内予以确认，并于确认后28天内予以支付；如业主不能按约付款，承包商可就此发出书面通知，业主应在7天内予以支付；如业主仍不能支付，承包商可以解除施工合同；因发包人原因导致合同终止的，发包人应赔偿承包人任何直接损失或损坏。

在签订施工合同之后，承包商随即开始施工。为开发该项目，业主的母公司与由其所在国的七家银行组成的银团签订了贷款协议。1997年金融风暴席卷东南亚，至1998年初该国银团无力再向这项目注入资金。承包商1998年3月份完成的工程量经业主聘请的工程师计量金额为200万美元，按约应于1998年4月底支付。1998年5月初，承包商未收到业主应支付的该笔进度款，开始与业主交涉。

1998年6月2日，承包商向业主发出通知，要求其在7日内支付应付的款项，否则将按合同约定暂停工程施工。但业主没有回应。同年 6 月 12 日,承包商致函业主,正式通知立即终止合同。此时,承包商完成了约 4 000 万美元的工程量。同年 7 月 8 日,承包商致函业主,要求支付价款及赔偿合同终止后损失总计 1 200 万美元,并保留调整索赔总额和再次提出对其损失和其他直接费用索赔进行调整的权利。其后双方进行了多次磋商,但未能达成一致。

答案:

1998 年 10 月 31 日,承包商向业主发出仲裁意向,并于 11 月 25 日全部撤离工地现场。同年 11 月 25 日,承包商提起仲裁,就终止合同要求业主支付 2 500 万美元。仲裁庭认为:直接损失指因合同终止直接引起的承包商的所有损失,包括剩余工程预期可得利益的损失;预期利润应看作预期可得利益,但总部管理费不是预期可得利益;根据承包人在开工前报送的费用项目拆分表,风险费为 1.5%、利润为 2%,该费用是发包人应当预见到因违反合同造成的损失。2000 年 9 月 15 日,仲裁庭裁决施工合同终止后业主应赔偿承包商 700 万美元,其中尚未支付的已完工程价款为 200 万美元,终止合同后的直接损失为 100 万美元,剩余工程的预期利益损失为 400 万美元。

第六章 工程结算与决算

扫码获取更
多精彩内容

内容提示

1. 建筑安装工程价款结算方法和工程预付款及其计算；
2. 工程进度款的计算与支付及其工程价款调整方法；
3. 工程价款调整方法及其工程质量保证金的计算与扣留；
4. 工程质量保证金的计算与扣留以及竣工决算的内容与编制；
5. 竣工决算的内容与编制及其新增资产构成及其价值确定；
6. 资金使用计划编制及投资数据统计；
7. 投资偏差、进度偏差分析；
8. 工程利润水平分析。

说明：本章主要介绍施工阶段基于施工合同下的价款结算，主要包括合同价、预付款、进度款、质保金、偏差分析、竣工结算等。

知识要点

知识点一：预付款

1. 目标

重点掌握工程预付款的类型、额度计算、支付时间及起扣方式。

2. 知识点详解

（1）预付款概念

预付款是发包人为解决承包人在施工准备阶段资金周转问题提供的协助。包括材料（设备）预付款、措施项目预付款、安全文明施工费预付款。需要说明的是：材料（设备）预付款是要全款扣回的，而措施项目预付款、安全文明施工费预付款是按工程款发放，不用扣回。

包工包料工程的工程材料预付款的比例不得低于签约合同价（扣除暂列金额）的 10%，不宜高于签约合同价（扣除暂列金额）的 30%。

（2）预付款的支付

1）材料（设备）预付款

① 材料（设备）预付款 = 合同价 × 合同中约定的预付款比例

② 材料（设备）预付款 = 合同价（不含暂列金额）× 双方约定材料预付款比例

③ 材料(设备)预付款＝分部分项费用×合同中约定的材料预付款比例＝分部分项工程费用×(1＋规费费率)×(1＋税金税率)×合同约定的预付款比例

说明:材料预付款后期应全部扣回,它不属于工程款。

2) 措施项目预付款

措施项目预付款＝措施项目费用×(1＋规费费率)×(1＋税金税率)×合同约定的预付款比例×工程款支付比例

说明:措施费是工程款的一部分,后期不扣回。

3) 安全文明施工费预付款

《建设工程工程量清单计价规范》(GB 50500—2013)第 10.2.2 规定,发包人应在工程开工后的 28 天内预付不低于当年施工进度计划的安全文明施工费总额的 60%,其余部分应按照提前安排的原则进行分解,并应与进度款同期支付。

根据《建设工程施工合同(示范文本)》(GF—2017—0201)通用条款规定,6.1.6 除专用条款另有约定外,发包人应在工程开工后的 28 天内预付安全文明施工费总额的 50%,其余部分与进度款同期支付。

安全文明施工费预付款＝当年安全文明施工费总额×60%(50%)×工程款支付比例

说明:安全文明施工费属于工程款,后期不扣回。

(3) 预付款的起扣方式

材料(设备)预付款属于预付性质,在工程后期应随工程所需材料储备逐步减少,以抵充工程价款的方式陆续扣还。常用的扣回方法有两种:

1) 按起扣公式确定起扣点和抵扣额

这种方法原则上是以未施工工程所需材料的价值相当于预付款数额时起扣,每次结算工程价款时,按材料比重扣抵工程价款,竣工前全部扣清。一般适用于固定总价合同。

公式:预付款＝(价款总额－起扣点)×材料比重

起扣点＝价款总额－预付款/材料比重

2) 按约定时间或比例来确定起扣点

根据合同约定比例起扣,比如:最后三个月平均扣回。

◈ 知识点案例讲解

安全文明施工费包括:环境保护费、文明施工费、安全施工费、临时设施费。

【案例一】

某工程项目业主通过招标确定某施工单位为中标人,并与其签订了施工承包合同,工期 6 个月。

已知该施工单位的投标报价构成如下:分部分项工程费为 16 100.00 万元,措施项目费为 1 800.00 万元,安全文明施工费为 322.00 万元,其他项目费为 1 200.00 万元,暂列金额为 1 000.00 万元,管理费 10%,利润 5%,规费费率为 6%,税金税率为 11%。

合同约定:

(1) 材料预付款为合同价(扣除暂列金额)的 20%,在开工前 7 天拨付,在最后两个月均匀扣回。

（2）措施项目费为开工前和开工后第 2 个月末分两次平均支付。

（3）业主按每次承包商应得工程款的 90% 支付。剩余部分在竣工结算扣除质量保证金后再支付。

问题：

1. 该工程预计合同总价为多少？材料预付款是多少？

2. 首次支付措施项目费用是多少？

3. 假定合同条款中的预付款只含材料预付款，不含措施费提前支付条款，则业主按现行有关规定预支付的安全文明施工费最低是多少万元？并说明理由，安全文明施工费包括哪些费用？

说明： 计算结果保留两位小数。

答案：

问题 1：

合同价 =（分部分项工程费 16 100.00 万元 + 措施项目费 1 800.00 万元 + 其他项目费 1 200.00 万元）×（1 + 6%）×（1 + 11%）= 22 473.06 万元

预付款 =（16 100 + 1 800 + 1 200 − 1 000）×（1 + 6%）×（1 + 11%）×20% = 4 259.29 万元

或预付款 =［22 473.06 − 1 000×（1 + 6%）×（1 + 11%）］×20% = 4 259.29 万元

问题 2：

首次支付措施项目费 = 1 800/2×（1 + 6%）×（1 + 11%）×90% = 953.05 万元

问题 3：

《建设工程工程量清单计价规范》（GB 50500—2013）第 10.2.2 规定，发包人应在工程开工后的 28 天内预付不低于当年施工进度计划的安全文明施工费总额的 60%，其余部分应按照提前安排的原则进行分解，并应与进度款同期支付。

根据《建设工程施工合同（示范文本）》（GF—2017—0201）通用条款规定，6.1.6 除专用条款另有约定外，发包人应在工程开工后的 28 天内预付安全文明施工费总额的 50%，其余部分与进度款同期支付。

322×（1 + 6%）×（1 + 11%）×50%×90% = 170.49 万元

知识点二：动态调值公式

1. 目标

重点掌握动态调值公式在工程价款结算中的应用。

2. 详解

动态调值公式：

$$P = P_0\left[a_0 + a_1\times\frac{A}{A_0} + a_2\times\frac{B}{B_0} + a_3\times\frac{C}{C_0} + a_4\times\frac{D}{D_0} + \cdots\right]$$

式中：P —— 调值后合同价款或工程实际结算款；

　　　　P_0 —— 合同价款中工程预算进度款；

　　　　a_0 —— 固定要素，代表合同支付中不能调整的部分；

　　　　a_1、a_2、a_3、a_4……—— 代表有关各项费用（如：人工费用、钢材费用、水泥费用、运输费等）在合同总价中所占的比重；

$a_0 + a_1 + a_2 + a_3 + a_4 + \cdots = 1;$

$A_0 、 B_0 、 C_0 、 D_0 \cdots$—— 投标截止日期前 28 天与 $a_1 、 a_2 、 a_3 、 a_4 \cdots$ 对应的各项费用的基期
　　　　　　　　价格指数或价格；

$A 、 B 、 C 、 D \cdots$—— 在工程结算月份与 $a_1 、 a_2 、 a_3 、 a_4 \cdots$ 对应的各项费用的现行价格指数
　　　　　　　或价格。

⊕ 知识点案例讲解

【案例一】

某承包商于某年承包某外资工程项目施工任务,该工程施工时间从当年 5 月开始至 9 月,
与造价相关的合同内容有:

1. 工程合同价 2 000 万元,工程价款采用调值公式动态结算。该工程的不调值部分价款
占合同价的 15%,5 项可调值部分价款分别占合同价的 35%、23%、12%、8%、7%。调值公式
如下:

$$P = P_0 \left[A + \left(B_1 \times \frac{F_{t1}}{F_{01}} + B_2 \times \frac{F_{t2}}{F_{02}} + B_3 \times \frac{F_{t3}}{F_{03}} + B_4 \times \frac{F_{t4}}{F_{04}} + B_5 \times \frac{F_{t5}}{F_{05}} \right) \right]$$

式中:P— 结算期已完工程调值后结算价款;

　　　P_0— 结算期已完工程未调值合同价款;

　　　A— 合同价中不调值部分的权重;

　　　$B_1 、 B_2 、 B_3 、 B_4 、 B_5$— 合同价中 5 项可调值部分的权重;

　　　$F_{t1} 、 F_{t2} 、 F_{t3} 、 F_{t4} 、 F_{t5}$— 合同价中 5 项可调值部分结算期价格指数;

　　　$F_{01} 、 F_{02} 、 F_{03} 、 F_{04} 、 F_{05}$— 含同价中 5 项可调值部分基期价格指数。

2. 开工前业主向承包商支付合同价 20% 的工程预付款,在工程最后两个月平均扣回。

3. 工程款逐月结算。

4. 业主自第 1 个月起,从给承包商的工程款中按 5% 的比例扣留质量保证金。工程质量
缺陷责任期为 12 个月。

该合同的原始报价日期为当年 3 月 1 日。结算各月份可调值部分的价格指数见表 6-1。

表 6-1　可调值部分的价格指数表

代 号	F_{01}	F_{02}	F_{03}	F_{04}	F_{05}
3 月指数	100	153.4	154.4	160.3	144.4
代 号	F_{t1}	F_{t2}	F_{t3}	F_{t4}	F_{t5}
5 月指数	110	156.2	154.4	162.2	160.2
6 月指数	108	158.2	156.2	162.2	162.2
7 月指数	108	158.4	158.4	162.2	164.2
8 月指数	110	160.2	158.4	164.2	162.4
9 月指数	110	160.2	160.2	164.2	162.8

未调值前各月完成的工程情况为：

5月份完成工程200万元，本月业主供料部分材料费为5万元。

6月份完成工程300万元。

7月份完成工程400万元，另外由于业主方设计变更，导致工程局部返工，造成拆除材料费损失0.15万元，人工费损失0.10万元，重新施工费用合计1.5万元。

8月份完成工程600万元，另外由于施工中采用的模板形式与定额不同，造成模板增加费用0.30万元。

9月份完成工程500万元，另有批准的工程索赔款1万元。

问题：

1. 工程预付款是多少？工程预付款从哪个月开始起扣，每月扣留多少？

2. 确定每月业主应支付给承包商的工程款。

3. 工程在竣工半年后，发生屋面漏水，业主应如何处理此事？

答案：

问题1：

工程预付款 $= 2\,000$ 万元 $\times 20\% = 400$ 万元；

工程预付款从8月份开始起扣，每次扣 $400/2 = 200$ 万元。

问题2：

每月业主应支付的工程款：

5月份：

工程量价款 $= 200 \times (0.15 + 0.35 \times 110/100 + 0.23 \times 156.2/153.4 + 0.12 \times 154.4/154.4 + 0.08 \times 162.2/160.3 + 0.07 \times 160.2/144.4) = 209.56$ 万元；

业主应支付工程款 $= 209.56 \times (1 - 5\%) - 5 = 194.08$ 万元。

6月份：

工程量价款 $= 300 \times (0.15 + 0.35 \times 108/100 + 0.23 \times 158.2/153.4 + 0.12 \times 156.2/154.4 + 0.08 \times 162.2/160.3 + 0.07 \times 162.2/144.4) = 313.85$ 万元；

业主应支付工程款 $= 313.85 \times (1 - 5\%) = 298.16$ 万元。

7月份：

工程量价款 $= 400 \times (0.15 + 0.35 \times 108/100 + 0.23 \times 158.4/153.4 + 0.12 \times 158.4/154.4 + 0.08 \times 162.2/160.3 + 0.07 \times 164.2/144.4) + 0.15 + 0.1 + 1.5 = 421.41$ 万元

业主应支付工程款 $= 421.41 \times (1 - 5\%) = 400.34$ 万元。

8月份：

工程量价款 $= 600 \times (0.15 + 0.35 \times 110/100 + 0.23 \times 160.2/153.4 + 0.12 \times 158.4/154.4 + 0.08 \times 164.2/160.3 + 0.07 \times 162.4/144.4) = 635.39$ 万元；

业主应支付工程款 $= 635.39 \times (1 - 5\%) - 200 = 403.62$ 万元。

9月份：

工程量价款 $= 500 \times (0.15 + 0.35 \times 110/100 + 0.23 \times 160.2/153.4 + 0.12 \times 160.2/154.4 + 0.08 \times 164.2/160.3 + 0.07 \times 162.8/144.4) + 1 = 531.28$ 万元；

业主应支付工程款 $= 531.28 \times (1 - 5\%) - 200 = 304.72$ 万元。

问题3：

工程在竣工半年后，发生屋面漏水，由于在保修期内，业主应首先通知原承包商进行维修。如果原承包商不能在约定的时限内派人维修，业主也可委托他人进行修理，费用从质量保证金中支付。

知识点三：偏差分析

1. 目标

重点掌握投资偏差、进度偏差的计算与分析。

2. 详解

（1）三个投资（费用）值：

拟完工程计划投资 = 计划量×计划单价

已完工程计划投资 = 实际量×计划单价

已完工程实际投资 = 实际量×实际单价

（2）两个偏差指标

① 投资（费用）偏差 = 已完工程计划投资 - 已完工程实际投资

结论：投资偏差为正值时，表示投资节约，反之超支。

② 进度偏差 = 已完工程计划投资 - 拟完工程计划投资

结论：费用偏差为正值时，表示项目进度提前；进度偏差为负值时，表示进度滞后。

 知识点案例讲解

【案例一】

有一个单机容量为30万kW的火力发电厂工程项目。建设单位与施工单位签订了单价合同。在施工过程中，施工单位向建设单位派驻的工程师提出下列费用应由建设单位支付：

1. 职工教育经费：因该工程项目的电机等是采用国外进口的设备，在安装前，需要对安装操作的人员进行培训，培训经费为2万元。

2. 研究试验费：本工程项目要对铁路专用线的一座跨公路预应力拱桥的模型进行破坏性试验，需费用9万元；改进混凝土泵送工艺试验费3万元，合计12万元。

3. 临时设施费：为该工程项目的施工搭建的民工临时用房15间；为建设单位搭建的临时办公室4间，分别为3万元和1万元，合计4万元。

4. 施工机械迁移费：施工吊装机械从另一工地调入本工地的费用为1.5万元。

5. 施工降效费：

（1）根据施工组织设计，部分项目安排在雨季施工，由于采取防雨措施，增加费用2万元。

（2）由于建设单位委托的另一家施工单位进行场区道路施工，影响了本施工单位正常的混凝土浇筑运输作业，建设单位的常驻工地代表已审批了原计划和降效增加的工日及机械台班的数量，资料如下：

受影响部分的工程原计划用工2 300工日，计划支出40元/工日，原计划机械台班360台班，综合台班单价为180元/台班，受施工干扰后完成该部分工程实际用工2 900工日，实际支出45元/工日，实际用机械台班410台班，实际支出200元/台班。

问题：

1. 试分析以上各项费用建设单位是否应支付？为什么？

2. 第 5 条(2)中提出的降效支付要求，人工费和机械使用费各应补偿多少？

3. 建设单位派驻的工程师绘制的该工程的三种投资曲线如图 6－1 所示。

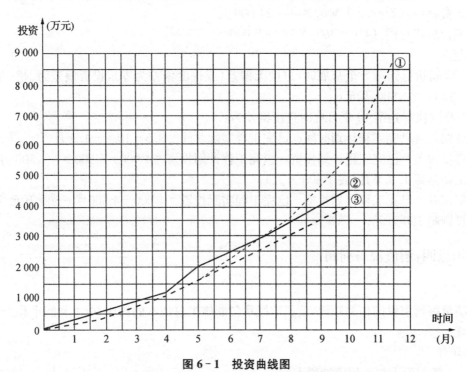

图 6－1　投资曲线图

①—拟完工程计划投资；②—已完工程实际投资；③—已完工程计划投资

试根据图 6－1 分析：

(1) 合同执行到第 5 个月底时的进度偏差和投资偏差。

(2) 合同执行到第 10 个月底时的进度偏差和投资偏差。

答案：

问题 1：

(1) 职工教育经费不应支付，该费用已包含在合同价中〔或该费用已计入建筑安装工程费用中的间接费(或企业管理费)〕。

(2) 模型破坏性试验费用应支付，该费用未包含在合同价中〔或该费用属于建设单位应支付的研究试验费(或该费用不属于一般性的材料试验费用)〕。

混凝土泵送工艺改进试验费不应支付，该费用已包含在合同价中(或该费用属于施工单位技改支出费用，应由施工单位自己承担)。

(3) 为民工搭建的用房费用不应支付，该费用已包含在合同价中(或该费用已计入建筑安装工程费中的措施费)。为建设单位搭建的用房费用应支付，该费用未包含在合同价中(或该费用属建设单位应支付的临建费)。

(4) 施工机械迁移费不应支付，该费用已包含在合同价中(常规性施工机械设备迁移费用应包括在建筑安装工程费中的机械使用费中，特殊性大型机械设备迁移费用应包括在建筑安装工程费中的措施费中,并在招标投标阶段确定)。

(5) 降效费(1)不应支付,属施工单位责任(或该费用已计入建筑安装工程费中的措施费);降效费(2)应支付,该费用属建设单位应给予补偿的费用。

问题2:

人工费补偿:$(2\,900 - 2\,300) \times 40 = 24\,000$ 元

机械台班费补偿:$(410 - 360) \times 180 = 9\,000$ 元

问题3:

(1) 合同执行到第5个月底时,进度无偏差(或进度偏差为零),投资偏差为:超500万元$(1\,500 - 2\,000 = -500$ 万元)。

(2) 合同执行到第10个月底时进度偏差为:

进度偏差=已完工程计划时间-已完工程实际时间=$8.5 - 10 = -1.5$ 月

或进度偏差=已完工程计划投资-拟完工程计划投资=$4\,000 - 5\,500 = -1\,500$ 万元

即工期落后1.5个月(或1500万元);

投资偏差=已完工程计划投资-已完工程实际投资=$4\,000 - 4\,500 = -500$ 万元

即投资超500万元。

知识点四:增值税与利润

1. 目标

正确掌握增值税的相关知识,重点掌握承包商施工总成本的构成、成本利润率和产值利润率的计算。

2. 详解

(1) 一般纳税人与小规模纳税人

在建筑业,年销售额在500万元以上的企业为一般纳税人;年销售额在500万元及以下的企业为小规模纳税人。

(2) 一般计税和简易计税

在建筑业,除了以下情况采取简易计税方法,其他均按一般计税:

① 小规模纳税人。

② 一般纳税人实行清包工(工程材料全部由甲方提供,或主要材料由甲方提供,乙方仅自购辅助材料)的劳务分包工程。

③ 一般纳税人为老项目(合同注明在2016年4月30日以前开工)提供建筑服务的工程。

④ 一般纳税人销售自产的部分地坪材料等。

(3) 增值税税率

对于建筑施工承包服务来讲,采取一般计税方法增值税征收税率一般为11%;采取简易计税方法增值税征收税率大多为3%(也有5%的情况)。

(4) 增值税发票

增值税发票分为专用发票和普通发票。对于税务政策规定,能够用于抵扣销项税额的进项费用支出,宜尽量索要专用发票;不能抵扣销项税额的进项费用支出,可以索要普通发票。进项费用支出取得增值税专用发票,并在开具之日起规定时间内(180天)认证后,可以抵扣销项税额。

但对于有些进项费用支出,虽取得增值税专用发票,但税务政策规定也不可用于抵扣销项税额(如:因非正常损失引起的材料购买等。如果非正常损失的责任方是承包商的话,业主方是不会额外追加工程款的)。

（5）增值税应缴纳税额计算

① 一般计税方法

无可抵扣进项税额时,应纳税额＝不含税销售额×税率。

有可抵扣进项税额时,应纳税额＝销项税额－进项税额＝不含税销售额×税率－可抵扣进项费用×税率－可抵扣设备投资×税率＝含税销售额/(1＋税率)×税率－可抵扣进项费用×税率－可抵扣设备投资×税率。

② 简易计税方法

应缴纳税额＝不含税销售额×税率

（6）施工总成本

实施"营改增"后,财务会计领域都是把普票进项税额和不可抵扣专票进项税额合并到成本之中。即:

施工总成本＝人＋材＋机＋管＋规＋普票进项税额＋不可抵扣专票进项税额＋非正常损失费

工程价格(工程造价)(建安工程费)＝施工总成本＋利润＋税金

说明:施工总成本与工程成本的区别

（7）净利润与利润率

净利润＝不含税总产值－施工总成本＝含税总产值－施工总成本－税金

成本利润率＝净利润/施工总成本

不含税产值利润率＝净利润/不含税总产值

知识点案例讲解

【案例一】

承包商于2016年6月与某业主签订了某工程施工合同。合同约定不含税造价为510万元,增值税(销项税)税率按11%计取。施工期间发生的合同内工程费用支出及增值税专用发票情况见表6-2。

表6-2　合同内工程费用支出及增值税专用发票情况汇总表　　　　金额单位:万元

序号	费用支出项目	不含税金额	计税方法	发票类型	税率/%	进项税额
1	购买材料A	52	简易	专票	3	
2	购买材料B	38	一般	专票	17	
3	购买材料C	26	一般	普票	3	
4	购买材料D	8	一般	专票	17	1.36
5	专业分包	48	一般	专票	11	5.28

序号	费用支出项目	不含税金额	计税方法	发票类型	税率/%	进项税额
6	劳务分包	96	简易	专票	3/5	3.66
7	机械租赁1	18	简易	专票	3	0.54
8	机械租赁2	10	一般	专票	17	1.7
9	管理费用1	12	一般	普票	3/6	0.48
10	管理费用2	24	一般	专票	6/13	3.12
11	规费	20	免税	收据	—	0
12	其他支出	98	简易/一般	普票	3/6	2.1
				专票	3/6/11/17	4.8
	合计	450				

注：购买材料 D 是承包商非正常损失引起的。

施工期间还增加了经业主确认的合同外工程内容（签订了补充协议），含税造价 40 万元，实际费用支出(不含税)30 万元，进项税额 2.6 万元(其中：普通发票 0.9 万元，专用发票 1.7 万元)。

问题：

1. 合同内工程应计增值税（销项税）为多少万元？含税造价为多少万元？

2. 汇总表中前 3 项进项税额分别为多少万元？对于合约内工程，根据实际发生情况，可用于抵扣销项税额的进项税额为多少万元？不可用于抵扣销项税额的进项税额为多少万元？进项税额合计为多少万元？

3. 合同外工程销项税额为多少万元？

4. 承包商总计应向税务部门缴纳增值税额为多少万元？

5. 承包商的总成本(含规费、不含税金)为多少万元？含税总产值与不含税总产值分别为多少万元？净利润为多少万元？成本利润率和不含税产值利润率分别为多少(%)？

答案：

问题 1：

(1) 应计增值税：不含税造价×税率 = $510 \times 11\% = 56.1$ 万元

(2) 含税总造价：不含税造价 + 应计增值税 = $510 + 56.1 = 566.1$ 万元

问题 2：

(1) 表中前 3 项进项税额：进项税额 = 不含税费用×税率

材料 A：$52 \times 3\% = 1.56$ 万元

材料 B：$38 \times 17\% = 6.46$ 万元

材料 C：$26 \times 3\% = 0.78$ 万元

(2) 可抵扣进项税额：可抵扣专票进项税额之和

$1.56 + 6.46 + 5.28 + 3.66 + 0.54 + 1.7 + 3.12 + 4.8 = 27.12$ 万元

(3) 不可抵扣进项税额：普票进项税额与不可抵扣专票进项税额之和

$0.78 + 1.36 + 0.48 + 2.1 = 4.72$ 万元

（4）进项税额合计：可抵扣进项税额与不可抵扣进项税额之和

27.12＋4.72＝31.84 万元

问题 3：

合同外工程销项税额：含税造价/（1＋税率）×税率

40/（1＋11％）×11％＝3.964 万元

问题 4：

应缴纳增值税额：总销项税额－总可抵扣进项税额

（56.1＋3.964）－（27.12＋1.7）＝31.244 万元

问题 5：

（1）总成本：不含税费用支出与普票及不可抵扣专票进项税额之和

（450＋4.72）＋（30＋0.9）＝485.62 万元

（2）含税总产值：合同内外工程含税造价之和

566.1＋40＝606.1 万元

（3）不含税总产值：合同内外工程不含税造价之和

510＋40/（1＋11％）＝546.036 万元

（4）净利润：不含税总产值－总成本

546.036－485.62＝60.416 万元

（5）成本利润率：净利润/总成本费用×100％

60.416/485.62×100％＝12.44％

（6）不含税产值利润率：净利润/不含税总产值×100％

60.416/546.036×100％＝11.06％

 本章典型案例

【案例二】

某施工单位承包某工程项目，甲乙双方签订的关于工程价款的合同内容有：

1. 建筑安装工程造价 660 万元，建筑材料及设备费占施工产值的比重为 60％；

2. 工程预付款为建筑安装工程造价的 20％。工程实施后，工程预付款从未施工工程尚需的建筑材料及设备费相当于工程预付款数额时起扣，从每次结算工程价款中按材料和设备占施工产值的比重扣抵工程预付款，竣工前全部扣清；

3. 工程进度款逐月计算；

4. 工程质量保证金为建筑安装工程造价的 3％，竣工结算月一次扣留；

5. 建筑材料和设备价差调整按当地工程造价管理部门有关规定执行（当地工程造价管理部门有关规定，上半年材料和设备价差上调 10％，在 6 月份一次调增）。

工程各月实际完成产值（不包括调整部分），见表 6-3。

表 6-3　各月实际完成产值　　　　　　　　　　　　　　　单位：万元

月份	2	3	4	5	6	合计
完成产值	55	110	165	220	110	660

问题：

1. 通常工程竣工结算的前提是什么？

2. 工程价款结算的方式有哪几种？

3. 该工程的工程预付款、起扣点为多少？

4. 该工程 2 月至 5 月每月拨付工程款为多少？累计工程款为多少？

5. 6 月份办理竣工结算，该工程结算造价为多少？甲方应付工程结算款为多少？

6. 该工程在保修期间发生屋面漏水，甲方多次催促乙方修理，乙方一再拖延，最后甲方另请施工单位修理，修理费 1.5 万元，该项费用如何处理？

答案：

问题 1：

工程竣工结算的前提条件是承包商按照合同规定的内容全部完成所承包的工程，并符合合同要求，经相关部门联合验收质量合格。

问题 2：

工程价款的结算方式分为：按月结算、按形象进度分段结算、竣工后一次结算和双方约定的其他结算方式。

问题 3：

工程预付款：$660 \times 20\% = 132$ 万元

起扣点：$660 - 132/60\% = 440$ 万元

问题 4：

各月拨付工程款为：

2 月：工程款 55 万元，累计工程款 55 万元

3 月：工程款 110 万元，累计工程款 $= 55 + 110 = 165$ 万元

4 月：工程款 165 万元，累计工程款 $= 165 + 165 = 330$ 万元

5 月：工程款 $220 - (220 + 330 - 440) \times 60\% = 154$ 万元

累计工程款 $= 330 + 154 = 484$ 万元

问题 5：

工程结算总造价：

$660 + 660 \times 60\% \times 10\% = 699.6$ 万元

甲方应付工程结算款：

$699.6 - 484 - (699.60 \times 3\%) - 132 = 62.612$ 万元

问题 6：

1.5 万元维修费应从扣留的质量保证金中支付。

【案例二】

某工程项目业主与承包商签订了工程施工承包合同。合同中估算工程量为 5 300 m³，全费用单价为 180 元/m³。合同工期为 6 个月。有关付款条款如下：

(1) 开工前业主应向承包商支付估算合同总价 20% 的工程预付款；

(2) 业主自第 1 个月起，从承包商的工程款中，按 5% 的比例扣留质量保证金；

(3) 当实际完成工程量增减幅度超过估算工程量的 15% 时，可进行调价，调价系数为 0.9

（或 1.1）；

（4）每月支付工程款最低金额为 15 万元；

（5）工程预付款从累计已完工程款超过估算合同价 30% 以后的下 1 个月起，至第 5 个月均匀扣除。

承包商每月实际完成并经签证确认的工程量见表 6-4。

表 6-4　每月实际完成工程量

月份	1	2	3	4	5	6
完成工程量/m³	800	1 000	1 200	1 200	1 200	800
累计完成工程量/m³	800	1 800	3 000	4 200	5 400	6 200

问题：

1. 估算合同总价为多少？

2. 工程预付款为多少？工程预付款从哪个月起扣留？每月应扣工程预付款为多少？

3. 每月工程量价款为多少？业主应支付给承包商的工程款为多少？

答案：

问题 1：

估算合同总价：$5\ 300 \times 180 = 95.4$ 万元

问题 2：

（1）工程预付款：$95.4 \times 20\% = 19.08$ 万元

（2）工程预付款应从第 3 个月起扣留，因为第 1、2 两个月累计已完工程款：

$$1\ 800 \times 180 = 32.4\ \text{万元} > 95.4 \times 30\% = 28.62\ \text{万元}$$

（3）每月应扣工程预付款：$19.08/3 = 6.36$ 万元

问题 3：

（1）第 1 个月工程量价款：$800 \times 180 = 14.40$ 万元

应扣留质量保证金：$14.40 \times 5\% = 0.72$ 万元

本月应支付工程款：$14.40 - 0.72 = 13.68$ 万元 < 15 万元

第 1 个月不予支付工程款。

（2）第 2 个月工程量价款：$1\ 000 \times 180 = 18.00$ 万元

应扣留质量保证金：$18.00 \times 5\% = 0.9$ 万元

本月应支付工程款：$18.00 - 0.9 = 17.10$ 万元

$$13.68 + 17.10 = 30.78\ \text{万元} > 15\ \text{万元}$$

第 2 个月业主应支付给承包商的工程款为 30.78 万元。

（3）第 3 个月工程量价款：$1\ 200 \times 180 = 21.60$ 万元

应扣留质量保证金：$21.60 \times 5\% = 1.08$ 万元

应扣工程预付款：6.36 万元

本月应支付工程款：$21.60 - 1.08 - 6.36 = 14.16$ 万元 < 15 万元

第 3 个月不予支付工程款。

(4) 第 4 个月工程量价款:1 200×180＝21.60 万元

应扣留质量保证金:1.08 万元

应扣工程预付款:6.36 万元

本月应支付工程款:14.16 万元

$$14.16+14.16＝28.32 \text{ 万元}＞15 \text{ 万元}$$

第 4 个月业主应支付给承包商的工程款为 28.32 万元。

(5) 第 5 个月累计完成工程量为 5 400 m³,比原估算工程量超出 100 m³,但未超出估算工程量的 15%,所以仍按原单价结算。

本月工程量价款:1 200×180＝21.60 万元

应扣留质量保证金:1.08 万元

应扣工程预付款:6.36 万元

本月应支付工程款:14.16 万元＜15 万元

第 5 个月不予支付工程款。

(6) 第 6 个月累计完成工程量为 6 200 m³,比原估算工程量超出 900 m³,已超出估算工程量的 15%,对超出的部分应调整单价。

应按调整后的单价结算的工程量:6 200－5 300×(1＋15%)＝105 m³

本月工程量价款:105×180×0.9＋(800－105)×180＝14.211 万元

应扣留质量保证金:14.211×5%＝0.711 万元

本月应支付工程款:14.211－0.711＝13.50 万元

第 6 个月业主应支付给承包商的工程款为 14.16＋13.50＝27.66 万元。

【案例三】

某工程项目业主通过工程量清单招标方式确定某投标人为中标人。并与其签订了工程承包合同,工期 4 个月。有关工程价款与支付约定如下:

1. 工程价款

(1) 分项工程清单,含有甲、乙两项混凝土分项工程,工程量分别为:2 300 m³、3 200 m³,综合单价分别为:580 元/m³、560 元/m³。除甲、乙两项混凝土分项工程外的其余分项工程费用为 50 万元。当某一分项工程实际工程量比清单工程量增加(或减少)15% 以上时,应进行调价,调价系数为 0.9(1.08)。

(2) 单价措施项目清单,含有甲、乙两项混凝土分项工程模板及支撑和脚手架、垂直运输、大型机械设备进出场及安拆等五项,总费用 66 万元,其中甲、乙两项混凝土分项工程模板及支撑费用分别为 12 万元、13 万元,结算时,该两项费用按相应混凝土分项工程工程量变化比例调整,其余单价措施项目费用不予调整。

(3) 总价措施项目清单,含有安全文明施工、雨季施工、二次搬运和已完工程及设备保护等四项,总费用 54 万元,其中安全文明施工费、已完工程及设备保护费分别为 18 万元、5 万元。结算时,安全文明施工费按分项工程项目、单价措施项目费用变化额的 2% 调整,已完工程及设备保护费按分项工程项目费用变化额的 0.5% 调整,其余总价措施项目费用不予调整。

(4) 其他项目清单,含有暂列金额和专业工程暂估价两项,费用分别为 10 万元、20 万元(另计总承包服务费 5%)。

（5）规费率为不含税的人材机费、管理费、利润之和的 6.5%；增值税率为不含税的人材机费、管理费、利润、规费之和的 11%。

2. **工程预付款与进度款**

（1）开工之日 7 天之前，业主向承包商支付材料预付款和安全文明施工费预付款。材料预付款为分项工程合同价的 20%，在最后两个月平均扣除；安全文明施工费预付款为其合同价的 70%。

（2）甲、乙分项工程项目进度款按每月已完工程量计算支付，其余分项工程项目进度款和单价措施项目进度款在施工期内每月平均支付；总价措施项目价款除预付部分外，其余部分在施工期内第 2、3 月平均支付。

（3）专业工程费用、现场签证费用在发生当月按实结算。

（4）业主按每次承包商应得工程款的 90% 支付。

3. **竣工结算**

（1）竣工验收通过 30 天后开始结算。

（2）措施项目费用在结算时根据取费基数的变化调整。

（3）业主按实际总造价的 5% 扣留工程质量保证金，其余工程尾款在收到承包商结清支付申请后 14 天内支付。

承包商每月实际完成并经签证确认的分项工程项目工程量见表 6-5。

表 6-5　承包商每月实际完成并经签证确认的分项工程项目工程量

月份 分项工程	1	2	3	4	累计
甲	500	800	800	600	2 700
乙	700	900	800	300	2 700

施工期间，第 2 月发生现场签证费用 2.6 万元；专业工程分包在第 3 月进行，实际费用为 21 万元。

问题：

1. 该工程预计不含税、含税合同价为多少万元？材料预付款为多少万元？安全文明施工费预付款为多少万元？

2. 每月承包商已完工程款为多少万元？每月业主应向承包商支付工程款为多少万元？到每月底累计支付工程款为多少万元？

3. 分项工程项目、单价和总价措施项目费用调整额为多少万元？实际工程含税总造价为多少万元？

4. 工程质量保证金为多少万元？竣工结算最终付款为多少万元？

答案：

问题 1：

（1）预计不含税、含税合同价：

1）不含税合同价 = $\sum$ 计价项目费用×（1 + 规费率）

$$= [(2\ 300×580 + 3\ 200×560)/10\ 000 + 50 + 66 + 54 + 10 + 20$$

$$\times(1+5\%)]\times(1+6.5\%)$$
$$=[362.6+66+54+10+20\times(1+5\%)]\times1.065$$
$$=546.984 \ \text{万元}$$

2）含税合同价

　　= 不含税合同价 × (1+税率)

　　= 546.984 × (1+11%)

　　= 607.152 万元

（2）材料预付款

$$=\sum(\text{分项工程项目工程量}\times\text{综合单价})\times(1+\text{规费率})\times(1+\text{税率})\times\text{预付率}$$

　　= 362.6 × (1+6.5%) × (1+11%) × 20%

　　= 362.6 × 1.182 × 20% = 85.73 万元

（3）安全文明施工费预付款

　　= 费用额 × (1+规费率) × (1+税率) × 预付率 × 90%

　　= 18 × 1.182 × 70% × 90%

　　= 13.404 万元

问题 2：

每月承包商已完工程款 = $\sum$（分项工程项目费用 + 措施项目费用 + 其他项目费用）×（1+规费费率）×（1+税金率）

第 1 月

（1）承包商已完工程款 = [(500×580+700×560)/10 000+(50+66)/4]×1.182 = 114.890 万元

（2）业主应支付工程款 = 114.890 × 90% = 103.401 万元

（3）累计已支付工程款 = 13.404 + 103.401 = 116.805 万元

第 2 月

（1）承包商已完工程款

　　= [(800×580+900×560)/10 000+(50+66)/4+(54−18×70%)/2+2.6]×1.182

　　= 176.236 万元

（2）业主应支付工程款 = 176.236 × 90% = 158.613 万元

（3）累计已支付工程款 = 116.805 + 158.613 = 275.418 万元

第 3 月

（1）承包商已完工程款

　　= [(800×580+800×560)/10 000+(50+66)/4+(54−18×70%)/2+

　　　21×(1+5%)]×1.182

　　= 192.607 万元

（2）业主应支付工程款 = 192.607 × 90% − 85.73/2 = 130.481 万元

（3）累计已支付工程款 = 275.418 + 130.481 = 405.899 万元

第 4 月

（1）分项工程综合单价调整

甲分项工程累计完成工程量的增加数量超过清单工程量的 15%，超过部分工程量：$2\ 700 - 2\ 300 \times (1 + 15\%) = 55\text{m}^3$，其综合单价调整为：$580 \times 0.9 = 522$ 元/m^3

乙分项工程累计完成工程量的减少数量超过清单工程量的 15%，其全部工程量的综合单价调整为：$560 \times 1.08 = 604.8$ 元/m^3

（2）承包商已完工程款

$$= \{[(600 - 55) \times 580 + 55 \times 522 + 2\ 700 \times 604.8 - (700 + 900 + 800) \times 560]/10\ 000 +$$
$$(50 + 66)/4\} \times 1.182$$
$$= 109.19 \text{ 万元}$$

（3）业主应支付工程款 $= 109.19 \times 90\% - 85.73/2 = 55.406$ 万元

（4）累计已支付工程款 $= 405.899 + 55.406 = 461.305$ 万元

问题 3：

（1）分项工程项目费用调整

　　甲分项工程费用增加

$$= (2\ 300 \times 15\% \times 580 + 55 \times 522)/10\ 000$$
$$= 22.881 \text{ 万元}$$

　　乙分项工程费用减少

$$= (2\ 700 \times 604.8 - 3\ 200 \times 560)/10\ 000$$
$$= -15.904 \text{ 万元}$$

小计：$22.8811 - 15.904 = 6.977$ 万元

（2）单价措施项目费用调整

甲分项工程模板及支撑费用增加 $= 12 \times (2\ 700 - 2\ 300)/2\ 300 = 2.087$ 万元

乙分项工程模板及支撑费用减少 $= 13 \times (2\ 700 - 3\ 200)/3\ 200 = -2.031$ 万元

小计：$2.087 - 2.031 = 0.056$ 万元

（3）总价措施项目费用调整 $(6.977 + 0.056) \times 2\% + 6.977 \times 0.5\% = 0.176$ 万元

（4）实际工程总造价

$$= [(362.6 + 6.977) + (66 + 0.056) + (54 + 0.176) + 2.6 + 21 \times (1 + 5\%)] \times 1.182$$
$$= 608.09 \text{ 万元}$$

问题 4：

（1）工程质量保证金 $= 608.09 \times 5\% = 30.40$ 万元

（2）竣工结算最终支付工程款 $= 608.09 - 85.73 - 30.40 - 461.305 = 30.655$ 万元

【案例四】

【背景】某工程项目业主通过工程量清单招标确定某承包商为中标人。双方签订的发承包合同包括的分项工程清单项目及其工程量和投标综合单价以及所需劳动量（55 元/综合工日）见表 6-6。工期为 5 个月。有关合同价款及支付约定的部分内容如下：

表 6-6　分项工程计价数据表

分项工程 数据名称	A	B	C	D	E	F	G	H	I	J	K	合计
清单工程量/m²	150	180	300	180	240	135	225	200	225	180	360	—
综合单价/(元·m⁻²)	180	160	150	240	200	220	200	240	160	170	200	—
分项工程项目费用/万元	2.7	2.88	4.5	4.32	4.8	2.97	4.5	4.8	3.6	3.06	7.2	45.33
劳动量/综合工日	80	180	200	210	240	210	180	120	280	150	150	2 000

(1) 采用单价合同。分项工程项目的管理费均按人工、材料、机械费之和的 12% 计算,利润与风险均按人工、材料、机械费和管理费之和的 7% 计算;暂列金额为 5.7 万元;规费费率 5.6%,增值税率 11%(所有取费基数均不含税)。

(2) 措施项目费为 8 万元(其中含安全文明施工费 3 万元),开工前支付 50%,其余部分在工期内前 4 个月与进度款同时平均拨付。

(3) 材料价差调整约定:实际采购价与承包商的投标报价(两种价均不含税)相比,增加幅度在 5% 以内时不予调整,超过 5% 以上的部分按实际采购价调整;实际采购价与业主给定的招标暂估价不同时,按实际采购价调整。

(4) 当每项分项工程的工程量增加(或减少)幅度超过清单工程量的 15% 时,调整综合单价,调整系数为 0.9(或 1.1)。

(5) 工程材料预付款为合同价(扣除暂列金额)的 20%,在开工前拨付,在第 3、4 月均匀扣回。

(6) 第 1 至 4 月末,对实际完成工程量进行计量,发包人按经双方确认的工程进度款的 90% 拨付。

(7) 第 5 月末办理竣工结算,扣留工程实际总造价的 3% 作为工程质量保证金,其余工程款于竣工验收后 30 天内结清。

(8) 因该工程急于投入使用,合同工期不得拖延。如果出现因业主方的工程量增加或其他原因导致关键线路上的工作持续时间延长,承包商应在相应分项工程上采取赶工措施,业主方给予承包商赶工补偿 1 000 元/天(含税费),如因承包商原因造成工期拖延,每拖延工期 1 天罚款 1 500 元(含税费)。

(9) 其他未尽事宜,按《建设工程工程量清单计价规范》GB 50500—2013 等相关文件规定执行。在工程开工之前,承包商提交了施工进度计划见表 6-7,并得到监理人的批准。

表 6-7　施工进度计划表

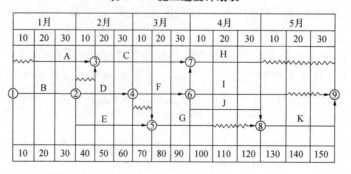

在施工过程中,于每月末检查核实的进度见表6-8中的实际进度前锋线。最后该工程在5月末如期竣工。

表6-8　施工实际进度检查记录表

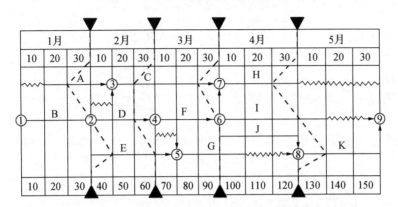

根据经核实的有关记录,有如下几项事件应该在工程进度款或结算款中予以考虑:

(1) 第2月现场签证的计日工费用2.8万元,其作业对工期无影响。

(2) 分项工程F的主要材料量140 m²,投标报价70元/m²,实际采购价85元/m²;分项工程H的主要材料量205 m²,招标暂估价60元/m²,实际采购价65元/m²。

(3) 分项工程J的实际工程量比清单工程量增加60 m²。

(4) 从第4月起,当地造价主管部门规定,人工综合工日单价上调为68元/工日。

问题:

1. 该工程签约合同价为多少万元? 开工前业主应拨付给承包商的工程材料预付款和措施项目工程款分别为多少万元?

2. 前4个月每月承包商已完工程款为多少万元? 业主应支付给承包商的工程款为多少万元?

3. 第5月末办理竣工结算,工程实际总造价为多少万元? 扣除工程质量保证金后的结算款为多少万元?

答案:

问题1:

(1) 签约合同价=(分项工程费用+措施项目费用+暂列金额)×(1+规费率)×(1-税率)

$$=(45.33+8+5.7)\times(1+5.6\%)\times(1+11\%)$$

$$=59.03\times1.172=69.193 \text{万元}$$

(2) 材料预付款=[签约合同价-暂列金额×(1+规费率)×(1+税率)]×20%

$$=(69.193-5.7\times1.172)\times20\%=12.503 \text{万元}$$

(3) 措施项目预付款=措施项目费×预付率×90%=8×1.172×50%×90%

$$=4.219 \text{万元}$$

问题2:

每月承包商已完工程款=$\sum$(分项工程项目费用+措施项目费用+其他项目费用)×

(1+规费费率)×(1+税金率)

（1）1 月份

已完工程款 = (2.7/3 + 2.88 + 4.8/4 + 1)×1.172 = 7.009 万元

应拨付工程款 = 7.009×90% = 6.308 万元

（2）2 月份

已完工程款 = (2.7×2/3 + 4.5/5 + 4.32×2/3 + 4.8/2 + 1 + 2.8)×1.172 = 13.806 万元

应拨付工程款 = 13.806×90% = 12.425 万元

（3）3 月份

原合同工程款 = (4.5×3/5 + 4.32/3 + 4.8/4 + 2.97 + 4.5×2/3 + 1)×1.172
$$= 14.427 \text{ 万元}$$

分项工程 F 主材价款调整 = 140×[85 − 70×(1 + 5%)]×(1 + 12%)×(1 + 7%)
$$× 1.172/10\,000$$
$$= 0.226 \text{ 万元}$$

已完工程款 = 14.427 + 0.226 = 14.653 万元

应扣材料预付款 = 12.503/2 = 6.252 万元

应拨付工程款 = 14.653×90% − 6.252 = 6.936 万元

（4）4 月份

原合同价款 = (4.5/5 + 4.5/3 + 4.8×2/3 + 3.6×3/4 + 3.06 + 7.2/3 + 1)×1.172
$$= 17.298 \text{ 万元}$$

分项工程 H 主材价款调整
$$= 205×2/3×(65 − 60)×(1 + 12%)×(1 + 7%)×1.172/10\,000$$
$$= 0.096 \text{ 万元}$$

分项工程 J 工程量增加价款调整 = [180×15%×170 + (60 − 180×15%)
$$×170×0.9]×1.172/10\,000 = 1.129 \text{ 万元}$$

人工工日单价上调价款调整
$$= [180/3 + 120×2/3 + 280×3/4 + 150×(1 + 60/180) + 150/3]×(68 − 55)×$$
$$(1 + 12%)×(1 + 7%)×1.172/10\,000$$
$$= 1.091 \text{ 万元}$$

已完工程款 = 17.298 + 0.096 + 1.129 + 1.091 = 19.614 万元

应扣材料预付款 = 12.503 − 6.252 = 6.251 万元

应拨付工程款 = 19.614×90% − 6.251 = 11.402 万元

问题 3：

每月承包商已完工程款 = $\sum$（分项工程项目费用 + 措施项目费用 + 其他项目费用）
$$×(1 + 规费费率)×(1 + 税金率)$$

（1）5 月份已完工程款

原合同价款 = (4.8×1/3 + 3.6/4 + 7.2×2/3)×1.172 = 8.556 万元

分项工程 H 主材价款调整 = 205×1/3×(65 − 60)×(1 + 12%)×(1 + 7%)
$$×1.172/10\,000 = 0.048 \text{ 万元}$$

人工工日单价上调价款调整 = (120×1/3 + 280×1/4 + 150×2/3)×(68 − 55)(1 + 12%)
$$×(1 + 7%)×1.172/10\,000 = 0.384 \text{ 万元}$$

已完工程款 = 8.556 + 0.048 + 0.384 = 8.988 万元

（2）赶工补偿 = 30×60/180×1 000/10 000 = 1.000 万元

（3）实际总造价 = 4.219/90% + 7.009 + 13.806 + 14.653 + 19.614 + 8.988 + 1 = 69.758 万元

（4）工程质量保证金 = 69.758×3% = 2.093 万元

（5）结算款 = 实际总造价 − 质保金 − 材料预付款 − 措施项目预付款 − 已拨付工程款

  = 69.758 − 2.093 − 12.503 − 4.219 − (6.308 + 12.425 + 6.936 + 11.402)

  = 13.872 万元

【案例五】

某工程项目由 A、B、C、D 四个分项工程组成，采用工程量清单招标确定中标人，合同工期 5 个月。承包费用部分数据见表 6-9。

表 6-9　承包费用部分数据表

分项工程名称	计量单位	数量	综合单价
A	m³	5 000	50 元/m³
B	m³	750	400 元/m³
C	t	100	5 000 元/t
D	m²	1 500	350 元/m²
措施项目费用	100 000 元		
其中:总价措施项目费用	60 000 元		
单价措施项目费用	40 000 元		
暂列金额	120 000 元		

合同中有关工程款支付条款如下：

1. 开工前发包方向承包方支付合同价（扣除措施项目费用和暂列金额）的 15% 作为材料预付款。预付款从工程开工后的第 2 个月开始分 3 个月均摊抵扣。

2. 工程进度款按月结算，发包方按每次承包方应得工程款的 90% 支付。

3. 总价措施项目工程款在开工前与材料预付款同期支付；单价措施项目在开工后前 4 个月平均支付。

4. 分项工程累计实际工程量增加（或减少）超过计划工程量的 15% 时，该分项工程的综合单价调整系数为 0.95（或 1.05）。

5. 承包商报价管理费率取 10%（以人工费、材料费、机械费之和为基数），利润率取 7%（以人工费、材料费、机械费和管理费之和为基数）。

6. 规费综合费率 7%（以分部分项工程项目费、措施项目费、其他项目费之和为基数），增值税率 11%。

7. 竣工结算时，业主按总造价的 5% 扣留工程质量保证金。

各月计划和实际完成工程量见表 6-10。

表 6-10　各月计划和完成工程量

名称		第 1 月	第 2 月	第 3 月	第 4 月	第 5 月
A/m³	计划	2 500	2 500			
	实际	2 800	2 500			
B/m³	计划		375	375		
	实际		430	450		
C/t	计划			50	50	
	实际			50	60	
D/m²	计划				750	750
	实际				750	750

施工过程中,4 月份发生了如下事件:

1. 业主确认某临时工程计日工 50 工日,综合单价 60 元/工日;某种材料 120 m²,综合单价 100 元/m²;

2. 由于设计变更,经业主确认的人工费、材料费、机械费共计 30 000 元。

问题:

1. 工程签约合同价为多少元?

2. 开工前业主应拨付的材料预付款和总措施项目工程款为多少元?

3. 1~4 月业主应拨付的工程进度款分别为多少元?

4. 填写第 4 月的"进度款支付申请(核准)表"。

5. 5 月份办理竣工结算,工程实际总造价和竣工结算款分别为多少元?

答案:

问题 1:

(1) 分项工程费用:

5 000×50 + 750×400 + 100×5 000 + 1 500×350 = 1 575 000 元

(2) 签约合同价:

(1 575 000 + 100 000 + 120 000)×(1 + 7%)×(1 + 11%) = 2 131 921.5 元

问题 2:

(1) 应拨付材料预付款:

1 575 000×(1 + 7%)×(1 + 11%)×15% = 280 594 元

(2) 应拨付措施项目工程款:

60 000×(1 + 7%)×(1 + 11%)×90% = 64 136 元

问题 3:

每月承包商已完工程款 = $\sum$(分项工程项目费用 + 措施项目费用 + 其他项目费用)× (1 + 规费费率)×(1 + 税金率)

(1) 第 1 月

承包商完成工程款:

(2 800×50 + 10 000)×(1 + 7%)×(1 + 11%) = 178 155 元

业主应拨付工程款：178 155×90％＝160 340 元

（2）第 2 月

A 分项工程累计完成工程量：

$2\ 800 + 2\ 500 = 5\ 300\ m^3$

超过计划完成工程量百分比：

$(5\ 300 - 5\ 000) \div 5\ 000 = 6\% < 15\%$

承包商完成工程款：

$(2\ 500 \times 50 + 430 \times 400 + 10\ 000) \times (1 + 7\%) \times (1 + 11\%) = 364\ 624$ 元

业主应拨付工程款：

$364\ 624 \times 90\% - 280\ 594 \div 3 = 234\ 630$ 元

（3）第 3 月

B 分项工程累计完成工程量：$430 + 450 = 880\ m^3$

超过计划完成工程量百分比：

$(880 - 750) \div 750 = 17.33\% > 15\%$

超过 15％以上部分工程量：

$880 - 750 \times (1 + 15\%) = 17.5\ m^3$

超过 15％以上部分工程量的结算综合单价：

400 元$/m^3 \times 0.95 = 380$ 元$/m^3$

B 分项工程款：

$[17.5 \times 380 + (450 - 17.5) \times 400] \times (1 + 7\%) \times (1 + 11\%) = 213\ 372$ 元

C 分项工程款：

$50 \times 5\ 000 \times (1 + 7\%) \times (1 + 11\%) = 296\ 925$ 元

单价措施项目工程款：

$10\ 000 \times (1 + 7\%) \times (1 + 11\%) = 11\ 877$ 元

承包商完成工程款：

$213\ 372 + 296\ 925 + 11\ 877 = 522\ 174$ 元

业主应拨付工程款：

$522\ 174 \times 90\% - 280\ 594 \div 3 = 376\ 425$ 元

（4）第 4 月

C 分项工程累计完成工程量：$50 + 60 = 110\ t$

超过计划完成工程量百分比：

$(110 - 100) \div 100 = 10\% < 15\%$

分项工程款：

$(60 \times 5\ 000 + 750 \times 350) \times (1 + 7\%) \times (1 + 11\%) = 668\ 081$ 元

单价措施项目工程款：11 877 元

计日工工程款：

$(50 \times 60 + 120 \times 100) \times (1 + 7\%) \times (1 + 11\%) = 17\ 816$ 元

设计变更工程款：

$30\ 000 \times (1 + 10\%) \times (1 + 7\%) \times (1 + 7\%) \times (1 + 11\%) = 41\ 938$ 元

承包商完成工程款：

668 081＋11 877＋17 816＋41 938＝739 712 元

业主应拨付工程款：

739 712×90％－280 594÷3＝572 210 元

问题 4：

第 4 月的"进度款支付申请(核准)表"见表 6‒11。

表 6‒11　进度款支付申请(核准)表

致：×××(发包人全称)				
我方于 4 月 1 日至 4 月 30 日期间已完成了分项工程 C(工程量 60 t)、分项工程 D(750 m³)和单价措施项目(工程款 11 877 元)、计日工(工程款 17 816 元)等工作,根据施工合同的约定,现申请支付本月的工程价款为(大写)伍拾柒万贰仟贰佰壹拾元,(小写)572 210 元,请予核准。				

序号	名　　称	金额/元	申请金额/元	复核金额/元	备注
1	截至 3 月末累计已完成的合同价款	1 064 953			
2	截至 3 月末累计已实际支付的合同价款	1 116 125			包括预付款
3	4 月合计完成的合同价款	739 712			
3.1	4 月已完单价项目的金额	679 958			
3.2	4 月应支付的总价项目的金额	0			
3.3	4 月已完成的计日工价	17 816			
3.4	4 月应支付的安全文明施工费	0			
3.5	4 月增加的设计变更合同价款	41 938			
4	4 月合计应扣减的金额	167 502			
4.1	4 月应抵扣的预付款	93 531			
4.2	4 月应扣减的金额	73 971			扣留 10％
5	4 月应支付的合同价款	572 210			按 90％支付

附：上述 3、4 详见附件清单。

承包人(章)

造价人员　×××　　　　　　承包人代表　×××　　　　　日期×××

复核意见： 　　□与实际施工情况不相符,修改意见见附件。 　　□与实际施工情况相符,具体金额由造价工程师复核。 　　监理工程师＿＿＿＿＿ 　　日期＿＿＿＿＿	复核意见： 　　你方提出的支付申请经复核,本月已完成工程价款为(大写)＿＿＿＿＿元,(小写)＿＿＿＿＿元,本月应支付金额为(大写)＿＿＿＿＿元,(小写)＿＿＿＿＿元。 　　造价工程师＿＿＿＿＿ 　　日期＿＿＿＿＿

审核意见： 　□不同意。 　□同意,支付时间为本表签发后的 15 天内。 　　　　　　　　　　　　　　　　发包人(章) 　　　　　　　　　　　　　　　　发包人代表_____ 　　　　　　　　　　　　　　　　日期_____
注:1. 在选择栏中的□内作标记√ 　　2. 本表一式四份,由承包人填报,发包人、监理人、造价咨询人、承包人各存一份。

问题 5：

(1) 第 5 月承包商完成工程款：

$350 \times 750 \times (1 + 7\%) \times (1 + 11\%) = 311\ 771$ 元

(2) 工程实际总造价：

$64\ 136/90\% + 178\ 155 + 364\ 624 + 522\ 174 + 739\ 712 + 311\ 771 = 2\ 187\ 698$ 元

(3) 竣工结算款：

$2\ 187\ 698 \times (1 - 5\%) - (280\ 594 + 64\ 136 + 160\ 340 + 234\ 630 + 376\ 425 + 739\ 712) = 222\ 476$ 元

【案例六】

某工程项目发包人与承包人签订了施工合同,工期 4 个月,工作内容包括 A、B、C 三项分项工程,综合单价分别为 360.00 元/m³、320.00 元/m³、200.00 元/m³,规费和增值税为人材机费用、管理费与利润之和的 15%,各分项工程每月计划和实际完成工程量及单价措施项目费用见表 6-12。

表 6-12　分项工程工程量及单价措施项目费用数据表

分项工程	数据名称	月份				合计
		1	2	3	4	
A 分项工程/m³	计划工程量	300	400	300	—	1 000
	实际工程量	280	400	320	—	1 000
B 分项工程/m³	计划工程量	300	300	300	—	900
	实际工程量	—	340	380	180	900
C 分项工程/m³	计划工程量	—	450	450	300	1 200
	实际工程量	—	400	500	300	1 200
单价措施项目费用/万元		1	2	2	1	6

总价措施项目费用 8 万元(其中安全文明施工费 4.2 万元),暂列金额 5 万元。合同中有关工程价款估算与支付约定如下:

(1) 开工前,发包人应向承包人支付合同价款(扣除安全文明施工费和暂列金额)的 20%

作为工程材料预付款,在第 2 和第 3 个月的工程价款中平均扣回。

(2) 分项工程项目工程款按实际进度逐月支付;单价措施项目工程款按表 6 - 12 中的数据逐月支付,不予调整。

(3) 总价措施项目中的安全文明施工措施工程款与材料预付款同时支付,其余总价措施项目费用在第 1 和第 2 个月平均支付。

(4) C 分项工程所用的某种材料采用动态调值公式法结算,该种材料在 C 分项工程费用中所占比例为 12%,基期价格指数为 100。

(5) 发包人按每次承包人应得工程款的 90% 支付。

(6) 该工程竣工验收过后 30 日内进行最终结算。扣留总造价的 3% 作为工程质量保证金,其余工程款全部结清。

施工期间 1~4 月,C 分项工程所用的动态结算材料价格指数依次为 105、110、115、120。

注:分部分项工程项目费用、措施项目费用和其他项目费用均为不含税费用。

问题:

1. 该工程签约合同价为多少万元? 开工前业主应支付给承包商的工程材料预付款和安全文明施工措施项目工程款分别为多少万元?

2. 施工到 1~4 月末分项工程拟完工程计划投资、已完工程实际投资、已完工程计划投资分别为多少万元? 投资偏差、进度偏差分别为多少万元?

3. 施工期间每月承包商已完工程价款为多少万元? 业主应支付给承包商的工程价款为多少万元?

4. 该工程实际总造价为多少万元? 竣工结算款为多少万元?

答案:

问题 1:

每月承包商已完工程款 = $\sum$(分项工程项目费用 + 措施项目费用 + 其他项目费用)× (1 + 规费费率)×(1 + 税金率)

(1) 签约合同价:

$[(1\,000 \times 360 + 900 \times 320 + 1\,200 \times 200)/10\,000 + 6 + 8 + 5] \times (1 + 15\%) = 123.97$ 万元

(2) 材料预付款:

$[123.97 - (4.2 + 5) \times (1 + 15\%)] \times 20\% = 22.678$ 万元

(3) 应支付安全文明施工措施项目工程款:

$4.2 \times (1 + 15\%) \times 90\% = 4.347$ 万元

问题 2:

(1) 第 1 个月末

1) 拟完工程计划投资累计:

$(300 \times 360 + 300 \times 320)/10\,000 \times (1 + 15\%) = 23.46$ 万元

2) 已完工程计划投资累计:

$280 \times 360/10\,000 \times (1 + 15\%) = 11.592$ 万元

3) 已完工程实际投资累计:

$280 \times 360/10\,000 \times (1 + 15\%) = 11.592$ 万元

4) 投资偏差:

$11.592 - 11.592 = 0$ 万元,投资无偏差。

5）进度偏差：

11.592 - 23.46 = -11.868 万元，进度拖后 11.868 万元。

（2）第 2 个月末

1）拟完工程计划投资累计：

　　$23.46 + (400 \times 360 + 300 \times 320 + 450 \times 200)/10\ 000 \times (1 + 15\%) =$

　　$23.46 + 37.95 = 61.11$ 万元

2）已完工程计划投资累计：

　　$11.592 + (400 \times 360 + 340 \times 320 + 400 \times 200)/10\ 000 \times (1 + 15\%) =$

　　$11.592 + 38.272 = 49.864$ 万元

3）已完工程实际投资累计：

　　$11.592 + [400 \times 360 + 340 \times 320 + 400 \times 200 \times (88\% + 12\% \times 110/100)]/10\ 000 \times (1 + 15\%) =$

　　$11.592 + 38.383 = 49.975$ 万元

4）投资偏差：

49.864 - 49.975 = -0.111 万元，投资超支 0.111 万元。

5）进度偏差：

49.864 - 61.11 = -11.246 万元，进度拖后 11.246 万元。

（3）第 3 个月末

1）拟完工程计划投资累计：

　　$61.11 + (300 \times 360 + 300 \times 320 + 450 \times 200)/10\ 000 \times (1 + 15\%) =$

　　$61.11 + 33.81 = 94.92$ 万元

2）已完工程计划投资累计：

　　$49.864 + (320 \times 360 + 380 \times 320 + 500 \times 200)/10\ 000 \times (1 + 15\%) =$

　　$49.864 + 38.732 = 88.596$ 万元

3）已完工程实际投资累计：

　　$49.975 + [320 \times 360 + 380 \times 320 + 500 \times 200 \times (88\% + 12\% \times 115/100)]/10\ 000 \times (1 + 15\%) =$

　　$49.975 + 38.939 = 88.914$ 万元

4）投资偏差：

88.596 - 88.914 = -0.318 万元，投资超支 0.318 万元。

5）进度偏差：

88.596 - 94.92 = -6.324 万元，进度拖后 6.324 万元。

（4）第 4 个月末

1）拟完工程计划投资累计：

$94.92 + (300 \times 200)/10\ 000 \times (1 + 15\%) = 94.92 + 6.9 = 101.82$ 万元

2）已完工程计划投资累计：

$88.596 + (180 \times 320 + 300 \times 200)/10\ 000 \times (1 + 15\%) = 88.596 + 13.524 = 102.12$ 万元

3）已完工程实际投资累计：

　　$88.914 + [180 \times 320 + 300 \times 200 \times (88\% + 12\% \times 120/100)]/10\ 000 \times (1 + 15\%) =$

　　$88.914 + 13.689 = 102.603$ 万元

4）投资偏差：

102.12 - 102.603 = -0.483 万元，投资超支 0.483 万元。

5）进度偏差：

102.12 − 101.82 = 0.3 万元,进度提前 0.3 万元。

问题 3：

$$每月承包商已完工程款 = \sum (分项工程项目费用 + 措施项目费用 + 其他项目费用) \times$$
$$(1 + 规费费率) \times (1 + 税金率)$$

问题 3：

（1）第 1 个月

1）分项工程价款（已完工程实际投资）= 11.592 万元

2）单价措施项目工程价款 = 1 × (1 + 15%) = 1.15 万元

3）总价措施项目工程价款 = (8 − 4.2) × (1 + 15%) × 50% = 2.185 万元

4）承包商已完工程价款 = 11.592 + 1.15 + 2.185 = 14.927 万元

5）业主应支付工程款 = 14.927 × 90% = 13.434 万元

（2）第 2 个月

1）分项工程价款（已完工程实际投资）= 38.383 万元

2）单价措施项目工程价款 = 2 × (1 + 15%) = 2.3 万元

3）总价措施项目工程价款 = (8 − 4.2) × (1 + 15%)/2 = 2.185 万元

4）承包商已完工程价款 = 38.383 + 2.3 + 2.185 = 42.868 万元

5）应扣预付款 = 22.678/2 = 11.339 万元

6）业主应支付工程款 = 42.868 × 90% − 11.339 = 27.242 万元

（3）第 3 个月

1）分项工程价款（已完工程实际投资）= 38.939 万元

2）单价措施项目工程价款 = 2.3 万元

3）承包商已完工程价款 = 38.939 + 2.3 = 41.239 万元

4）应扣预付款 = 11.339 万元

5）业主应支付工程款 = 41.239 × 90% − 11.339 = 25.776 万元

（4）第 4 个月

1）分项工程价款（已完工程实际投资）= 13.689 万元

2）单价措施项目工程价款 = 1.15 万元

3）承包商已完工程价款 = 13.689 + 1.15 = 14.839 万元

4）业主应支付工程款 = 14.839 × 90% = 13.355 万元

问题 4：

（1）实际总造价：（安全文明施工措施项目工程价款 + 各月已完工程价款）

4.2 × (1 + 15%) + 14.927 + 42.868 + 41.239 + 14.839 = 118.703 万元

（2）竣工结算款：（实际总造价 − 质保金 − 材料预付和安全文明施工费提前支付 − 各月已付工程价款）

118.703 × (1 − 3%) − (22.678 + 4.347) − (13.434 + 27.242 + 25.776 + 13.355) = 8.310 万元

【案例七】

某工程计划进度与实际进度如表 6-13 所示,表中粗实线表示计划进度（进度线上方的数据为每周计划投资),粗虚线表示实际进度(进度线上方的数据为每周实际投资),假定各分项工程每周计划进度与实际进度均为匀速进度,而且各分项工程实际完成总工程量与计划完成总工程量相等。

表 6 - 13　某工程计划进度有实际进度表

资金单位:万元

分项工程	进度计划/周											
	1	2	3	4	5	6	7	8	9	10	11	12
A	5 5	5 5	5 5									
B		4 4	4 4	4 4	4 3	4 3						
C				9	9 9	9 8	9 7	7				
D						5	5 4	5 4	5 4	5	5	
E								3	3	3 3	3	3

问题:

1. 计算每周投资数据,并将结果填入表 6 - 14。

表 6 - 14　投资数据表　　　　资金单位:万元

项　目	投资数据											
	1	2	3	4	5	6	7	8	9	10	11	12
每周拟完工程计划投资												
拟完工程计划投资累计												
每周已完工程实际投资												
已完工程实际投资累计												
每周已完工程计划投资												
已完工程计划投资累计												

2. 试在图 6-1 中绘制该工程三种投资曲线,即:① 拟完工程计划投资曲线;② 已完工程实际投资曲线;③ 已完工程计划投资曲线。

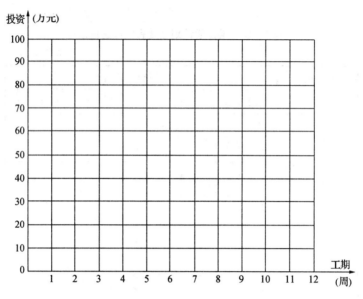

图 6-1 投资曲线图(一)

3. 分析第 6 周末和第 10 周末的投资偏差和进度偏差。

答案:

问题 1:

计算数据见表 6-15。

表 6-15 投资数据表

项目	投资数据											
	1	2	3	4	5	6	7	8	9	10	11	12
每周拟完工程计划投资	5	9	9	13	13	18	14	8	8	3		
拟完工程计划投资累计	5	14	23	36	49	67	81	89	97	100		
每周已完工程实际投资	5	5	9	4	4	12	15	11	11	8	8	3
已完工程实际投资累计	5	10	19	23	27	39	54	65	76	84	92	95
每周已完工程计划投资	5	5	9	4	4	13	17	13	13	7	7	3
已完工程计划投资累计	5	10	19	23	27	40	57	70	83	90	97	100

问题 2:

根据表中数据绘出投资曲线图如图 6-2 所示,图中:① 为拟完工程计划投资曲线;② 为已完工程实际投资曲线;③ 为已完工程计划投资曲线。

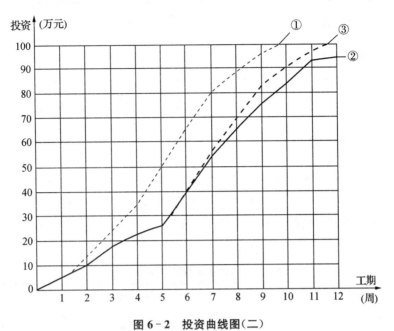

图 6‑2　投资曲线图(二)

问题 3:

(1) 第 6 周末投资偏差与进度偏差:

投资偏差 = 已完工程计划投资 − 已完工程实际投资 = 40 − 39 = 1 万元,即:投资节约 1 万元。

进度偏差 = 已完工程计划时间 − 已完工程实际时间 = 4 + (40 − 36) ÷ (49 − 36) − 6 = −1.69 周,即:进度拖后 1.69 周。

或:进度偏差 = 已完工程计划投资 − 拟完工程计划投资 = 40 − 67 = −27 万元,即:进度拖后 27 万元。

(2) 第 10 周末投资偏差与进度偏差:

投资偏差 = 90 − 84 = 6 万元,即:投资节约 6 万元。

进度偏差 = 8 + (90 − 89) ÷ (97 − 89) − 10 = −1.88 周,即:进度拖后 1.88 周。

或:进度偏差 = 90 − 100 = −10 万元,即:进度拖后 10 万元。

【案例八】

某工程项目包括 A、B、C、D、E、F6 项分项工程。该工程采用单价合同,工期为 8 个月。项目计划部门编制的时标网络进度计划如图 6‑3 所示,各分项工程的总工程量和计划单价、计划作业起止时间见表 6‑16 中(1)、(2)、(3)栏所示,各分项工程实际作业起止时间如表 6‑16 中(4)栏所示。

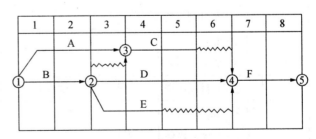

图 6‑3　某施工项目进度计划表　单位:月

表 6-16 各分项工程计划和实际工程量、价格、作业时间表

序号	分项工程	A	B	C	D	E	F
1	总工程量/m³	600	680	800	1 200	760	400
2	计划单价/(元·m⁻³)	1 200	1 000	1 000	1 100	1 200	1 000
3	计划作业起止时间/月	1—3	1—2	4—5	3—6	3—4	7—8
4	实际作业起止时间/月	1—3	1—2	5—6	3—6	3—5	7—10

问题：

1. 假定各分项工程的计划进度和实际进度都是匀速的,施工期间 1~10 月各月结算价格调价系数依次为:1.00、1.00、1.05、1.05、1.05、1.08、1.10、1.10、1.05、1.05。试计算各分项工程的每月拟完工程计划投资、已完工程实际投资、已完工程计划投资,并将结果填入表 6-17中。

表 6-17 各分项工程每月投资数据表

分项工程	数据名称	每月投资数据（单位：万元）									
		1	2	3	4	5	6	7	8	9	10
A	拟完工程计划投资										
	已完工程实际投资										
	已完工程计划投资										
B	拟完工程计划投资										
	已完工程实际投资										
	已完工程计划投资										
C	拟完工程计划投资										
	已完工程实际投资										
	已完工程计划投资										
D	拟完工程计划投资										
	已完工程实际投资										
	已完工程计划投资										
E	拟完工程计划投资										
	已完工程实际投资										
	已完工程计划投资										
F	拟完工程计划投资										
	已完工程实际投资										
	已完工程计划投资										

2. 计算该工程项目每月投资数据,并将结果填入表 6 - 18。

表 6 - 18　工程项目每月投资数据表　　　　　　　　单位:万元

数据名称	数据									
	1	2	3	4	5	6	7	8	9	10
每月拟完工程计划投资										
拟完工程计划投资累计										
每月已完工程实际投资										
已完工程实际投资累计										
每月已完工程计划投资										
已完工程计划投资累计										

3. 试计算该工程进行到第 8 个月底的投资偏差和进度偏差。

答案:

问题 1:

计算各分项工程每月投资数据:

计算过程略,结果见表 6 - 19 中。

表 6 - 19　各分项工程每月投资数据表

分项工程	数据名称	每月投资数据(单位:万元)									
		1	2	3	4	5	6	7	8	9	10
A	拟完工程计划投资	24	24	24							
	已完工程实际投资	24	24	25.2							
	已完工程计划投资	24	24	24							
B	拟完工程计划投资	34	34								
	已完工程实际投资	34	34								
	已完工程计划投资	34	34								
C	拟完工程计划投资				40	40					
	已完工程实际投资					42	43.2				
	已完工程计划投资					40	40				
D	拟完工程计划投资			33	33	33	33				
	已完工程实际投资			34.65	34.65	34.65	35.64				
	已完工程计划投资			33	33	33	33				
E	拟完工程计划投资			45.6	45.6						
	已完工程实际投资			31.92	31.92	31.92					
	已完工程计划投资			30.4	30.4	30.4					

续表

分项工程	数据名称	每月投资数据（单位：万元）									
		1	2	3	4	5	6	7	8	9	10
F	拟完工程计划投资							20	20		
	已完工程实际投资							11	11	10.5	10.5
	已完工程计划投资							10	10	10	10

问题 2：

解：根据表 6-19 统计整个工程项目每月投资数据，见表 6-20。

表 6-20　工程项目每月投资数据表　　　　　　　　单位：万元

数据名称	数据									
	1	2	3	4	5	6	7	8	9	10
每月拟完工程计划投资	58	58	102.6	118.6	73	33	20	20		
拟完工程计划投资累计	58	116	218.6	337.2	410.2	443.2	463.2	483.2		
每月已完工程实际投资	58	58	91.77	66.57	108.57	78.84	11	11	10.5	10.5
已完工程实际投资累计	58	116	207.8	274.3	382.91	461.75	472.75	483.75	494.25	500.75
每月已完工程计划投资	58	58	87.4	63.4	103.4	73	10	10	10	10
已完工程计划投资累计	58	116	203.4	266.8	370.2	443.2	453.2	463.2	473.2	483.2

注：第 10 月已完工程实际投资中扣减了工期拖延罚款 4 万元。

问题 3：

（1）第 8 个月底投资偏差：

投资偏差 = 已完工程计划投资 − 已完工程实际投资 = 463.2 − 483.75 = −20.55 万元，即投资增加 20.55 万元。

（2）第 8 个月底进度偏差：

进度偏差 = 已完工程计划时间 − 已完工程实际时间 = 7 − 8 = −1 月，即进度拖后 1 个月。

或：进度偏差 = 已完工程计划投资 − 拟完工程计划投资 = 463.2 − 483.2 = −20 万元，即进度拖后 20 万元。

【案例九】

某工程项目合同工期为 6 个月。合同中的清单项目及费用包括：分项工程项目 4 项，总费用为 200 万元，相应专业措施费用为 16 万元；安全文明施工措施费用为 6 万元；计日工费用为 3 万元；暂列金额为 12 万元；特种门窗工程（专业分包）暂估价为 30 万元，总承包服务费为专业分包工程费用的 5%；规费和税金综合税率为 18%。工程预付款为签约合同价（扣除暂列金额）的 20%。于开工之日前 10 天支付，在工期最后 2 个月的工程款中平均扣回。安全文明施工措施费用于开工前同预付款同时支付。总承包服务费、暂列金额按实际发生额在竣工结算时一次性结算。业主按每月工程款的 90% 给承包商付款。

表 6‑21　分项工程项目及相应专业措施费用、施工进度表

分项工程	分项工程项目及相应专业措施费用/万元		施工进度(单位:月)					
项目名称	项目费用	措施费用	1	2	3	4	5	6
A	40	2.2						
B	60	5.4						
C	60	4.8						
D	40	3.6						

注:表中粗实线为计划作业时间,粗虚线为实际作业时间;

各分项工程计划和实际作业按均衡施工考虑。

问题:

1. 该工程签约合同价是多少万元? 工程预付款为多少万元? 开工前支付安全文明施工费为多少万元?

2. 列式计算第 3 月末时的分项工程及相应专业措施项目的进度偏差,并分析工程进度情况(以投资额表示)。

3. 计日工费用实际发生 2 万元、特种门窗专业费用实际发生 20 万元,发生在第 5 个月,列式计算第 5 月末业主应支付给承包商的工程款为多少万元?

4. 列式计算该工程实际总造价。(计算结果保留 3 位小数)

答案:

问题1:

签约合同价:

$[200 + 16 + 6 + 3 + 12 + 30 \times (1 + 5\%)] \times (1 + 18\%) = 316.83$ 万元

工程预付款:

$[316.83 - 12 \times (1 + 18\%)] \times 20\% = 60.534$ 万元

安全文明施工费:

$6 \times (1 + 18\%) \times 90\% = 6.372$ 万元

问题2:

第 3 个月末累计拟完工程计划投资:

$[40 + 2.2 + (60 + 5.4) \times 2/3 + (60 + 4.8) \times 1/3] \times (1 + 18\%) = 126.732$ 万元

第 3 个月末累计已完工程计划投资:

$[40 + 2.2 + (60 + 5.4) \times 1/2] \times (1 + 18\%)$

$= 88.382$ 万元

第 3 个月末进度偏差:

$= 88.382 - 126.732 = -38.35$ 万元

第 3 个月末该工程进度拖延 38.35 万元。

问题3:

应支付工程款为：

$[(60+5.4)\times1/4+(60+4.8)\times1/3+(40+3.6)\times1/2+2+20]\times(1+18\%)\times90\%-60.534\times1/2=56.552$ 万元

问题 4：

实际总造价：$316.83-[12+(3-2)+(30-20)\times(1+5\%)]\times(1+18\%)=289.1$ 万元

【案例十】

某建设单位拟编制某工业生产项目的竣工决算。该建设项目包括 A、B 两个主要生产车间和 C、D、E、F 四个辅助生产车间及若干附属办公、生活建筑物。在建设期内，各单项工程竣工决算数据见表 6-22。工程建设其他投资完成情况如下：支付行政划拨土地的土地征用及迁移费 500 万元，支付土地使用权出让金 700 万元；建设单位管理费 400 万元（其中 300 万元构成固定资产）；地质勘查费 80 万元；建筑工程设计费 260 万元；生产工艺流程系统设计费 120 万元；专利费 70 万元；非专利技术费 30 万元；获得商标权 90 万元；生产职工培训费 50 万元；报废工程损失 20 万元；生产线试运转支出 20 万元，试生产产品销售款 5 万元。

表 6-22　某建设项目竣工决算数据表　　　　　　　　　　单位：万元

项目名称	建筑工程	安装工程	需安装设备	不需安装设备	生产工器具	
					总额	达到固定资产标准
A 生产车间	1 800	380	1 600	300	130	80
B 生产车间	1 500	350	1 200	240	100	60
辅助生产车间	2 000	230	800	160	90	50
附属建筑	700	40		20		
合计	6 000	1 000	3 600	720	320	190

问题：

1. 什么是建设项目竣工决算？竣工决算包括哪些内容？

2. 编制竣工决算的依据有哪些？

3. 如何进行竣工决算的编制？

4. 试确定 A 生产车间的新增固定资产价值。

5. 试确定该建设项目的固定资产、流动资产、无形资产和其他资产价值。

答案：

问题 1：

建设项目竣工决算是由建设单位编制的反映建设项目实际造价和投资效果的文件，是竣工验收报告的重要组成部分。建设项目竣工决算应包括从项目筹划到竣工投产全过程的全部实际费用，即建筑工程费用、安装工程费用、设备工器具购置费用和工程建设其他费用以及预备费等。竣工决算的内容包括竣工财务决算说明书、竣工财务决算报表、工程竣工图和工程造价对比分析四个部分。

问题 2：

编制竣工决算的主要依据资料：

（1）经批准的可行性研究报告和投资估算书；

(2) 经批准的初步设计或扩大初步设计及其概算或修正概算书；

(3) 经批准的施工图设计及其施工图预算书；

(4) 设计交底或图纸会审会议纪要；

(5) 标底(或招标控制价)、承包合同、工程结算资料；

(6) 施工记录或施工签证单及其他施工发生的费用记录,如索赔报告与记录等停(交)工报告；

(7) 竣工图及各种竣工验收资料；

(8) 历年基建资料、财务决算及批复文件；

(9) 设备、材料调价文件和调价记录；

(10) 经上级指派或委托社会专业中介机构审核各方认可的施工结算书；

(11) 有关财务核算制度、办法和其他有关资料、文件等。

问题3：

竣工决算的编制应按下列步骤进行：

(1) 搜集、整理、分析原始资料；

(2) 对照、核实工程及变更情况,核实各单位工程、单项工程造价；

(3) 审定各有关投资情况；

(4) 编制竣工财务决算说明书；

(5) 认真填报竣工财务决算报表；

(6) 认真做好工程造价对比分析；

(7) 清理、装订好竣工图；

(8) 按国家规定上报审批、存档。

问题4：

A生产车间的新增固定资产价值 $= (1\,800 + 380 + 1\,600 + 300 + 80) + (500 + 80 + 260 + 20 + 20 - 5) \times 1\,800/6\,000 + 120 \times 380/1\,000 + 300 \times (1\,800 + 380 + 1\,600)/(6\,000 + 1\,000 + 3\,600) = 4\,160 + 875 \times 0.3 + 120 \times 0.38 + 300 \times 0.356\,6 = 4\,575.08$ 万元

问题5：

(1) 固定资产价值 $= (6\,000 + 1\,000 + 3\,600 + 720 + 190) + (500 + 300 + 80 + 260 + 120 + 20 + 20 - 5) = 11\,510 + 1\,295 = 12\,805$ 万元

(2) 流动资产价值 $= 320 - 190 = 130$ 万元

(3) 无形资产价值 $= 700 + 70 + 30 + 90 = 890$ 万元

(4) 其他资产价值 $= (400 - 300) + 50 = 150$ 万元

参考文献

[1] 何增勤,王亦虹. 建设工程造价案例分析[M]. 北京:中国计划出版社,2017.

[2] 王春梅. 工程造价案例分析[M]. 北京:清华大学出版社,2010.

[3] 全国造价工程师执业资格考试培训教材编审委员会. 建设工程造价案例分析[M]. 北京:中国城市出版社,2017.

[4] 全国造价工程师执业资格考试培训教材编审委员会. 工程造价计价与控制[M]. 北京:中国计划出版社,2009.

[5] 林琳. 工程财务分析和评价[M]. 武汉:武汉理工大学出版社,2009.

[6] 建设工程教育网. 建设工程造价案例分析[M]. 北京:中国计划出版社,2017.

[7] 武育秦,李景云. 建筑工程定额与预算[M],重庆:重庆大学出版社,1993.

[8] 全国造价工程师执业资格考试命题研究协作组. 工程造价案例分析[M]. 上海:上海科学技术出版社,2011.

[9] 吴学伟. 建设工程造价案例分析[M]. 北京:中国计划出版社,2017.

[10] 全国造价工程师执业资格考试命题研究协作组. 工程造价计价与控制[M]. 上海:上海科学技术出版社,2011.

[11] 中华人民共和国建设部. 统一建筑工程基础定额[M]. 北京:中国计划出版社,1995.

[12] 中华人民共和国建设部. 全国统一建筑工程预算工程量计算规则[M]. 北京:中国计划出版社,1995.

[13] 天津理工大学造价工程师培训中心. 2009年全国造价工程师执业资格考试复习题集[M]. 天津:天津大学出版社,2009.

[14] 何康维,陈国新. 建设工程计价原理与方法[M]. 上海:同济大学出版社,2004.

[15] 熊运儿,谢丽芳. 工程经济学[M]. 南昌:江西高校出版社,2009.

[16] 郭树荣,王红平,叶玲,等. 工程造价案例分析[M]. 北京:中国建筑工业出版社,2007.

[17] 中华人民共和国建设部. 建设工程工程量清单计价规范[M]. 北京:中国计划出版社,2003.